高等学校地图学与地理信息系统系列教材

智能空间信息处理

Intelligent Spatial Information Processing: ISIP

秦昆 编著

武汉大学出版社

图书在版编目(CIP)数据

智能空间信息处理/秦昆编著. —武汉:武汉大学出版社,2009.11
高等学校地图学与地理信息系统系列教材
ISBN 978-7-307-07392-0

Ⅰ.智… Ⅱ.秦… Ⅲ.地理信息系统—高等学校—教材 Ⅳ.P208

中国版本图书馆 CIP 数据核字(2009)第 190607 号

责任编辑:王金龙　　　责任校对:黄添生　　　版式设计:支　笛

出版发行:**武汉大学出版社**　(430072　武昌　珞珈山)
　　　　(电子邮件:cbs22@whu.edu.cn　网址:www.wdp.com.cn)
印刷:武汉中远印务有限公司
开本:787×1092　1/16　印张:18.5　字数:397 千字
版次:2009 年 11 月第 1 版　　2009 年 11 月第 1 次印刷
ISBN 978-7-307-07392-0/P·163　　定价:30.00 元

版权所有,不得翻印;凡购买我社的图书,如有缺页、倒页、脱页等质量问题,请与当地图书销售部门联系调换。

内容简介

　　智能空间信息处理是地球空间信息科学的重要发展方向,属于地球空间信息科学与智能科学的学科交叉。本书第一章介绍了智能空间信息处理的基本概念、研究进展和主要研究内容;第二章介绍了空间认知的基本理论;第三章介绍了空间知识的表达方法;第四章介绍了空间推理的理论和方法;第五章介绍了神经计算及基于神经计算的空间信息处理方法;第六章介绍了模糊计算及基于模糊计算的空间信息处理方法;第七章介绍了进化计算及基于进化计算的空间信息处理方法;第八章介绍了机器学习方法及基于机器学习的空间信息处理方法;第九章介绍了空间数据挖掘的理论与方法;第十章介绍了智能体与空间信息处理方法。本书主要是针对高等学校遥感科学与技术专业本科生编写,也可作为地理信息系统、测绘工程、计算机科学与技术、智能科学与技术等专业本科生的参考教材及相关专业研究生的参考教材,对从事遥感、测绘、地理信息系统、计算机、智能科学等领域的研究人员也有参考作用。

前　言

"智能"一词是21世纪的热门话题,是诸多学科研究和应用的热点。智能空间信息处理(intelligent spatial information processing, ISIP)是地球空间信息科学(geo-spatial information science, geomatics)的重要发展方向,是地球空间信息科学与智能科学的交叉学科,代表了空间信息科学的学科发展前沿。

作者自2005年9月成立了智能空间信息处理研究兴趣小组后,一直从事相关的教学与科研工作,先后主讲了"人工智能与专家系统/智能 GIS"、"空间分析/空间分析与应用"等本科生课程,主讲了"地理信息智能化处理"、"地理空间推理及其应用/空间认知与推理"等研究生课程,承担了与智能空间信息处理有关的973专项、863项目、国家自然科学基金、国家重点实验室开放基金等多项科研课题。一直坚持从事智能空间信息处理的相关研究。作者根据自己多年在该领域的教学经验和科研成果,参考国内外的相关资料,编写了本教材。

本书由秦昆确定全书结构,主要内容由秦昆及其学生一起在参考国内外相关研究并结合教学经验和科研成果编写完成。第一章介绍了智能空间信息处理的基本概念、研究进展和主要研究内容,由秦昆、许凯和田玉刚完成;第二章介绍了空间认知的基本理论,由秦昆、孔令桥和刘乐完成;第三章介绍了空间知识的表达方法,由秦昆、吴芳芳和骆亮完成;第四章介绍了空间推理的理论和方法,由秦昆、林春峰完成,邓文胜提供了部分资料;第五章介绍了神经计算与空间信息处理,由秦昆、刘瑶完成,张治国提供了部分资料和补充;第六章介绍了模糊计算与空间信息处理,由许凯、秦昆完成,刘乐作了补充;第七章介绍了进化计算与空间信息处理,由吴涛、秦昆完成;第八章介绍了机器学习与空间信息处理,由秦昆、吴梦然和徐敏完成,周春作了补充;第九章介绍了空间数据挖掘的理论与方法,由秦昆完成,孔令桥和吴芳芳作了补充,周春提供了部分资料;第十章介绍了智能体与空间信息处理,由秦昆、区磊海完成,林志勇作了补充。全书由秦昆统稿和定稿。

在教材编写过程中引用了大量的国内外参考文献,非常感谢这些学者在智能空间信息处理方面所做的前瞻性研究工作,特别感谢蔡自兴老师和徐光祐老师他们编写的《人工智能及其应用》(本科生用书、研究生用书)这两本书是我自2004年承担人工智能课程以来的指定教材。在本书的编写过程中尽可能地引用并标注了相关学者的文献,如有疏漏,在此表示抱歉。如有什么意见和建议,请和本书作者联系。

本书的出版得到了国家自然科学基金(60875007)和国家重点基础研究发展计划973项目(2006CB701305;2007CB311003)的支持。

感谢武汉大学遥感信息工程学院的孟令奎教授、余洁教授对本课程教学的支持。感谢武汉大学遥感信息工程学院 GIS 教研室的李建松主任对智能 GIS、空间推理等课程教学的支持和帮助。

感谢武汉大学出版社王金龙编辑为本书的出版所做的许多细致工作,作者向他们表示诚挚的谢意。

本书主要是针对高等学校遥感科学与技术专业本科生编写,也可作为地理信息系统、测绘工程、计算机科学与技术、智能科学与技术等专业本科生的参考教材及相关专业研究生的参考教材,对从事遥感、测绘、地理信息系统、计算机、智能科学等领域的研究人员也有参考作用。

智能空间信息处理是一个具有挑战性和前瞻性的研究方向,由于作者才疏学浅,此书谨作抛砖引玉,欢迎批评指正!

秦 昆

qinkun163@163.com

2009 年 8 月

目 录

第1章 绪论 ·· 1
 1.1 智能空间信息处理 ISIP ·· 1
 1.2 空间信息处理 SIP ··· 2
 1.3 智能信息处理 IIP ·· 5
  1.3.1 概述 ·· 5
  1.3.2 IIP 的认知过程分析 ··· 6
  1.3.3 IIP 的物理符号系统假设 ··· 7
 1.4 人工智能的研究进展与研究领域 ··· 7
  1.4.1 人工智能的起源与发展 ·· 7
  1.4.2 人工智能研究的主要方法 ··· 9
  1.4.3 人工智能的研究与应用领域 ·· 9
 1.5 ISIP 的主要内容 ·· 15
  1.5.1 RS 信息智能化处理 ··· 15
  1.5.2 GIS 信息智能化处理 ·· 17
  1.5.3 GPS 信息智能化处理 ··· 19
 思考题 ·· 20
 参考文献 ·· 20

第2章 地理空间认知 ··· 23
 2.1 认知科学 ·· 23
 2.2 认知心理学 ··· 24
 2.3 认知物理学 ··· 26
 2.4 地理空间认知的概念 ·· 27
 2.5 地理空间认知的研究内容 ··· 28
 2.6 地理空间认知的特性分析 ··· 33
  2.6.1 地理空间认知的时空特性 ··· 33
  2.6.2 地理空间认知的尺度特性 ··· 34
  2.6.3 地理空间认知的不确定性 ··· 36
  2.6.4 地理空间认知的可视特性 ··· 36

2.7 地理空间认知的实例分析 ··································· 37
    2.7.1 UCSB 的个人导航系统 ··································· 37
    2.7.2 时空聚类的认知分析 ··································· 39
思考题 ··································· 45
参考文献 ··································· 45

第3章 空间知识的表示方法 ··································· 48
3.1 空间知识概述 ··································· 48
3.2 状态空间法与空间知识表示 ··································· 50
    3.2.1 状态空间法 ··································· 50
    3.2.2 基于状态空间的网络分析 ··································· 51
3.3 问题归约法与空间知识表示 ··································· 54
    3.3.1 问题归约法 ··································· 54
    3.3.2 基于问题归约的空间知识表示 ··································· 55
3.4 基于谓词逻辑的空间知识表达 ··································· 57
    3.4.1 命题逻辑 ··································· 57
    3.4.2 谓词逻辑 ··································· 57
    3.4.3 基于谓词逻辑的空间知识表示 ··································· 59
3.5 基于规则的空间知识表达 ··································· 60
    3.5.1 规则与知识 ··································· 60
    3.5.2 产生式规则 ··································· 60
    3.5.3 基于规则的空间知识表示 ··································· 61
3.6 基于语义网络的空间知识表示 ··································· 62
    3.6.1 语义网络 ··································· 62
    3.6.2 空间知识的语义网络表示 ··································· 65
3.7 面向对象的空间知识表示 ··································· 68
3.8 空间知识库 ··································· 69
思考题 ··································· 72
参考文献 ··································· 72

第4章 空间推理方法 ··································· 75
4.1 空间推理的概念与特点 ··································· 75
    4.1.1 空间推理的概念 ··································· 75
    4.1.2 空间推理的特点 ··································· 76
4.2 空间推理的研究内容 ··································· 76
4.3 不确定性推理 ··································· 77

- 4.4 概率推理 ········· 78
- 4.5 贝叶斯推理与空间推理 ········· 79
  - 4.5.1 主观贝叶斯推理方法 ········· 79
  - 4.5.2 贝叶斯网络推理 ········· 81
  - 4.5.3 基于贝叶斯原理的空间推理 ········· 81
- 4.6 可信度推理与空间推理 ········· 82
  - 4.6.1 基于可信度的不确定性表示 ········· 82
  - 4.6.2 可信度推理方法 ········· 83
- 4.7 证据推理与空间推理 ········· 84
  - 4.7.1 证据理论的描述 ········· 84
  - 4.7.2 基于证据推理的空间推理方法 ········· 85
- 4.8 模糊推理与空间推理 ········· 88
  - 4.8.1 模糊推理方法 ········· 88
  - 4.8.2 基于模糊推理的空间推理方法 ········· 90
- 4.9 案例推理与空间推理 ········· 93
  - 4.9.1 案例推理方法 ········· 94
  - 4.9.2 基于案例推理的空间推理方法 ········· 95
- 4.10 空间关系推理 ········· 97
  - 4.10.1 空间拓扑关系推理 ········· 97
  - 4.10.2 空间方向关系推理 ········· 100
- 4.11 时空推理 ········· 102
- 思考题 ········· 103
- 参考文献 ········· 103

第5章 神经计算与空间信息处理 ········· 106

- 5.1 计算智能与软计算 ········· 106
- 5.2 人工神经网络基础理论 ········· 107
  - 5.2.1 人工神经网络的基本原理 ········· 107
  - 5.2.2 人工神经网络的典型模型 ········· 110
- 5.3 反向传播 BP 网络 ········· 111
  - 5.3.1 BP 网络的基本原理 ········· 111
  - 5.3.2 BP 网络的基本算法 ········· 111
  - 5.3.3 BP 网络在 SIP 中的应用 ········· 113
- 5.4 Hopfield 神经网络 ········· 114
  - 5.4.1 Hopfield 网络的基本原理 ········· 114
  - 5.4.2 Hopfield 网络的基本算法 ········· 114

5.4.3 Hopfield 网络在 SIP 中的应用 ………………………………………… 116
5.5 自组织映射(SOM)网络 …………………………………………………… 117
　5.5.1 SOM 网络的基本原理 …………………………………………………… 117
　5.5.2 SOM 网络的基本算法 …………………………………………………… 117
　5.5.3 SOM 网络在 SIP 中的应用 ……………………………………………… 118
5.6 径向基函数(RBF)神经网络 ……………………………………………… 120
　5.6.1 RBF 网络的基本原理 …………………………………………………… 120
　5.6.2 RBF 网络的基本算法 …………………………………………………… 121
　5.6.3 RBF 网络在 SIP 中的应用 ……………………………………………… 122
5.7 Matlab 的人工神经网络工具箱 …………………………………………… 122
思考题 …………………………………………………………………………… 128
参考文献 ………………………………………………………………………… 128

第6章 模糊计算与空间信息处理 ……………………………………………… 131
6.1 模糊集计算方法 …………………………………………………………… 131
　6.1.1 模糊集合 ………………………………………………………………… 131
　6.1.2 模糊关系 ………………………………………………………………… 133
　6.1.3 模糊综合评判 …………………………………………………………… 134
6.2 基于模糊集的空间信息处理 ……………………………………………… 135
　6.2.1 模糊空间关系 …………………………………………………………… 135
　6.2.2 模糊图像分割 …………………………………………………………… 137
6.3 粗糙集计算方法 …………………………………………………………… 139
6.4 基于粗糙集的空间信息处理 ……………………………………………… 140
　6.4.1 粗糙空间关系 …………………………………………………………… 140
　6.4.2 粗糙图像分割 …………………………………………………………… 141
6.5 云模型计算方法 …………………………………………………………… 144
6.6 基于云模型的空间信息处理 ……………………………………………… 149
　6.6.1 云模型空间数据分析 …………………………………………………… 149
　6.6.2 云图像分割 ……………………………………………………………… 152
6.7 Matlab 模糊集工具箱 ……………………………………………………… 156
　6.7.1 图形用户界面(graphic user interface,GUI) ………………………… 156
　6.7.2 隶属度函数(membership function) …………………………………… 157
　6.7.3 模糊推理系统的数据结构管理函数 …………………………………… 159
　6.7.4 模糊逻辑工具箱中的推理 ……………………………………………… 160
思考题 …………………………………………………………………………… 162
参考文献 ………………………………………………………………………… 163

第7章 进化计算与空间信息处理 ... 165
7.1 进化计算概述 ... 165
7.2 遗传算法及空间信息处理 ... 168
7.2.1 遗传算法的基本框架与设计 ... 168
7.2.2 基于Matlab的遗传算法设计 ... 172
7.2.3 基于遗传算法的空间信息处理 ... 176
7.3 粒群优化算法及空间信息处理 ... 178
7.3.1 粒群优化算法 ... 178
7.3.2 基于粒群优化的空间信息处理 ... 182
7.4 蚁群算法及空间信息处理 ... 184
7.4.1 蚁群算法 ... 184
7.4.2 基于蚁群算法的空间信息处理 ... 185
7.5 免疫计算及空间信息处理 ... 189
7.5.1 免疫计算方法 ... 189
7.5.2 基于免疫计算的空间信息处理 ... 191
思考题 ... 194
参考文献 ... 194

第8章 机器学习与空间信息处理 ... 197
8.1 机器学习概述 ... 197
8.1.1 机器学习的定义 ... 197
8.1.2 机器学习的发展历程 ... 198
8.1.3 机器学习的基本结构 ... 198
8.2 机械学习与空间信息处理 ... 200
8.2.1 机械学习基本方法 ... 200
8.2.2 基于机械学习的空间信息处理 ... 201
8.3 归纳学习与空间信息处理 ... 201
8.3.1 归纳学习基本方法 ... 201
8.3.2 基于归纳学习的空间信息处理 ... 205
8.4 决策树学习与空间信息处理 ... 210
8.4.1 决策树学习基本方法 ... 210
8.4.2 基于决策树学习的空间分析方法 ... 214
8.4.3 基于决策树学习的遥感图像分类方法 ... 216
8.5 类比学习与空间信息处理 ... 219
8.5.1 类比学习基本方法 ... 219

8.5.2	基于类比学习的空间信息处理	223
8.6	解释学习与空间信息处理	224
8.6.1	解释学习基本方法	224
8.6.2	基于解释学习的空间信息处理	226
8.7	其他机器学习方法	227

思考题 …… 227

参考文献 …… 228

第9章 空间数据挖掘 …… 230

- 9.1 空间数据挖掘的由来与发展 …… 230
- 9.2 空间数据挖掘的内容和方法 …… 232
- 9.3 空间关联规则挖掘 …… 233
- 9.4 空间聚类挖掘 …… 237
- 9.5 空间分类挖掘 …… 242
- 9.6 空间离群点挖掘 …… 248
- 9.7 空间数据挖掘软件系统 …… 251

思考题 …… 260

参考文献 …… 260

第10章 智能体与空间信息处理 …… 264

- 10.1 智能体与分布式人工智能 …… 264
  - 10.1.1 分布式人工智能 …… 264
  - 10.1.2 智能体 …… 265
  - 10.1.3 智能体的要素 …… 266
  - 10.1.4 智能体的特性 …… 266
  - 10.1.5 智能体的结构类型 …… 267
- 10.2 多智能体系统 …… 268
  - 10.2.1 基本概念 …… 268
  - 10.2.2 多智能体的基本模型 …… 269
  - 10.2.3 多智能体的体系结构 …… 270
  - 10.2.4 多智能体系统的学习 …… 270
  - 10.2.5 多智能体的研究和应用领域 …… 271
- 10.3 基于智能体的空间信息处理 …… 272
  - 10.3.1 基于智能体的分布式GIS系统 …… 272
  - 10.3.2 基于智能体的空间数据挖掘 …… 276

10.3.3　基于智能体的遥感图像处理 ………………………………………… 278
思考题 ……………………………………………………………………………… 279
参考文献 …………………………………………………………………………… 279

第1章 绪　　论

1.1　智能空间信息处理 ISIP

　　智能空间信息处理(intelligent spatial information processing, ISIP)是地球空间信息科学(geo-spatial information science geomatics)与人工智能(artificial intelligence, AI)的交叉与融合,属于遥感科学(remote sensing science)、信息科学(information science)、认知科学(cognitive science)等学科的交叉,代表了地球空间信息科学的重要发展方向。从空间信息的获取到空间信息的应用和可视化都可以借助人工智能技术来提高空间信息的获取效率和应用效果。

　　地球空间信息科学(geomatics)是以全球定位系统(global positioning system, GPS)、地理信息系统(geographical information system, GIS)、遥感(remote sensing, RS)等空间信息技术为主要内容,并以计算机技术和通信技术为主要技术支撑,用于采集、量测、分析、存储、管理、显示、传播和应用与地球和空间分布有关数据的一门综合和集成的信息科学和技术(李德仁,1999)。地球空间信息科学理论框架的核心是地球空间信息机理,主要研究内容包括:地球空间信息的基准、标准、时空变化、认知、不确定性、解译与反演、表达与可视化等基础理论问题(李德仁,1999)。

　　人工智能是智能机器所执行的通常与人类智能有关的智能行为,如判断、推理、证明、识别、感知、理解、通信、设计、思考、规划、学习和问题求解等思维活动(蔡自兴,徐光祐,2003)。

　　信息处理(information processing, IP):通常指按不同要求,用计算机对数据进行加工(归纳、整理、分类、统计、转化等)得出有用结果的过程。

　　智能信息处理(intelligent information processing, IIP):为了适应信息时代的信息处理要求,当前信息技术逐渐向智能化方向发展,从信息的载体到信息处理的各个环节,广泛地模拟人的智能来处理各种信息。智能信息处理是计算机科学中的前言交叉学科(史忠植,2009)。

　　空间信息处理(spatial information processing, SIP):空间信息处理从严格意义上讲,并不仅指空间信息的计算机处理,测绘科学、地理科学都是以处理空间信息为主要研究任务的学科。随着计算机技术的飞速发展,现在所讲的空间信息处理大多是指空间信息的计算机处理(郭仁忠,1992)。

智能空间信息处理(intelligent spatial information processing, ISIP):智能空间信息处理是指利用人工智能的理论和方法,利用计算机智能方法,如神经计算、模糊计算、进化计算等方法实现空间信息的智能化处理,属于地球空间信息科学与人工智能的交叉与融合。

1.2 空间信息处理 SIP

空间信息处理主要是指空间信息的计算机处理,是地球空间信息科学的重要内容,其核心技术是以遥感(remote sensing, RS)、地理信息系统(geographical information system, GIS)和全球定位系统(global positioning system, GPS)为代表的"3S"技术及其信息处理方法。

1. 遥感(RS)信息处理

遥感是在不直接接触的情况下,对目标物或自然现象远距离感知的一门探测技术。具体地讲,是指在高空或外层空间的各种平台上,运用各种传感器获取反映地表特征的各种数据,通过传输、变换和处理,提取有用的信息,实现研究地物空间形状、位置、性质、变化及其与环境的相互关系的一门现代应用技术科学(孙家抦,2003)。

遥感信息处理是指对遥感器获得的信息进行加工处理的技术。遥感信息通常以图像的形式出现,故这种处理也称遥感图像信息处理。遥感信息处理的主要目的是:

(1)消除各种辐射畸变和几何畸变,使经过处理后的图像能更真实地代表原景物;

(2)利用增强技术突出景物的某些特征,使之易于区分和判释;

(3)进一步分析、理解和识别处理后的图像,提取可用性更高的信息。

遥感(RS)信息处理的主要内容包括以下几个方面:

1)遥感图像的几何处理

遥感图像作为空间数据,具有空间地理位置的概念。在应用遥感图像之前,必须将其投影到需要的地理坐标系中。遥感图像的几何处理是遥感信息处理过程中的一个重要环节(孙家抦,2003)。

遥感图像的几何处理包括两个层次:遥感图像的粗加工处理;遥感图像的精加工处理。遥感图像的粗加工处理也称为粗纠正,它仅做系统误差改正。当已知图像的构像方式时,就可以把与传感器有关的测定的校正数据,如传感器的外方位元素等代入构像公式对原始图像进行几何校正。遥感图像的精纠正是指消除图像中的几何变形,产生一幅符合某种地图投影或图形表达要求的新图像的过程。它包括两个环节:一是像素坐标的变换,即将图像坐标转变为地图或地面坐标;二是对坐标变换后的像素亮度值进行重采样(孙家抦,2003)。遥感图像的自动配准和数字镶嵌也是遥感图像几何处理的重要内容。

2)遥感图像的辐射处理

由于遥感图像成像过程的复杂性,传感器接收到的电磁波能量与目标本身辐射的能量是不一致的。传感器输出的能量包含了太阳位置和角度条件、大气条件、地形影响和传感器本身的性能等所引起的各种失真,这些失真不是地面目标本身的辐射,因此对图像的使用和理解造成影响,必须加以校正和消除。包括辐射定标、辐射校正、遥感图像增强、遥感图像平滑、遥感图像锐化等内容(孙家抦,2003)。

3) 遥感图像判读

"判读"是对遥感图像上的各种特征进行综合分析、比较、推理和判断,最后提取出感兴趣信息的过程。传统的方法是采用目视判读,是一种人工提取信息的方法,使用眼睛目视观察,借助一些光学仪器或在计算机显示屏幕上,凭借判读经验、专业知识和相关资料,通过人脑的分析、推理和判断,提取有用信息(孙家抦,2003)。

4) 遥感图像自动识别分类

遥感图像的计算机自动识别分类是模式识别技术在遥感技术领域的具体应用。遥感图像的计算机分类就是利用计算机对地球表面及其环境在遥感图像上的信息进行属性的识别和分类,从而达到识别图像信息所相应的实际地物,提取所需地物信息的目的(孙家抦,2003)。遥感图像自动识别分类的常用方法包括:最大似然法、支持向量机分类法、神经网络分类法和高斯混合模型分类法等(Richards,2005)。

从空间信息处理的角度分析,遥感信息处理主要是对栅格数据进行处理,提供一种空间信息的场模型,是对连续空间的信息处理。

2. 地理信息系统(GIS)信息处理

地理信息系统是一种特定的、十分重要的空间信息系统,是在计算机硬件、软件系统支持下,对整个或部分地球表层(包括大气层)空间中的有关地理分布数据进行采集、存储、管理、计算、分析、显示和描述的技术系统(龚健雅,2001)。地理信息系统的处理对象是多种类型的空间实体数据及其关系,包括空间定位数据(位置和空间关系)、属性数据、遥感图像数据等,用于分析和处理一定地理区域内分布的各种现象和过程,解决复杂的空间规划、决策和管理问题(李建松,2006)。

GIS 信息处理的主要内容包括以下几个方面:

1) 栅格数据的信息处理

栅格数据结构采用二维数字矩阵作为数据分析的数学基础,具有自动分析处理较简单、分析处理模式化强等特征。主要包括聚类聚合分析、多层面复合叠置分析、窗口分析及追踪分析等基本方法(张成才等,2004)。

2) 矢量数据的信息处理

与栅格数据的信息处理方法相比,矢量数据一般不存在模式化的分析处理方法,而表现为处理方法的多样性和复杂性。主要包括包含分析、缓冲区分析、叠置分析、网络分析等(张成才等,2004)。

3) 三维数据的信息处理

随着二维 GIS 向三维和更高维方向的发展,三维 GIS 数据的信息处理越来越重要。三维 GIS 数据处理除了对空间对象的 x,y 坐标进行分析外,更重要的是对三维坐标 z 坐标的分析和处理。主要包括表面积计算、体积计算、坡度计算、坡向计算、剖面分析、可视性分析和水文分析等(张成才等,2004)。

4) 属性数据的信息处理

属性数据是空间对象的描述性信息,对空间对象的属性信息进行统计分析是 GIS 信息处理的重要内容。包括:空间数据的量算(质心量算、长度量算、面积量算、形状量算等)、空间数据内插、空间信息分类(主成分分析、层次分析、聚类分析)、空间统计分析等(张成才等,2004)。

5) 时空数据的信息处理

在传统的静态 GIS(static GIS,SGIS)的基础上,考虑时间维,同时处理空间维和时间维,构成时态 GIS(temporal GIS,TGIS)。时空数据的信息处理是指利用多种时空数据模型,如空间时间立方体模型、序列快照模型、基图修正模型、空间时间组合体模型等分析和处理随时间变化的空间现象,从而对空间对象的时变特性进行分析和处理(Matějíček et al.,2006)。

6) 地理信息的可视化处理

将地理信息系统产品以某种用户需要的、可理解的形式进行可视化的表达和输出。包括提供多种地理信息系统产品输出,如普通地图、专题地图、影像地图、统计报表、决策方案、三维数字模型、三维地图以及虚拟现实与仿真模拟演示等(李建松,2006)。

从空间信息处理的角度分析,GIS 主要是对线状数据(多边形可以理解成封闭的线)的一种处理,提供的是一种要素模型的空间信息处理。

3. 全球定位系统(GPS)信息处理

全球定位系统(global positioning system,GPS)是美国国防部为满足军事部门海、陆、空高精度导航、定位和定时的要求而建立的一种卫星定位与导航系统(李德仁,1999)。全球定位系统由以下三个部分组成:空间部分(GPS 卫星)、地面监控部分和用户部分。GPS 卫星可连续向用户播发用于进行导航定位的测距信号和导航电文,并接收来自地面监控系统的各种信息和命令以维持正常运转。地面监控系统的主要功能是:根据 GPS 卫星,确定卫星的运行轨道及卫星钟改正数,进行预报后再按规定格式编制成导航电文,并通过注入站送往卫星。地面监控系统还能通过注入站向卫星发布各种指令,调整卫星的轨道及时钟读数,修复故障或启用备用件等。用户则用 GPS 接收机来测定从接收机至 GPS 卫星的距离,并根据卫星星历所给出的观测瞬间卫星在空间的位置等信息求出自己的三维位置、三维运动速度和钟差等参数(李征航,黄劲松,2005)。

全球定位系统(GPS)信息处理的主要内容包括以下几个方面:

1) 数据预处理

对数据进行平滑滤波检验、剔除粗差;统一数据文件格式,并将各类数据文件转换成标准化文件(如 GPS 卫星轨道方程的标准化、卫星时钟钟差标准化、观测值文件标准化等);找出整周跳变点并修复观测值;对观测值进行各种模型改正(李征航,黄劲松,2005)。

2) 基线向量的解算

基线解算一般采用差分观测值,较为常用的差分观测值为双差观测值,即由两个测站的原始观测值分别在测站和卫星间求差后所得到的观测值。在进行基线解算时,双差观测值中电离层延迟和对流层延迟一般已消除。基线解算的过程实际上主要是一个平差过程。在基线解算时,平差分三个阶段进行:第一阶段进行初始平差,解算出整周未知数参数和基线向量的实数解(浮动解);在第二阶段,将整周未知数固定成整数;在第三阶段,将确定了的整周未知数作为已知值,仅将待定的测站坐标作为未知参数,再次进行平差解算,解求出基线向量的最终解——整数解(固定解)(李征航,黄劲松,2005)。

3)GPS 网平差

GPS 控制网是由相对定位所求得的基线向量而构成的空间基线向量网,在 GPS 网的数据处理过程中,基线解算所得到的基线向量仅能确定 GPS 网的几何形状,但却无法提供最终确定网中点的绝对坐标所必需的绝对位置基准。在 GPS 控制网的平差中,是以基线向量及协方差为基本观测量的。通常采用三维无约束平差、约束平差两种平差模型。各类型的平差具有各自不同的功能,必须分阶段采用不同类型的网平差方法。GPS 网三维平差中,首先进行三维无约束平差,平差后通过观测值改正数检验,发现基线向量中是否存在粗差,并剔除含有粗差的基线向量,再重新进行平差,直至确定网中没有粗差后,再对单位权方差因子进行检验,判断平差的基线向量随机模型是否存在误差,并对随机模型进行改正,以提供较为合适的平差随机模型。在对 GPS 网进行无约束平差后,引入坐标基准对 GPS 网进行约束平差,将 GPS 坐标系转换为当地坐标系(李征航,黄劲松,2005)。

从空间信息处理的角度看,GPS 是提供点状空间信息,实现地面点的精确定位。GPS 信息处理主要是实现点状空间信息的处理。

1.3 智能信息处理 IIP

1.3.1 概述

智能信息处理(intelligent information processing,IIP)应用知识发现、智能代理、机器学习、自动推理等方法实现生物医药、制造业、国防、企业等领域的智能化信息处理。相关的研究主题包括自动推理、贝叶斯网络、认知模型、计算机视觉、数据挖掘、进化计算、模糊集、粗糙集、云模型、数据场、认知物理学、图像处理、信息检索、知识工程、知识网格、学习理论、逻辑编程、机器翻译、移动代理、基于模型的诊断、自然语言处理、神经计算、本体、语音理解和交互、文本分析和理解以及网络智能等(Li et al,2007)。

智能信息处理代表了信息处理的重要发展方向,得到了相关领域研究人员的广泛重视,从 2000 年开始,每两年召开一次智能信息处理的国际会议(international conference on intelligent information processing)。其中,2000 年、2004 年、2008 年均在中国北京召开。国内成立了多个智能信息处理的研究所或重点实验室,如中国科学院计算技术研究所的智能科学实验室、上海市智能信息处理重点实验室、南开大学智能信息处理实验室、西安电子科技大学智能信息处理研究所、中国科学院软件研究所的人机交互技术与智能信息处理实验室等。国内的一些高校设置了"智能科学与技术"本科专业,包括北京大学、北京邮电大学、南开大学、重庆邮电大学、首都师范大学等。

智能信息处理的基础理论研究,包括信息和知识处理的数学理论、复杂系统的算法设计和分析、并行处理理论与算法、量子计算和生物计算等新型计算模式、机器学习理论和算法、生物信息和神经信息处理等。以因特网应用为主要背景的特定领域智能信息处理,包括:大规模文本处理、图像视频信息检索与处理、基于 Web 的知识挖掘、提炼和集成等。另外还有商务和金融活动中的智能信息处理,包括电子政务、电子商务、电子金融等,推动智能信息技术在国民经济各领域的应用,努力实现并提高信息处理技术的社会效应和经济效益(史忠植,2009)。智能信息处理的主要方法包括人工神经网络、模糊理论、进化计算、协同计算、信息融合技术、盲分离技术、分形理论、粗糙集理论、认知图理论、云模型、数据场、认知物理学等(高隽,2004;李德毅,杜鹢,2005)。

1.3.2 IIP 的认知过程分析

人类的认知过程是一个非常复杂的行为,至今仍未能被完全解释。人们从不同的角度对它进行研究,从而形成诸如认知生理学、认知心理学和认知工程学等相关学科。这里,仅讨论与智能信息处理(IIP)关系密切的问题。

人的心理活动具有不同的层次,它可以与计算机的层次相比较,如图 1.1 所示。

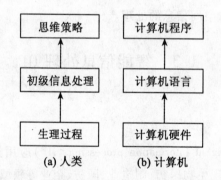

图 1.1 人类认知活动与计算机的比较(蔡自兴,徐光祐,2003)

人类心理活动的最高层级是思维策略,中间一层是初级信息处理,最低层级是生理过程,即中枢神经系统、神经元和大脑的活动。与人类的认知过程类似,计算机程序相应于思维策略,计算机语言相应于初级信息处理,计算机硬件相应于生理过程(蔡自兴,徐光祐,2003)。

研究认知过程的主要任务是探求高层次思维决策与初级信息处理的关系,并用计算机程序来模拟人的思维策略水平,而用计算机语言模拟人的初级信息处理过程。这种计算机系统以人的思维方式为模型进行智能信息处理,这是一种智能计算机系统。设计适用于特定领域的这种高水平智能信息处理系统,是研究认知过程的一个具体而又重要的目标(蔡自兴,徐光祐,2003)。

1.3.3　IIP 的物理符号系统假设

信息处理系统(information processing system)又叫符号操作系统(symbol operation system)或物理符号系统(physical symbol system)。符号就是模式(pattern),既可以是物理符号,也可以是头脑中的抽象符号,或者是电子计算机中的电子运动模式,还可以是头脑中神经元的某些运动方式。一个完善的符号系统应具有下列 6 种基本功能:①输入符号(input);②输出符号(output);③存储符号(store);④复制符号(copy);⑤建立符号结构:通过找出各符号间的关系,在符号系统中形成符号结构;⑥条件性转移(conditional transfer):根据已有符号,继续完成活动过程(蔡自兴,徐光祐,2003)。

如果一个物理符号系统具有上述全部 6 种功能,能够完成这个全过程,那么它就是一个完整的物理符号系统。人具有上述 6 种功能,如用眼睛看、用耳朵听、用手触摸等;现代计算机也具备物理符号系统的这 6 种功能(蔡自兴,徐光祐,2003)。

一个假设:任何一个系统,如果它能表现出智能,那么它就必定能够执行上述 6 种功能;反之,任何系统如果具有这 6 种功能,那么它就能够表现出智能;这个假设称为物理符号系统的假设。

三个推论:物理符号系统的假设伴随有三个推论。推论一:既然人具有智能,那么他(她)就一定是个物理符号系统。推论二:既然计算机是一个物理符号系统,它就一定能够表现出智能。推论三:既然人是一个物理符号系统,计算机也是一个物理符号系统,那么就能够用计算机来模拟人的活动(蔡自兴,徐光祐,2003)。

可以按照人类的思维过程来编制计算机程序,这项工作就是人工智能的研究内容。如果做到这一点,就可以用计算机在形式上来描述人的思维活动过程,或者建立一个理论来说明人的智力活动过程。

1.4　人工智能的研究进展与研究领域

1.4.1　人工智能的起源与发展

人工智能学科从 1956 年被正式提出,50 年来,取得了长足的发展,成为一门广泛的交叉和前沿科学。总的说来,人工智能的目的就是让计算机这台机器能够像人一样思考。如果希望做出一台能够思考的机器,那就必须知道什么是思考,什么是智慧。科学家已经研究出汽车、火车、飞机、收音机等,它们模仿我们身体器官的功能,但是能不能模仿人类大脑的功能呢?到目前为止,我们也仅仅知道这个装在我们天灵盖里面的东西是由数十亿个神经细胞组成的器官,我们对这个东西知之甚少,模仿它或许是天下最困难的事情了。当计算机出现后,人类开始真正有了一个可以模拟人类思维的工具。在以后的岁月中,无数科学家为这个目标努力着。例如,1997 年 5 月,IBM 公司研制的深蓝(Deep Blue)

计算机战胜了国际象棋大师卡斯帕洛夫(Kasparov)。人工智能始终是计算机科学的前沿学科。人工智能将为发展国民经济和改善人类生活作出更大贡献。

人工智能的发展是以硬件与软件为基础。它的发展经历了漫长的发展历程。人们从很早就已开始研究自身的思维形成,早在亚里士多德(公元前384—公元前322年)在着手解释和编著他称之为三段论的演绎推理时就迈出了向人工智能发展的早期步伐,可以看做原始的知识表达规范。三段论是以真言判断为其前提的一种演绎推理,它借助于一个共同项,把两个真言判断联系起来,从而得出结论。例如:一切金属都是能够熔解的;铁是金属;所以,铁是能够熔解的。

下面从人工智能发展过程中的几件大事的角度阐述人工智能的发展。

达特茅斯会议。学术界第一次正式使用"人工智能(artificial intelligence,AI)"这一术语,是从著名的"达特茅斯会议"开始的。1956年夏季,年轻的美国学者约翰·麦卡锡(John McCarthy)、马文·明斯基(Marvin Minsky)、纳撒尼尔·朗彻斯特(Nathaniel Lochester)和克劳德·香农(Claude Shannon)共同发起,邀请莫尔(More)、阿瑟·塞缪尔(Arthur Samul)、艾伦·纽厄尔(Allen Newell)和赫伯特·西蒙(Herbert Simon)等参加在美国的达特茅斯(Darmouth)大学举办了一次长达2个月的研讨会,认真热烈地讨论用机器模拟人类智能的问题。会上,首次使用了人工智能这一术语。这是人类历史上第一次人工智能研讨会,标志着人工智能学科的诞生,具有十分重要的历史意义(李德毅,杜鹢,2005)。

1968年,"专家系统和知识工程之父"费根鲍姆(Feigenbaum)研究出第一个专家系统DENRAL,用于质谱仪分析有机化合物的分子结构。1969年,召开了第一届国际人工智能联合会议(international joint conference on AI, IJCAI),以后每两年召开一次。1970年《人工智能》国际杂志(international journal of AI)创刊。1972—1976年,费根鲍姆小组又开发成功MYCIN医疗专家系统,用于抗生素药物治疗。1977年,费根鲍姆进一步提出知识工程(knowledge engineering)的概念。知识表示、知识利用和知识获取成为人工智能系统的三个基本问题。近年来,机器学习、计算智能、人工神经网络、行为主义等研究深入开展,形成高潮。同时,不同人工智能学派之间的争论也非常激烈。这些都推动了人工智能研究的进一步发展(蔡自兴,徐光祐,2003)。

我国的人工智能研究起步较晚。纳入国家计划的研究("智能模拟")始于1978年。1984年召开了智能计算机及其系统的全国学术讨论会。1986年起把智能计算机系统、智能机器人和智能信息处理(含模式识别)等重大项目列入国家高技术研究计划。1993年起,又把智能控制和智能自动化等项目列入国家科技攀登计划。1981年起,相继成立了中国人工智能学会、全国高校人工智能研究会、中国计算机学会人工智能与模式识别专业委员会、中国自动化学会模式识别与机器智能专业委员会、中国软件行业协会人工智能协会、中国智能机器人专业委员会、中国计算机视觉与智能控制专业委员会以及中国智能自动化专业委员会等学术团体。《模式识别与人工智能》杂志于1987年创刊。现在,我国已有数以万计的科技人员和大学师生从事不同层次的人工智能研究与学习,人工智能研究已在我国深入开展,它必将为促进其他学科的发展和我国的现代化建设作出新的重大的贡献(蔡自兴,徐光祐,2003)。

1.4.2 人工智能研究的主要方法

在人工智能 50 多年的发展过程中,围绕人工智能的基础理论和方法问题,出现了几个主要学派。很多学者把人工智能的主要理论和方法归纳为符号主义(symbolism)方法、连接主义(connectionism)方法和行为主义(behaviorism)方法。

符号主义(symbolicism),又称为逻辑主义(logicism)、心理学派(psychlogism)或计算机学派(computerism),其原理主要为物理符号系统(即符号操作系统)假设和有限合理性原理。符号主义认为人工智能源于数理逻辑。符号主义仍然是人工智能的主流派。这个学派的代表人物有纽厄尔、肖、西蒙和尼尔逊等。连接主义(connectionism),又称为仿生学派(bionicsism)或生理学派(physiologism),其原理主要为神经网络及神经网络间的连接机制与学习算法。连接主义认为人工智能源于仿生学,特别是人脑模型的研究。行为主义,又称进化主义(evolutionism)或控制论学派(cyberneticsism),其原理为控制论及感知-动作型控制系统,侧重研究感知和行动之间的关系。行为主义认为人工智能源于控制论。这一学派的代表作首推布鲁克斯(Brooks)的六足行走机器人,它被看做新一代的"控制论动物",是一个基于感知-动作模式的模拟昆虫行为的控制系统(蔡自兴,徐光祐,2003;李德毅,杜鹢,2005)。

如何在技术上实现人工智能系统、研制智能机器和开发智能产品,即沿着什么技术路线和策略来发展人工智能,也存在着不同的派别,即不同的路线。

(1)专用路线。强调研制与开发专用的智能计算机、人工智能软件、专用开发工具、人工智能语言和其他专用设备。

(2)通用路线。认为通用的计算机硬件和软件能够对人工智能开发提供有效的支持,并能够解决广泛的和一般的人工智能问题。通用路线强调人工智能应用系统和人工智能产品的开发,应与计算机立体技术和主流技术相结合,并把知识工程视为软件工程的一个分支。

(3)硬件路线。认为人工智能的发展主要依靠硬件技术。该路线还认为智能机器的开发主要依赖于各种智能硬件、智能工具及固化技术。

(4)软件路线。强调人工智能的发展主要依靠软件技术。软件路线认为智能机器的研制主要在于开发各种智能软件、工具及其应用系统。

1.4.3 人工智能的研究与应用领域

人工智能经过 50 多年的发展,形成了特有的感兴趣的研究和应用领域,包括自然语言理解、自动定理证明、智能数据检索系统、机器学习、模式识别、视觉系统、问题求解、人工智能方法、自动程序设计、不确定性人工智能等(蔡自兴,徐光祐,2003;李德毅,杜鹢,2005)。

1. 问题求解

人工智能的第一个大成就是发展了能够求解难题的下棋(如国际象棋)程序。在下棋程序中应用的某些技术,如向前看几步,并把困难的问题分解成一些比较容易的子问题,发展成为搜索和问题归约这样的人工智能基本技术。今天的计算机程序能够下锦标赛水平的各种方盘棋、十五子棋和国际象棋。另一种问题求解程序把各种数学公式符号汇编在一起,其性能达到很高的水平,并正在为许多科学家和工程师所应用。有些程序甚至还能够用经验来改善其性能(蔡自兴,徐光祐,2003)。

2. 逻辑推理与定理证明

逻辑推理是人工智能研究中最持久的子领域之一。定理证明的研究在人工智能方法的发展中曾经产生过重要影响。定理证明是对数学中臆测的定理寻找一个证明或反证,确实称得上是一项智能任务,为此不仅需要有根据假设进行演绎的能力,而且需要某些直觉技巧。

四色定理指出每个可以画出来的地图都可以至多用4种颜色来上色,而且没有两个相邻接的区域会是相同的颜色。地图四色定理最先是由一位叫古德里(Francis Guthrie)的英国大学生1852年提出来的。一个多世纪以来,数学家们为证明这条定理绞尽脑汁,所引进的概念与方法刺激了拓扑学与图论的生长与发展。1976年7月,美国数学家阿佩尔(K. Appel)与哈肯(W. Haken)合作解决了长达124年之久的难题——四色定理。他们用3台大型计算机,花去1200h CPU时间,并对中间结果进行人为反复修改500多处。四色定理的成功证明曾轰动计算机界(蔡自兴,徐光祐,2003)。

3. 自然语言理解

自然语言处理(natural language processing, NLP)是人工智能的早期研究领域之一,已经编写出能够从内部数据库回答用英语提出的问题的程序,这些程序通过阅读文本材料和建立内部数据库,能够把句子从一种语言翻译为另一种语言,执行用英语给出的指令和获取知识等。有些程序甚至能够在一定程度上翻译从话筒输入的口头指令(而不是从键盘打入计算机的指令)(蔡自兴,徐光祐,2003)。

4. 自动程序设计

也许程序设计并不是人类知识的一个十分重要的方面,但是它本身却是人工智能的一个重要研究领域。这个领域的工作叫做自动程序设计。对自动程序设计的研究可以促进半自动软件开发系统的发展(蔡自兴,徐光祐,2003)。

5. 专家系统

专家系统是一种具有大量专门知识与经验的智能计算机系统。它把专门领域中人类专家的知识和思考问题、解决问题的方法整理且存储在计算机中,不但能模拟专家的思维过程,而且能让计算机像人类专家一样智能地解决实际问题(敖志刚,2002)。专家系统是一个具有大量专门知识与经验的程序系统,它应用人工智能技术,根据某个领域一个或多个人类专家提供的知识和经验进行推理和判断,模拟人类专家的决策过程,以解决那些需要专家决定的复杂问题(蔡自兴,徐光祐,2003)。

在已经建立的专家咨询系统中,有能够诊断疾病的(包括中医诊断智能机)、估计潜在石油矿藏的、研究复杂有机化合物结构的以及提供使用其他计算机系统的参考意见的等。发展专家系统的关键是表达和运用专家知识,即来自人类专家的并已被证明对解决有关领域内的典型问题是有用的事实和过程。专家系统和传统的计算机程序最本质的不同之处在于专家系统所要解决的问题一般没有算法解,并且经常要在不完全、不精确或不确定的信息基础上作出结论(蔡自兴,徐光祐,2003)。

6. 机器学习

机器学习是人工智能研究的重要领域,也是人工智能研究的核心问题之一。任何人工智能系统,在它拥有功能较强的自动化知识获取能力之前,都不会成为名副其实的、强有力的智能系统。学习是人类智能的主要标志和获得知识的基本手段。机器学习是一门研究使用计算机获取新知识的技能,并能够识别现有知识的学科。事实上,机器学习一直被公认为是设计和建造高性能专家系统的"瓶颈",如果在这一研究领域有所突破,将成为人工智能发展史上的一个里程碑(朱福喜等,2002)。机器学习(自动获取新的事实及新的推理算法)是使计算机具有智能的根本途径。香克(R. Shank)说:"一台计算机若不会学习,就不能称为其是智能的"。此外,机器学习还有助于发现人类学习的机理和揭示人脑的奥秘。所以这是一个始终得到重视,理论正在创立,方法日臻完善,但远未达到理想境地的研究领域(蔡自兴,徐光祐,2003)。

7. 人工神经网络

由于冯·诺依曼(Van Neumann)体系结构的局限性,数字计算机存在一些尚无法解决的问题。人们一直在寻找新的信息处理机制,神经网络计算就是其中之一。人工神经网络是最近几十年发展起来的一支非常活跃的交叉学科,它涉及生物、数学、物理、电子及计算机技术,并显示出极其广泛的应用前景。人工神经网络模拟人脑的结构和功能,由大量彼此广泛连接的处理单元组成,每个处理单元的结构和功能十分简单,通常完成某种基本的变换,整个系统的工作方式与目前按照串行方式安排指令的计算机有着截然不同的特性。研究结果已经证明,用神经网络处理直觉和形象思维信息具有比传统处理方式好得多的效果。神经网络的发展有着非常广阔的科学背景,是众多学科研究的综合成果。神经生理学家、心理学家与计算机科学家的共同研究得出的结论是:人脑是一个功能特别强大、结构异常复杂的信息处理系统,其基础是神经元及其互联关系。因此,对人脑神经元和人工神经网络的研究,可能创造出新一代人工智能机——神经计算机。霍普菲尔德(Hopfield)提出用硬件实现神经网络,鲁梅尔哈特(Rumelhart)等提出多层网络中的反向传播(BP)算法。现在,神经网络已在模式识别、图像处理、组合优化、自动控制、信息处理、机器人学和人工智能的其他领域获得日益广泛的应用(孙即祥,2002;蔡自兴,徐光祐,2003)。

8. 机器人学

机器人学是一门高度综合和交叉的学科,它涉及的领域很多,诸如机械、电气、工艺、力学、传动、控制、通信等方面。机器人的研究向产业化方向迅速发展,在推动了工业自动化的同时,也扩大了人工智能的研究范围。目前,机器人的研究迅速扩展到感知系统,包括触觉、力觉、听觉,尤其是机器人视觉,还有体系结构、控制机制、机器人语言等方面。机器人学包括对操作机器人装置程序的研究。这个领域所研究的问题,从机器人手臂的最佳移动到实现机器人目标的动作序列的规划方法等,无所不包(蔡自兴,徐光祐,2003;李德毅,杜鹢,2005)。机器人学已经成功应用于火星探测,NASA(美国国家航空航天局)成功研制出"勇气号"、"机遇号"、"凤凰号"等火星探测车,完满地完成了相关的火星探测任务。

9. 模式识别

人工智能所研究的模式识别是指用计算机代替人类或帮助人类感知模式,是对人类感知外界功能的模拟,研究的是计算机模式识别系统,也就是使一个计算机系统具有模拟人类通过感官接收外界信息、识别和理解周围环境的感知能力。模式识别是用计算机代替人类或帮助人类感知模式,它根据研究对象的特征或属性,运用一定的分析算法认定它的类别,使分类结果尽可能地符合真实。目前,模式识别理论和技术已成功地应用于工业、农业、国防、公安等领域,并正逐步扩展到许多其他领域。模式识别与统计学、心理学、语言学、计算机科学、生物学、控制论等都有关系。它与人工智能、图像处理的研究有交叉关系。尽管计算机识别的水平还远远不如人脑,但随着模式识别理论和相关学科的发展,可以预言,它的功能会越来越强,应用也会越来越广泛(孙即祥,2002;蔡自兴,徐光祐,2003)。

10. 机器视觉

视觉是人类观察世界、认知世界的重要功能和手段。相关研究表明,人类接收外界信息的80%以上来自视觉。机器视觉或计算机视觉已从模式识别的一个研究领域发展为一门独立的学科。机器视觉或计算机视觉以计算机模拟人的视觉功能,实现对于客观世界的感知、识别和理解。在视觉方面,已经给计算机系统装上电视输入装置以便能够"看见"周围的东西。机器视觉的前沿研究领域包括实时并行处理、主动式定性视觉、动态和时变视觉、三维景物的建模与识别、实时图像压缩传输和复原、多光谱和彩色图像的处理与解释等。计算机视觉近年来在许多领域得到了广泛的应用,如工业上的自动化流水线、机器人装配、卫星图像处理、工业过程监控、医学上的计算机辅助外科手术、军事上的无人驾驶飞机、飞行器跟踪和制导以及电视实况转播等(章毓晋,2000;蔡自兴,徐光祐,2003)。

11. 智能控制

人工智能的发展促进自动控制向智能控制发展。智能控制是一类无须(或需要尽可能少的)人的干预就能够独立地驱动智能机器实现其目标的自动控制。或者说,智能控制是驱动智能机器自主地实现其目标的过程。智能控制是一种模拟人类学习和推理功能,能够适应不断变换的环境、能够处理多种信息以减少不确定性、能够以安全可靠的方式进行规划,产生和执行控制动作,获得系统总体上性能最优或次优的系统。它是针对被控对象、环境、控制目标或任务的复杂性而提出的理论和概念。计算机科学、人工智能、思维科学、认知科学等方面的新进展和智能机器人的工程实践为智能控制的诞生奠定了必要的理论和技术基础。智能控制有很多研究领域。目前研究得较多的是以下6个方面：智能机器人规划与控制、智能过程规划、智能过程控制、专家控制系统、语音控制以及智能仪器(李人厚,1999;蔡自兴,徐光祐,2003)。

12. 智能检索

随着科学技术的迅速发展,出现了"知识爆炸"的情况。对国内外种类繁多和数量巨大的科技文献的检索远非人力和传统检索系统所能胜任。研究智能检索系统已成为科技持续快速发展的重要保证。近几年来,随着机器学习、知识发现、自然语言理解等技术的发展,极大地推动了信息检索的智能化。智能检索是基于自然语言的检索形式,计算机根据用户提供的以自然语言形式表示的检索要求进行分析,然后自动形成检索策略进行检索。用户只需告诉检索工具查找什么,而无需考虑繁琐的检索规则或句法。人工智能技术可以实现对检索提问进行语义层次上的分析和理解,可以使信息检索更加简单；知识发现技术和数据挖掘技术可以提取出更多有意义的知识及时为用户提供信息服务。人工智能技术的逐步发展和完善都会极大地促进信息检索的智能化,会越来越迅速和方便地为用户提供检索服务(蔡自兴,徐光祐,2003;陈雅芝,2006)。

13. 智能调度与指挥

确定最佳调度或组合的问题是人工智能感兴趣的又一类问题。一个古典的问题就是推销员旅行问题,这个问题要求为推销员寻找一条最短的旅行路线。他从某个城市出发,访问每个城市一次,且只许一次,然后回到出发的城市。大多数这类问题能够从可能的组合或序列中选取一个答案,不过组合或序列的范围很大。试图求解这类问题的程序产生了一种组合爆炸的可能性。这时,即使是大型计算机的容量也会被用光。智能组合调度与指挥方法已被应用于汽车运输调度、列车的编组与指挥、空中交通管制以及军事指挥等系统(蔡自兴,徐光祐,2003)。

14. 分布式人工智能与 Agent

分布式人工智能(distributed AI,DAI)是分布式计算与人工智能结合的结果。DAI系统以鲁棒性作为控制系统质量的标准,并具有互操作性,即不同的异构系统在快速变化的环境中具有交换信息和协同工作的能力。分布式人工智能的研究目标是要创建一种能够描述自然系统和社会系统的精确概念模型。多 Agent 系统(multiagent system,MAS)更能体现人类的社会智能,具有更大的灵活性和适应性,更适合开放和动态的世界环境,因而备受重视,已成为人工智能以至计算机科学和控制科学与工程的研究热点(蔡自兴,徐光祐,2003)。

15. 计算智能与进化计算

计算智能(computing intelligence)涉及神经计算、模糊计算、进化计算等研究领域。进化计算(evolutionary computation)是一种模拟生物进化过程与机制求解问题的自组织、自适应性人工智能技术。它是以生物界"优胜劣汰,适者生存"作为算法的进化规则,结合达尔文的自然选择与孟德尔的遗传变异理论,将生物进化中的四种基本形式：繁殖、变异、竞争和选择引入算法的过程中,指导算法的进行。因此,可以说进化计算是建立在模拟生物进化过程的基础上而产生的一种随机搜索优化技术。进化计算包括遗传算法(genetic algorithms,GA)、进化策略(evolutionary strategies,ES)和进化规划(evolutionary programming,EP)等(蔡自兴,徐光祐,2003;高隽,2004)。

16. 数据挖掘与知识发现

知识获取是知识信息处理的关键问题之一。数据挖掘(data mining)是通过综合运用统计学、粗糙集、模糊数学、云理论、机器学习和专家系统等多种学习手段和方法,从大量的数据中提炼出抽象的知识,从而揭示出蕴涵在这些数据背后的客观世界的内在联系和本质规律,实现知识的自动获取。数据挖掘和知识发现技术已获广泛应用。空间数据挖掘(spatial data mining,SDM),简单地说,就是从空间数据中提出隐含其中的、事先未知的、潜在有用的、最终可理解的空间或非空间的一般知识规则的过程。具体而言,就是在空间数据库或空间数据仓库的基础上,综合利用确定集合理论、扩展集合理论、仿生学方法、可视化、决策树、云模型、数据场等理论和方法,以及相关的人工智能、机器学习、专家系统、模式识别、网络等信息技术,从大量含有噪声、不确定性的空间数据中,提取人们可信的、新颖的、感兴趣的、隐藏的、事先未知的、潜在有用的和最终可理解的知识,揭示蕴涵在数据背后的客观世界的本质规律、内在联系和发展趋势,实现知识的自动获取,为技术决策与经营决策提供不同层次的知识依据(李德仁等,2006)。

17. 人工生命

科学家将大自然创造的生命称做"自然生命"(natural life),而将人类创造的生命称做"人工生命"(artificial life)。人工生命旨在用计算机和精密机械等人工媒介生成或构造出能够表现自然生命系统行为特征的仿真系统或模型系统。自然生命系统行为具有自组织、自复制、自修复等特征以及形成这些特征的混沌动力学、进化和环境适应。人工生命所研究的人造系统能够演示具有自然生命系统特征的行为。人工生命具有感知能力或认知能力,能感知主客观世界,并依据感知信息自主地改变或改善其行为。自从20世纪40年代英国科学家Walter设计出第一个人工生命Elmer开始,人工生命便逐渐成了科学技术的热点,形形色色的人工生命相继出现,如足球机器人、电子狗、人工鱼、机器工兵等。如今,人工生命已经成为了一个多学科融合的研究领域,其中控制论、机器人学和人工智能是三个扮演重要角色的学科。人工生命学科的研究内容包括生命现象的仿生系统、人工建模与仿真、进化动力学、人工生命的计算理论、进化与学习综合系统以及人工生命的应用等(蔡自兴,徐光祐,2003;阮晓钢,2005)。

18. 系统与语言工具

除了直接瞄准实现智能的研究工作外,开发新的方法也往往是人工智能研究的一个重要方面。人工智能对计算机界的某些最大贡献已经以派生的形式表现出来。计算机系统的一些概念,如分时系统、编目处理系统和交互调试系统等,已经在人工智能研究中得到发展(蔡自兴,徐光祐,2003)。

19. 不确定性人工智能

人工智能在模拟人类的确定性智能——逻辑思维方面,已经取得了很大成就。但是,在人类不确定性智能的模拟方面始终没有太大的进展,而在模拟人类形象思维方面尚处在探讨阶段。因此,不确定性人工智能是人工智能中的研究热点,也是人工智能中的重大前沿课题。人脑的神奇就在于它的形象思维能力,在于它解决处理不确定性问题的能力。大脑并不是靠"规则"或者"定理"解决不确定性问题,更不是靠精确的数理分析和计算来处理不确定现象,很多对计算机而言十分困难的问题,对大脑来说却简单易行。由于在生物意义上,记忆、思维、想象、情感等奥秘远未揭开,脑科学和认知科学、人工智能研究的交叉还远远不够,奢望机器能够完全具备人类的不确定性智能、完全模拟人类的智能和情感还为时过早,期待脑科学、认知科学等多学科的突破。不确定性知识表示是研究不确定人工智能的一个很好的思路,这将是一项长期的基础课题研究,也蕴藏着重要的应用前景。不确定性人工智能是人工智能进入 21 世纪的新发展,这个由计算机科学、物理学、数学、脑科学、心理学、认知学、生物学等自然科学和社会科学交叉渗透构成的新学科,必将使机器能够具备类似人脑的不确定性信息和知识的表示能力、处理能力和思维能力(李德毅等,2004)。

1.5 ISIP 的主要内容

智能空间信息处理(ISIP)是指空间信息的智能化处理,这里从"3S"技术智能信息处理的角度阐述 ISIP 的主要内容,即:RS 信息智能化处理、GIS 信息智能化处理、GPS 信息智能化处理。

1.5.1 RS 信息智能化处理

近年来,遥感信息的应用水平常滞后于空间遥感技术的发展,其主要原因在于遥感数据未得到充分的利用,对遥感信息认识的不足和对遥感信息分析水平的滞后,造成了遥感信息资源的巨大浪费。分析其原因,这主要是由于缺少完善的遥感图像分析处理的方法和模型,难以从遥感图像中直接获得大量高精度的空间信息。因此,使用智能化的方法挖掘遥感信息的应用潜力,提高遥感图像分析和识别的精度,提高遥感信息处理的效率成为目前遥感应用的迫切要求(李朝锋等,2007)。遥感信息智能化处理是指应用人工智能的理论和方法对遥感图像进行处理,提高遥感图像处理的精度,并实现遥感图像处理过程的自动化。伴随着人工智能的迅速发展,必将大大促进遥感信息处理的智能化和自动化,使遥感信息能更快速、更准确地为相关部门提供服务。遥感信息的智能化处理主要体现在以下几个方面:

1. 遥感图像几何处理的智能化

遥感图像作为空间数据,具有空间地理位置的概念。在应用遥感图像之前,必须将其投影到需要的地理信息坐标系中。因此,遥感图像的几何处理是遥感信息处理过程中的一个重要环节(孙家抦,2003)。

图像配准是根据图像的几何畸变,采用一种几何变换将图像归化到统一的坐标系中,其中图像间同名点的确定是图像配准的关键。采用目视判读的方式查找同名点不仅效率不高,精度也难以得到保障,采用人工智能算法自动搜索同名点,实现图像的自动配准可以大大提高图像几何处理的效率。遗传算法作为一种随机搜索和优化技术具有自适应的迭代寻优搜索和直接对结构对象进行操作的特点,同时也是一种基于群体进化的全局优化搜索算法。使用遗传算法实现图像的配准保证了配准的精度,同时还可以提高配准的效率(马建文等,2005)。

2. 遥感图像辐射处理的智能化方法

为了突出遥感图像中的某些信息,消除或除去某些不需要的信息,使图像更易判读,分类和解译的精度更高,常常需要使用遥感图像增强技术。常规的图像增强方式在使图像平滑的同时使边界变得不清楚;或者在边缘信息得到增强时也放大了图像噪声。使用人工智能算法根据图像的局部信息自适应的调节图像的增强算法可以有效地避免上述问题,在去除噪声的同时保持图像中的有效信息。例如,基于模拟退火和粒子群算法相结合的进化技术不仅可以有效地实现图像增强,同时还可以极大地节省处理时间,是一种有效的智能图像增强技术(宋娟,全惠云,2007)。

遥感技术为人们提供了丰富的多源图像数据,单一传感器获得的图像信息有限,图像融合可以从不同的遥感图像中获得更多的有用信息,弥补单一传感器的不足。传统的图像融合算法没有考虑到人眼的视觉效果,融合的结果不是很理想,基于小波变换和人类视觉系统(HVS)的融合算法考虑人类视觉系统的特征,以模糊理论自适应的求解融合系数,可以得到更好的融合效果(李朝锋等,2007)。

3. 遥感图像分类和解译的智能化方法

遥感图像的计算机分类就是利用计算机对地球表面及其环境在遥感图像上的信息进行属性的识别和分类,从而达到识别图像信息所相应的实际地物,提取所需地物信息的目的(孙家抦,2003)。在遥感信息处理中,遥感图像分类问题是人工智能算法应用最广泛的领域之一,人工智能所研究的专家系统、模式识别、人工神经网络、进化计算等在遥感图像分类中都有广泛的应用。

模式识别中提出的多种分类器在遥感图像分类中都有广泛的应用,按照分类方式的不同可将遥感图像分类法分为两种:监督分类法和非监督分类法。监督分类法中常用的分类器有:贝叶斯分类器、支持向量机分类器、决策树分类器等;非监督分类法中常用的分类器有:K 均值分类器、模糊 C 均值分类器、ISODATA 分类器等(Theodoridis and Koutroumbas, 2006)。

神经网络技术比起传统的算法表现出了极大的优越性,具有高度的并行处理能力和自适应功能。比起传统的分类器,神经网络分类器表现出了更强的适应性和高效性(马建文,2005)。神经网络近30年广泛地应用于遥感图像分类领域,许多学者利用神经网络技术对遥感影像进行分类,取得了较好的分类效果(Heermann and Khazenie, 1992;

Linderman et al.,2004)。

自从 Zadeh 提出模糊理论以来,便涌现出了大量基于模糊理论的分类算法,人们开始使用模糊方法来处理遥感图像的分类问题。基于模糊理论的分类算法更多地考虑了图像分类过程中的不确定性,能够得到更好的分类结果。模糊 C 均值算法就是结合模糊集理论和 K 均值聚类算法提出来的,模糊连接度、粗糙集、模糊神经网络等基于模糊集理论的算法也广泛地应用于遥感图像分类中(Foody,1997; Ma and Bagan H,2005; Chanussot et al,2004)。

4. 基于知识的遥感图像分类方法

基于知识的遥感图像分类方法是基于遥感图像及其他空间数据,通过专家经验总结、简单的数学统计和归纳方法等,获得分类的规则和知识,并进行遥感图像分类。分类规则和知识易于理解,分类过程也符合人的认知过程。基于知识的分类法突破了传统分类方法只能利用光谱信息的局限,可以充分利用其他数据,如数字高程模型(DEM)、行政区划图、道路网、土地利用图、林相图等作为分类的辅助数据,为遥感图像的快速高精度分类提供了可能。

遥感图像处理软件 ERDAS IMAGINE 为用户提供了一个专家分类器,专家分类器为用户提供了一个基于规则的方法,用于对多波段图像进行分类、分类后处理以及 GIS 建模。事实上,一个专家分类系统就是针对一个或多个假设,建立的一个层次性规则集或决策树,而每一个规则就是一个或一组条件语句,用于说明变量的数值或属性。所以,决策树、假设、规则、变量以及由此组成的知识库,便成了专家分类器中最基本的概念和组成要素。ERDAS IMAGINE 专家分类器由两部分组成:其一是知识工程师,其二是知识分类器。知识工程师为拥有第一手数据和知识的专家提供一个用户界面,让专家把知识应用于确定变量、规则和感兴趣的输出类型,生成层次决策树,建立知识库。知识分类器则为非专家提供一个用户界面,以便应用知识库并生成输出分类(党安荣等,2003)。

1.5.2 GIS 信息智能化处理

智能 GIS 是空间信息科学与技术发展的必然趋势,但是目前还很不成熟。智能 GIS 是人工智能技术与 GIS 技术的结合。从地理信息的获取到地理信息的应用和可视化都可以借助人工智能技术提高信息的获取效率和应用效果。国内外很多学者在这方面已做了大量的研究工作,提出了很多非常实用的空间信息智能化处理方法(郭庆胜,任晓燕,2003)。GIS 信息的智能化处理主要体现在以下几个方面:

1. 地理信息的采集与集成

在建立地理信息系统的过程中,地理信息的自动采集问题的解决可以大大提高地理信息系统的建库效率,节省大量的人力物力。如何自动识别地图信息仍然是一个需要继续研究的问题,特别是地图符号的语义信息的自动获取。

目前,市场上已有多种商品化的地图扫描与信息提取软件,但是自动化和智能化程度仍然不是很高。为了满足社会的迫切需求,许多公司和研究机构投入了大量的人力物力,研究和开发了许多半自动化的地图数字化系统,如美国的 NSXPRES 和 R2V、德国的 CAROL、日本的 MAPVISION 等,我国很多大学也推出了各自的地图数字化系统(郭庆胜,任晓燕,2003)。

遥感是地理空间数据库更新的一种有效途径。随着遥感技术的发展,相对于地图来说,遥感图像的时效性很强,更加符合用户对地理空间数据的变化检测和及时更新的需求,遥感图像越来越成为 GIS 的重要数据源,已经逐步取代了传统 GIS 中地图作为重要数据源的位置。但是,基于遥感数据的地理空间实体自动识别,仍然是一个难题。在地理信息系统建库和维护过程中,数字地理实体或地理目标和真实世界的一致性的自动检测和维护也是当前迫切需要解决的问题。迫切需要引入人工智能技术提升利用遥感图像更新地图数据库的水平。

2. 智能化地图设计与综合

地图数据处理中涉及大量的地图知识,这些知识是制作高质量地图的保证,因此,人工智能在地图数据处理中的应用主要表现在如何有效地利用地图制图知识。目前,在地图数据处理中,使用人工智能技术比较多的几个领域是:地图投影选择、地图注记的自动配置、地图符号的设计与配置、地图综合等。国内外在这些方面已做了大量的研究工作,例如:地图投影选择专家系统、地图注记自动配置专家系统、地图符号的优化配置技术、地图色彩的设色专家系统、地图综合智能化系统、多智能体的地图综合系统、智能化地图设计系统等。这些系统大多数是实验性研究型系统,还有待地图工作者进一步研究和开发(郭庆胜,任晓燕,2003)。

3. 地理数据分类的智能化方法

在地理信息系统中,经常用到地理数据的分类技术,例如土地类型的分类、土地等级的划分、遥感图像的分类等。在这些领域,人工智能技术的应用比较广泛。利用遥感数据进行土地类型的划分一直是人们非常关心的问题,比如,利用专家系统技术辅助土地类型的划分,利用人工神经网络模型建立更高精度的土地类型分类模型。土地等级划分的专家系统方法现已广泛应用于土地评价,基于知识的遥感图像分类方法已应用于商品化的遥感图像处理软件(郭庆胜,任晓燕,2003)。

4. 空间数据挖掘与知识发现

随着大规模的数据库不断增加,人们不再满足一般的数据查询和检索,开始利用这些数据库自动发现新的知识,这项技术被称为数据库知识发现(knowledge discovery in databases,KDD)或数据挖掘(data mining)。数据挖掘是指从大量数据中提取或挖掘知识,数据挖掘是知识发现过程的一个基本步骤。知识发现的过程包括:数据清理、数据集成、数据选择、数据变换、数据挖掘、模式评估和知识表示等(Han and Kamber, 2007)。空间数据的采集、存储和处理等现代技术设备的迅速发展,使得空间数据的复杂性和数量急剧膨胀,远远超出了人们的解译能力。空间数据库是空间数据及其相关非空间数据的集合,是经验和教训的积累,无异于是一个巨大的宝藏。当空间数据中的数据积累到一定程度时,必然会反映出某些人们感兴趣的规律(李德仁等,2006)。

李德仁首先关注从空间数据库中发现知识,并予以奠基。在1994年加拿大渥太华举行的GIS国际会议上,他首次提出了从GIS数据库中发现知识(knowledge discovery from GIS)的概念,并系统分析了空间知识发现的特点和方法,认为它能够把GIS有限的数据变成无限的知识,精练和更新GIS数据,促使GIS成为智能化的系统(Li and Cheng, 1994)。空间数据挖掘与知识发现是促进GIS信息智能化处理的关键技术,常用理论和方法包括概率论、证据理论、空间统计学、规则归纳、聚类分析、空间分析、模糊集、粗糙集、云模型、数据场、地学粗空间、概念格、神经网络、遗传算法、可视化、决策树、空间在线数据挖掘等,都取得了一定的成果。

5. 地理信息的智能检索

目前,地理信息的检索主要以确定性的信息为检索条件,但是,随着地理信息系统的广泛应用,模糊性的地理信息检索是非常需要的,这主要体现在检索条件的模糊性。同时,检索条件还可以进一步是声音或自然语言等。这就要求地理信息的检索必须使用人工智能技术,以满足GIS用户的需要(郭庆胜,任晓燕,2003)。

6. 地理信息的智能空间分析

地理信息处理中经常会遇到难以用单纯的算法解决的问题,例如:资源的分配、土地利用规划等,这样的问题常用人工智能技术解决。在地理信息系统的应用过程中这类问题很多,需要我们根据实际情况开发相应的智能化模型,以满足地理信息系统用于空间决策的需要。也就是说,我们必须研究地理空间决策支持系统,而不是简单地提供地理信息的服务(郭庆胜,任晓燕,2003)。

7. 地理信息的可视化

地图是地理信息系统的主要可视化手段,但是,在地理信息系统环境中,地图的显示或生产是自动的,如果GIS软件没有足够的地图制图知识,GIS用户想获得好的地图产品的愿望是比较难以实现的。在GIS环境中的地图自动设计和综合仍然是一个需要解决的问题,由于地图的种类繁多,难以让一个地理信息系统软件实现所有地图的自动设计和综合,因此,比较好的方法是:针对不同的地图或地图要素建立相应的模块或控件,或者利用智能体(Agent)技术建立一个多智能体系统(郭庆胜,任晓燕,2003)。

8. 空间决策支持

空间决策支持是应用各种空间分析手段对空间数据进行处理,以提取出隐含于空间数据中的某些事实和关系,并以图形和文字的形式直观地加以表达,为现实世界中的各种应用以及决策人员的决策提供科学、合理的支持(刘耀林,2007)。空间决策可以认为是空间分析的高级阶段,在空间分析过程中引入了更多的知识和智能处理能力。空间分析直接融合了数据的空间定位能力,并能够充分利用数据的现势性特点,因此,其提供的决策支持将更加符合客观现实,更具合理性。

1.5.3 GPS信息智能化处理

准确和快速地解算整周模糊度,无论对于高精度动态定位或GPS姿态及定向系统都是极其重要的。GPS信息处理与人工智能的结合是一种发展趋势,目前国内外的相关研究较少,主要研究集中于GPS基线解算、整周模糊度的固定等方面。

(1) GPS基线解算

利用遗传算法、模糊理论等实现基线处理可以取得良好的效果。例如,针对双差模糊度的整数域和基线向量的实数域解的特性,进行GA算法(遗传算法)改进,包括实数编码的改进、遗传算子及其控制参数等算法设计等,可以提出基于非线性最小二乘准则的GPS相对定位同步解算基线向量和双差模糊度的优化搜索新方法(刘智敏等,2008)。将遗传算法应用于GPS短基线模糊度解算过程,可以实现二进制编码和实数编码(刘智敏等,2005)。

(2) 整周模糊度的固定

利用基于简单遗传算法的改进模糊度搜索方法可以求解载波相位测量中的整周模糊度。首先采用UDU^T和LDL^T分解对整周模糊度进行整数高斯变换以降低各整周模糊度之间的相关性,然后利用遗传算法进行整周模糊度搜索(郑庆晖,张育林,2001)。

将遗传算法(GA)应用于GPS双差模糊度解算过程,针对双差模糊度的整数特性进行实数编码的改进、遗传算法的改进等算法设计,可以实现双差模糊度直接在大范围、高精度、整数域上的优化搜索(刘智敏等,2007)。

思 考 题

1. 简述智能空间信息处理并分析其学科交叉特性。
2. 分析智能空间信息处理的认知过程。
3. 简述人工智能的起源与发展。
4. 简述人工智能的研究和应用领域。
5. 简述智能空间信息处理的主要内容。

参 考 文 献

敖志刚. 2002. 人工智能与专家系统导论. 合肥:中国科学技术大学出版社.
蔡自兴,徐光祐. 2003. 人工智能及其应用(第三版,本科生用书). 北京:清华大学出版社.
陈雅芝. 2006. 信息检索. 北京:清华大学出版社.
党安荣,王晓栋,陈晓峰,张建宝. 2003. ERDAS IMAGINE遥感图像处理方法. 北京:清华大学出版社.
高隽. 2004. 智能信息处理方法导论. 北京:机械工业出版社.
龚健雅. 2001. 地理信息系统基础. 北京:科学出版社.
郭庆胜,任晓燕. 2003. 智能化地理信息处理. 武汉:武汉大学出版社.
郭仁忠. 1992. 空间信息处理中几个问题的再认识. 武测科技,(1):36-41.
李朝锋,曾生根,许磊. 2007. 遥感图像智能处理. 北京:电子工业出版社.

李德仁．1999．地球空间信息科学的兴起与跨世纪发展．城市勘测，(1)：11-18．

李德仁，王树良，李德毅．2006．空间数据挖掘理论与应用，北京：科学出版社．

李德毅，刘常昱，杜鹢，韩旭．2004．不确定性人工智能．软件学报，15(11)：1583-1594．

李德毅，杜鹢．2005．不确定性人工智能．北京：国防工业出版社．

李建松．2006．地理信息系统原理．武汉：武汉大学出版社．

李征航，黄劲松．2005．GPS 测量与数据处理．武汉：武汉大学出版社．

李人厚．1999．智能控制理论和方法．西安：西安电子科技大学出版社．

刘耀林．2007．从空间分析到空间决策的思考．武汉大学学报(信息科学版)，32(11)：1050-1055．

刘智敏，刘经南，姜卫平，李陶．2006．遗传算法解算 GPS 短基线整周模糊度的编码方法研究．武汉大学学报(信息科学版)，31(7)：607-609．

刘智敏，独知行，邹蓉．2007．基于改进的遗传算法解算 GPS 双差模糊度的研究．山东科技大学学报(自然科学版)，26(1)：23-26．

刘智敏．2008．改进的遗传算法在 GPS 基线解算上的研究．测绘科学，33(5)：135-136．

马建文，李启青，哈斯巴干，戴芹．2005．遥感数据智能处理方法与程序设计．北京：科学出版社．

阮晓钢．2005．机器生命的秘密．北京：北京邮电大学出版社．

史忠植．2009．http://www.intsci.ac.cn/iip.html，2009-06-20．

宋娟，全惠云．2007．图像增强技术中的智能算法．华东师范大学学报(信息科学版)，(3)：93-99．

孙家抦．2003．遥感原理与应用．武汉：武汉大学出版社．

孙即祥．2002．现代模式识别．长沙：国防科技大学出版社．

Theodoridis S, Koutroumbas K[西腊]著．李晶皎，王爱侠，张广渊译．2006．模式识别．北京：电子工业出版社．

章毓晋．2000．图像工程(下册)图像理解与计算机视觉．北京：清华大学出版社．

张成才，秦昆，卢艳，孙喜梅．2004．GIS 空间分析理论与方法．武汉：武汉大学出版社．

郑庆晖，张育林．2001．利用遗传算法求解整周模糊度．国防科技大学学报，23(1)：5-10．

朱福喜，汤怡群，傅建明．2002．人工智能原理．武汉：武汉大学出版社．

Foody G M. 1997. Fully Fuzzy Supervised Classification of Land Cover from Remotely Sensed Imagery with an Artificial Neural Network. Neural Computing & Applications, 5(4): 238-247.

Chanussot J, Benediktsson J A, Vincent M. 2004. Classification of Remote Sensing Images from Urban Areas Using a Fuzzy Model. Geoscience and Remote Sensing Symposium, IGARSS '04. Proceedings: 556-559.

Han J, Kamber M[加]著，范明，孟小峰译．2007．数据挖掘概念与技术(第 2 版)．北京：机械工业出版社．

Richards J A. 2005. Analysis of Remotely Sensed Data: The Formative Decades and the Future. IEEE Transactions on Geoscience and Remote Sensing, 43(3): 422-432.

Li D R, Cheng T, 1994. KDG-Knowledge Discovery from GIS. Proceedings of the Canadian Conference on GIS, Ottawa, Canada, June 6-10: 1001-1012.

Li L, Warfield J, Guo S J, Guo W D, Qi J Y. 2007. Advances in Intelligent Information Processing. Information Systems, 32(7): 941-943.

Matějíček L, Engst P, Jaňour Z. 2006. A GIS-based Approach to Spatio-temporal Analysis of Environmental Pollution in Urban Areas: A Case Study of Prague's Environment Extended by LIDAR Eata. Ecological Modelling, (3): 261-277.

Ma J W, Bagan H. 2005. Remote Sensing Data Classification Using Tolerant Rough Set and Neural Networks. Science in China(Earth Sciences), 48(12): 2251-2259.

Linderman M, Liu J, Qi J, An L, Ouyang Z, Yang J, Tan Y. 2004. Using Artificial Neural Networks to Map the Spatial Distribution of Understorey Bamboo from Remote Sensing Data. International Journal of Remote Sensing, 25(9): 1685-1700.

Heermann P D, Khazenie N. 1992. Classification of Multispectral Remote Sensing Data Using a Back-propagation Neural Network. IEEE Transactions on Geoscience and Remote Sensing, 30(1): 81-88.

第 2 章 地理空间认知

2.1 认知科学

认知科学是探索人类的智力如何由物质产生和人脑信息处理的过程,是研究人类的认知和智力的本质和规律的前沿科学。认知科学研究的范围包括知觉、注意、记忆、动作、语言、推理、思考、意识乃至情感动机在内的各个层面的认知活动。为了使信息向知识的转变由盲目走向自觉、由经验走向科学,必须研究和理解人类知识的认知结构及其过程(史忠植,2006)。

认知科学的科学目标旨在探索智力和智能的本质,建立认知科学和新型智能系统的计算理论,解决对认知科学和信息科学具有重要意义的若干基础理论和智能系统实现的关键技术问题。以知觉表达、学习和记忆过程中的信息处理、思维、语言模型和基于环境的认知为突破口,在认知的计算理论与科学实验方法与策略等方向实现原始创新,探讨创新学习机制,建立脑功能成像数据库,提出新的机器学习理论和方法(史忠植,2006)。

在认知科学中要研究知觉信息的表达、整合与选择性注意机制。解决各个认知层次的知识是如何表达的基本问题,建立知觉过程的新理论,提出时空一致的"特征绑定"分析理论与方法,实现具有自组织性质和选择性注意机制的计算机视觉系统。研究基于环境的认知,可以探讨多主体(multi agent)的构造、通信和行为协调的新理论,在群体智能进化的实现、自组织、自适应与环境认知方面获得突破。在研究思维、语言认知问题中,探讨多层次思维模型,探讨语言与形象表示的互补与转换性质,给出语言加工的认知和脑机制描述,以及相应的信息处理模型(史忠植,2006)。

人的认知活动具有不同的层次,对认知行为的研究也应具有不同的层次,以便不同学科之间的分工协作,联合攻关,早日解开人类认知本质之谜。可以从下列 4 个层次开展对认知本质的研究(蔡自兴,徐光祐,2003;2004):

(1)认知生理学:研究认知行为的生理过程,主要研究人的神经系统(神经元、中枢神经系统和大脑)的活动,是认知科学研究的底层。它与心理学、神经学、脑科学有着密切的关系,且与基因学、遗传学等有交叉联系。

(2)认知心理学:研究认知行为的心理活动,主要研究人的思维策略,是认知科学研究的顶层。它与心理学有着密切的关系,且与人类学、语言学交叉。

(3)认知信息学:研究人的认知行为在人体内的初级信息处理,主要研究人的认知行为如何通过初级信息处理,由生理活动变为心理活动及其逆过程,即由心理活动变为生理行为。这是认知活动的中间层,承上启下。它与神经学、信息学、计算机科学有着密切的关系,并与心理学、生理学有交叉关系。

(4)认知工程学:研究认知行为的信息加工处理,主要研究如何通过以计算机为中心的人工信息处理系统,对人的各种认知行为(如知觉、思维、记忆、语言、学习、理解、推理、识别等)进行信息处理。这是研究认知科学和认知行为的工具,应成为现代认知心理学和现代认知生理学的重要研究手段。它与人工智能、信息学、计算机科学有着密切的关系,并与控制论、系统学等交叉。

只有开展大跨度的多层次、多学科交叉研究,应用现代智能信息处理的最新手段,认知科学才可能较快地取得突破性成果(蔡自兴,徐光祐,2003)。

2.2 认知心理学

认知心理学是20世纪50年代中期在西方兴起的一种心理学思潮,20世纪70年代成为西方心理学的一个主要研究方向。它研究人的高级心理过程,主要是认知过程,如注意、知觉、表象、记忆、思维和语言等。与行为主义心理学家相反,认知心理学家研究那些不能观察的内部机制和过程,如记忆的加工、存储、提取和记忆力的改变。

以信息加工观点研究认知过程是现代认知心理学的主流,可以说认知心理学相当于信息加工心理学。它将人看做是一个信息加工的系统,认为认知就是信息加工,包括感觉输入的编码、储存和提取的全过程。按照这一观点,认知可以分解为一系列阶段,每个阶段是一个对输入的信息进行某些特定操作的单元,而反应则是这一系列阶段和操作的产物。信息加工系统的各个组成部分之间都以某种方式相互联系着。而随着认知心理学的发展,这种序列加工观越来越受到平行加工理论和认知神经心理学的相关理论的挑战。

认知心理学家关心的是作为人类行为基础的心理机制,其核心是输入和输出之间发生的内部心理过程。但是人们不能直接观察内部心理过程,只能通过观察输入和输出的东西来加以推测。所以,认知心理学家所用的方法就是从可观察到的现象来推测观察不到的心理过程。有人把这种方法称为会聚性证明法,即把不同性质的数据会聚到一起,而得出结论。而现在,认知心理学研究通常要实验、认知神经科学、认知神经心理学和计算机模拟等多方面的证据的共同支持,而这种多方位的研究也越来越受到青睐。认知心理学家们通过研究脑本身,希望揭示认知活动的本质过程,而非仅仅推测其过程。最常用的就是研究脑损伤病人的认知与正常人的区别来证明认知加工过程的存在及具体模式。

格式塔心理学对认知心理学的影响很明显。它以知觉和高级心理过程的研究著称,强调格式塔的组织、结构等原则,反对行为主义心理学把人看成是被动的刺激反应器。这些观点对认知心理学有重大影响,如认知心理学把知觉定义为对感觉信息的组织和解释,强调信息加工的主动性等。

认知心理学主要研究以下论题:

(1)注意：人一次只能注意一件事情，但是生活中常常需要我们同时注意多种事物。比如，老师期望学生在课堂上既要认真听课也要做好笔记。对此，认知心理学家研究了集中注意和分散注意。一般来讲，个体能决定进行集中注意还是分散注意。对于每一项任务，也许只进行集中注意，或分散注意，也可以两种方式同时运用。集中注意或分散注意的运用常常由目标驱动，或由自上而下的注意控制过程来确定（Eysenck and Keane，2003）。

(2)模式识别：日常生活中我们常常需要正确地辨认模糊的事物。我们的生存依赖于我们正确地解释较模糊的感觉输入的能力（John B. Best，2000）。认知心理学家研究了模式识别中的两种理论：模板理论和特征理论。模板理论的基本观点是在长时记忆中存在一个与知觉的视觉模式相对应的缩微复本或模板，模式识别成功的条件就是某一模板与输入刺激进行最为接近的匹配。特征理论认为一个模式由一组特征或属性组成，模式识别以从输入视觉刺激中提取特征开始，然后将这组提取出来的特征整合起来并与记忆中的相关信息进行比较。模式识别的一个重要内容就是研究人类对字母和数字符号的识别，人类知觉系统的高度灵活性是模式识别的一个关键问题（Eysenck and Keane，2003）。

(3)记忆：是人的一种重要认知能力。认知心理学家对记忆问题的研究主要体现在以下几个方面：①知识在记忆中的组织方式；②个人经验的记忆如何适应于人们对世界的一般了解；③程序性知识和陈述性知识在记忆中的组织是否相似；④记忆的遗忘过程；⑤遗忘的记忆是否确实丢失了。记忆理论通常都要考虑记忆系统的结构和结构内部的运作机制或过程。结构是指记忆系统的组织形式，而过程则指记忆系统内所发生的活动（Eysenck and Keane，2003）。

(4)知识的组织：知识的组织涉及记忆的储存材料的形式问题。关于知识的组织涉及如下问题：①人类是如何在大脑中组织和表征外部世界的；②程序性知识和陈述性知识的形式描述之间的区别；③程序性知识与陈述性知识的储存方法等（John B. Best，2000；Eysenck and Keane，2003）。

(5)语言：认知心理学对语言问题的研究包括：①经验在获得语言中的作用；②正常语言和反常语言是如何发展的；③语言的性质问题；④认知系统是否遵循语言规则；⑤规则描述行为和规则支配行为问题的差异等（John B. Best，2000）。

(6)推理：从一定程度上来说，人的经验是普遍存在的，正确推理的规则在直观上常常是不明显的，有些规则似乎相互混淆。有关逻辑学的经验表明人们在直观上没有必要遵循逻辑，因此人们可能使用其他某种非逻辑的推理系统来产生现实生活中非常有用的正确结论。认知心理学家关注的推理问题主要包括：①如何解释人类自然出现的推理；②自然出现的人类推理是否合逻辑；③人类自然出现的推理的性质（John B. Best，2000）。

(7)问题解决：每个人每天都会遇到许多问题，每个问题的解决都需要有一个计划或者是一系列达到目标的步骤。认知心理学家在问题解决方面关注的问题包括：①计划和制定计划的过程；②面临下一个问题时如何使用记忆中的信息和其他知识形成一个解决问题的目标；③在问题解决过程中，有些人能制定出有效的方法并达到目标，而有些人却不能,研究导致这种差别的原因(John B. Best, 2000)。

(8)分类、概念和组织:人们需要把知识组织成类别和概念以便更有效地处理外界信息(Eysenck and Keane, 2003)。概念性知识包括具体的事物和抽象的实体。在认知过程中,我们必须对新的信息进行组织从而提升解决问题的能力。认知心理学家关注的问题包括:①人类对物体的分类能力;②人是否生来就具备所有概念的基础?如果不具备所有的基础,那么所形成的概念的数量和性质都是有限的;③在认知过程中是否由于后天的经验发展了概念,一些具体经验对形成一般知识产生了作用(John B. Best, 2000)。

2.3 认知物理学

人类在不断认识、改造客观世界的过程中,物理学起到了极其重要的作用。把现代物理学中对客观世界的认知理论引入到对主观世界的认知中来,借鉴物理学方法研究主观认知,从自然语言切入,研究从定量到定性、从概念到知识的认知过程,模拟人的思维过程的形式化表示与组织,称为认知物理学(李德毅等,2003)。认知物理学的基本思想包括:借鉴物理学中的场描述数据间的相互作用,借鉴物理学中的原子模型表示概念,借鉴物理学中的粒度描述知识的层次结构,借鉴物理学中的状态空间转换思想形成知识发现的状态空间转换的框架(李德毅,杜鹢,2005;Li and Du, 2007)。

从数据到信息,再到知识,人类的这一认知思维过程可以借鉴物理学中的场来形式化描述它们之间的相互作用,形成认知场,可视化人的认知、记忆和思维的过程(李德毅,肖俐平,2008)。为简化问题起见,不妨将一个由具有 M 维属性的 N 条记录构成的逻辑数据库,即 M 维数据空间中的 N 个客体表示的这样一个数据集,作为认识问题和发现知识的起点和背景。每一个客体看做数据空间的一个点电荷或质点,位于场内的所有其他客体都将受到该客体的某种作用力,这样在整个数据空间就会形成一个场,即数据场(李德毅等,2003)。

1. 借鉴物理学中的原子模型表示概念

自然语言中的语言值,即人类思维中的概念,基本语言值即基本概念。给定一组相同属性范畴的定量数据,寻找概括这些数据的定性概念,其中一个重要的障碍就是人类用自然语言表达的概念是如何形成的。语言是思维的载体,概念就是思维的原子,自然语言的功能就是用各种各样的方法对概念进行组合和再组合表达认知的事件,即知识。因此,概念是人类思维活动的基本细胞(李德毅等,2003)。

有人认为,概念是人类接触到的一类客体的共同性质,主张从这类个体具有的共同的重要特征(属性)来说明概念,可称为特征表说;还有人从整体的角度解释概念,认为概念主要是以原型,即它的最典型实例来表示的,还可以包括个体偏离原型的允许程度,即范畴成员的隶属度。原型是这类样本点的核心,可称为原型说。无论特征表说还是原型说,所有这类样本点都是通过一组数据反应出来的(李德毅等,2003)。

定性的概念和定量的数据之间普遍存在不确定性,尤其是随机性和模糊性。李德毅提出用云模型来统一刻画语言值和数据之间的随机性和模糊性,它是用语言值描述的某个定性概念与其数值表示之间的不确定型转换模型(李德毅等,1995)。云的数字特征可以用期望 Ex,熵 En 和超熵 He 三个数值表示,由数字特征生成的任一云滴,就是这个定性概念的一次具体量化。它把模糊性和随机性以及模糊性和随机性之间的关联性完全集成在一起,构成定性和定量间的相互映射,作为知识表示的基础(李德毅等,2003)。

2. 借鉴物理学中的场描述客体的相互作用

人自身的认知和思维过程,从数据到信息到知识,按照用物理场来形式化的思路,我们可以建立一个认知场来描述数据之间的相互作用,再结合云模型思想,可视化人的认知和思维过程。客体又称对象,通常通过数据或数据集来描述。为简化问题起见,不妨将一个由具有 M 维属性的 N 条记录构成的逻辑数据库,即 M 维数据空间中的 N 个客体表示的这样一个数据集,作为认识问题和发现知识的起点和背景。每一个客体看做数据空间的一个点电荷或质点,位于场内的所有其他客体都将受到该客体的某种作用力,这样在整个数据空间就会形成一个场。通过云模型来规约和简化数据。这样,所谓数据库中的知识发现,就是从不同粒度上研究这些客体之间通过场发生的相互作用和关系。概念的粒度由小到大,认识由微观到中观再到宏观,概念之间,或者自然聚类,或者表现为离群,或者相互关联,发现的知识就由数据到概念再到"规则加例外",构成发现状态空间,实现了数据的简约和归纳,模拟了人的认识和思维过程(李德毅等,2003)。

3. 借鉴物理学中的层次结构描述知识发现状态空间

粒度,原本是一个物理学的概念,意思是指"微粒大小的平均度量",在这里被借用作为对数据、信息和知识的抽象度的度量,讨论从宏观、中观还是微观分析和处理信息问题,也就是分析和处理信息微细化的程度不同。人类智能的一个公认特点就是人们能够从极不相同的粒度上观察和分析同一问题,各有各的用处。从较细的粒度世界跃升到较粗的粒度世界,是对信息或知识的抽象,可以使问题简化,数据处理量大大减少,这一过程称为数据简约或归约。用粗粒度观察和分析信息,忽略了细微的差别,寻找共性。共性常常比个性更深刻,可以求得宏观的把握。相反的,如果用细粒度观察和分析信息,则可发现纷繁复杂的表象,更精确地区分差别。个性比共性更丰富,但是不能完全进入共性之中。通过概念跃升,可以发现更普遍的知识(李德毅等,2003)。

这里需要特别指出的是,不同信息粒度之间的概念形成层次的结构是不固定的。层次概念的固定的、离散的、阶跃的划分方式,无法表示认知和思维过程中抽象层次的不确定性和渐进性,以及在微观和宏观方向的无限可扩展性。宏观的可以更宏观,微观的可以更微观(李德毅等,2003)。

2.4 地理空间认知的概念

认知心理学中的空间认知是指人们对物理空间或心理空间三维物体的大小、形状、方位和距离的信息加工过程(赵金萍等,2006)。地理空间认知(geospatial cognition)是指在日常生活中,人类如何逐步理解地理空间,进行地理分析和决策,包括地理信息的知觉、编码、存储以及解码等一系列心理过程(Lloyd R,1997;王晓明等,2005)。智能空间信息处理领域主要限定是对地理空间认知进行研究。

地理空间认知作为地理信息科学的一个重要研究领域得到了广泛重视。1995年美国国家地理信息与分析中心(NCGI)发表了"Advancing Geographic Information Science"的报告,提出地理信息科学的三大战略领域:地理空间认知模型研究、地理概念计算方法研究、地理信息与社会研究。1996年美国地理信息科学大学研究会(UCGIS)发布的10个优先研究主题中就有对地理信息认知的研究。美国国家科学基金会(NSF)为了支持NCGIA继续推动和发展地理信息科学,自1997年连续3年资助Varenius项目,支持这三大战略领域的研究。空间信息理论会议(COSIT)是有关地理信息科学认知理论极富影响力的论坛,它是促进地理信息科学认知基础研究领域发展和成熟的一个重要标志。该会议自1993年每两年举行一次,会议主题是大尺度空间,特别是地理空间表达的认知和应用问题。1997年在北京举行的专家讨论报告中,地理信息认知作为地球信息机理的组成部分而成为GIS的基础理论研究之一。2001年中国自然科学基金委在地球空间信息科学的战略研究报告中,把地理空间认知研究作为基础理论之一列入优先资助范围。地理空间认知研究作为地理信息科学的核心问题之一,已经得到普遍认同(王晓明等,2005)。

2.5 地理空间认知的研究内容

地理空间认知作为认知科学与地理科学的交叉学科,需对认知科学研究成果进行基于地理空间相关问题的特化研究。与认知科学研究相对应,地理空间认知研究主要包括地理知觉、地理表象、地理概念化、地理知识的心理表征和地理空间推理,涉及地理知识的获取、存储与使用等(王晓明等,2005)。下面分别从地理知觉、地理表象、地理概念化、地理知识心理表征、地理空间推理等方面分别介绍地理空间认知的研究内容。

1. 地理知觉

地理知觉是指将地理事物从地理空间中区分出来,获取其位置并对其进行识别。地理知觉的研究主要涉及以下几个方面:

1)格式塔心理学(gestalt psychology)

现代认知心理学的先祖格式塔心理学知觉理论是对知觉组织通用原则的研究。格式塔心理学又称"完形心理学",是一种研究经验现象中的形式与关系的心理学。格式塔心理学揭示了知觉的4个基本特征:相对性、整体性、恒常性和组织性。并总结了称为组织律的系列知觉组织原则,包括图形-背景原则、接近原则、连续原则、相似性原则、闭合和完整倾向原则、共向性原则、简单原则等(王晓明等,2005)。

2)知觉的透镜模型和供给模型

目前知觉领域影响最大的通用模型是透镜模型和供给模型。透镜模型强调了知觉者的内在世界的不确定性,知觉被看做是通过一系列近端线索获得远端变量的一种间接过程(王乃弋,李红,2003)。透镜模型承认知觉包含信息加工过程,而供给模型则强调地理环境提供了足够的信息,感觉器官能直接从外界获得所需信息,根本不存在信息加工过程。其中透镜模型的影响较大(王晓明等,2005)。

3) 对象系统和位置系统的分离

地理信息加工的基本原则是对象系统和位置系统的分离。位置系统处理空间信息,判断物体在空间中的位置、大小和方向,并对各物体间的空间关系进行编码。对象系统处理用于空间物体辨识的各种信息,包括形状、颜色、纹理等(王晓明等,2005)。

4) Marr 的草图模型及其相关研究

Marr 的草图模型是关于地理知觉过程和步骤影响最大的理论,对知觉过程和步骤的进一步研究大多在 Marr 的基础上进行。Marr 认为,神经系统所作的信息处理与机器相似。视觉是一种复杂的信息处理任务,目的是要把握对我们有用的外部世界的各种情况,并把它们表达出来(姚国正,汪云九,1984)。草图模型的研究从场景的感觉登记(图像记忆)开始,到场景被识别为一系列配置在空间中的物体、概念的实例结束(王晓明等,2005)。

5) 地理空间基于知觉方式的尺度划分

地理空间是一个连续的统一体,地理对象(现象)之间具有空间关联性和空间异质性,时空框架中地理对象的绝对和相对位置依其尺度和时间而变化(马荣华等,2005)。尺度问题是地理信息科学有关认知最优先的研究之一。知觉方式的不同是空间尺度划分的主要依据。心理学根据不同尺度空间知觉方式的不同,将空间划分为:图形、街景、环境和地理空间。基于空间的可处置性、移动性和尺寸,可以将空间区分为几种类型:可处置物体、非可处置物体、环境、地理、全景和地图空间。这些不同空间概念的划分对未来 GIS 的设计具有重要意义。地理空间作为空间的特化,具有其特有的性质(王晓明等,2005)。

6) 地理空间知觉方法差异性研究

地理空间知觉方法存在差异,环境空间的知觉主要靠导航经验,地理空间的知觉主要靠读图。基于地图的地理空间认知,就是通过阅读地图来实现人对地理空间的认知,基于地图的地理空间知觉过程是基于地图的地理空间认知基本过程中的首要步骤(张本昀等,2007)。知觉方法对地理知识的获取、存储和使用都具有重要影响。读图方式和导航方式存在着较大差异(王晓明等,2005)。

2. 地理表象

表象是创造性科学思维中的关键因素,作为认知科学中一个重要概念,是人类意识对物质世界主动和积极的形象化反映,表现为象、形等。地理表象用来表示在地理意向性理论指导下的地理形象思维所产生的各种"象",它既是地理思维活动的产物,又是地理思维得以进行的载体,与地理知识的使用和地理空间的推理密切相关(王晓明等,2005)。地理表象的研究主要涉及以下内容:

1) 研究表象的重要方法

心理旋转实验是研究表象的重要方法。心理旋转的研究是当前认知心理学表象理论的重要组成部分,它有力地支持了表象是一个独立的心理表征的观点。心理旋转作为一种空间认知能力,与语言相同的是,都属于个体认知发展过程中的一种相对高水平的能力;不同的是,心理旋转是一个没有标记的、不用计算的、连续的、类比的过程(赵晓妮,游旭群,2007)。实验中给出两个几何体,要求被试者以最快的速度判断其是否同一物体。实验发现被试者在心理旋转这些物体,角度越大,需要时间越长,且旋转速率相对稳定(王晓明等,2005)。

2)表象研究中影响较大的类命题理论和准图片理论

在心理表象研究中,影响最大的两个理论是类命题理论和准图片理论,这两大理论是相互对立的。类命题理论认为表象作为服务于思维的抽象概念结构,对场景的描述不是类似图片,而是类似于命题的符号结构系统。人使用概念进行知识表征,只是概念化的记忆东西,记忆中存储的是对事物的说明、解释,而不是具体的表象;人有内部的表象体验,但存储的只是事物的意义。但是,按照准图片理论,表象内部结构和产生机制与视知觉类似,具有大小、方位和位置等空间特性,是类图片形式的二维表面矩阵。矩阵每一成分由表示局部视野的基元组成,基元总与一些其他基元相邻,可以形成方向、纹理、位置和景物。除了上述两个理论,还有其他表象理论,如知觉行为理论和结构描述理论(王晓明等,2005)。

3)地理表象的基本形式

地理表象分为4种基本类型:地理区域、综合体、地理景观和区域地理系统。地理区域是地理学家为研究地理环境所产生的"一个知识概念,供思考的实体",可以表示任意大小的区域,具有相对均质性。综合体是指由若干个相互作用的成分组成的地理实体。地理景观指在某个发生上一致的区域,若干地理现象的某种组合关系的节律性典型重复,可以包含若干个最小空间功能单元体。区域地理系统是对地理区域进行系统研究所建立的系统,它以地理景观为结构组件,按照地理事件发生的过程来构造系统模型(王晓明等,2005)。

3. 地理概念化

概念化是把具有共同特征的事物归为一类,而把不同特征的事物放在不同类中。地理实体通过概念化得到辨识,地理知识通过概念化得以概括和精简,其对地理知觉和地理知识存储具有重要意义。通过概念化分类可以将大量知识简化到可以处理的比例。地理概念化是地理世界已知地理实体、实体属性和实体间关系的知识库,依据概念化知识记忆和理解地理世界。地理概念化研究主要包括概念化方法、理论和地理实体的本体(王晓明等,2005)。

1)地理概念化方法

地理概念化方法主要有基于经典集合论的方法和原型分类方法。集合论方法的概念化目前在GIS语义表达和共享中广泛采用,主要内容包括:分类是任意的;类型具有定义属性或关键属性;集合的内涵(一系列的属性)决定其外延(集合的成员或元素)。Rosch运用原型分类法曾对自然概念的分类进行研究,他认为原型是关于某一类事物的典型特征模式,当物体特征与原型认知范畴越接近,就越有可能被划归到某一原型范畴中(于松梅,杨丽珠,2003)。原型分类的方法更符合日常生活中人的认知分类,主要内容包括:分类并不是任意的,而是受多种知觉和认知因素的影响;基础层次类型各个成员享有更多相似的知觉和功能特征,更容易形成心理表象;类型具有一种内在的渐变结构,是基于核心成员——原型而构建的,类型不具有关键属性,事物类型的归属通过其与原型的相似程度来判定;在原型分类下,类型集合的边界是模糊的,为模糊集(王晓明等,2005)。

2)地理概念化理论

地理概念化理论主要包括图式理论和初级和次级理论。图式理论是有关地理概念存储方式的理论,初级和次级理论是有关概念形成影响因素的理论。图式理论强调,人们已经具有的知识和知识结构对其认知活动起决定作用。根据鲁梅尔哈特的观点,图式代表一种相互作用的知识结构,涵盖了词汇意义、复杂事件、意识形态等不同层面的知识网络,也就是指人们通过不同途径所积累的各种知识、经验等的集合。图式有序地储存在人类大脑的长期记忆中,构成一个庞大的网络(潘红,2008)。图式是围绕某一主题组织起来的知识表征和存储方式,是人们用以逐步理解世界的基础概念化组织。地理类型的图式是存储和编码环境中"日常"地理对象相关类型的认知结构,可用于发现环境中特定地理类型的新实例,并将该实例的特定信息填充进来。在知识获取和精化的过程中,图式起关键导向作用。初级理论是在人类文化和人类发展阶段都能找到的地理常识,由基本的心理学和物理学知识组成,主要与一些能直接感知和交互的中等尺度地理现象的知识相关;次级理论由具有不同经济和社会特性的民间信念、知识组成,主要与一些大尺度地理现象的知识相关(王晓明等,2005)。

3)地理实体本体

本体是对世界本质的研究,地理实体本体主要处理地理实体类型的本质和内涵。地理信息科学中的本体兼具哲学本体和信息本体的双重含义。地理本体是面向地理领域的概念模型,它包含领域内通用的、普遍的概念,并且规定了领域级别上的约束,这些约束可以被用来进行知识级别上的推理,因此地理本体表达的是更高级别的信息需求(苏里等,2007)。地理分类的一个显著特点是分类的实体不仅位于空间之中,而且以一种内在的方式与空间绑定,继承了空间的多种结构属性(隶属、拓扑和几何等)。地理实体本体的研究包含地理实体真实/认可二元划分及其隶属拓扑原则和基础层次地理类型。隶属拓扑是地理类型划分的最重要原则,此外,定性几何(凸凹、长短、大小和形状等)及物体的维度也与基础层次地理类型划分相关。地理实体在地理对象和地理边界划分的基础上,根据真实/认可的二元划分,可进一步划分为真实地理对象、认可地理对象和真实地理边界、认可地理边界。人类主要生活在由认可对象层次结构构成的世界中,认可对象类型划分在分类模式中起关键的组织作用。认可对象的类型划分为:某些特殊地理对象的部分边界、法律认可对象、科学认可对象、舆论认可对象、模糊认可对象。隶属理论和拓扑理论是地理类型划分的核心理论,真实对象和认可对象遵循不同的原则。真实对象的所有边界都是真实边界,其隶属拓扑遵循开闭原则;认可对象边界不完全是真实边界,其隶属拓扑不支持开闭原则,而是采用边界空间一致性原则。在基础层次,地理类型比其超类和附属类包含相关实体的更多信息,超类和子类主要以一种语义(如效用)规范的形式出现,基础层次地理类型包含的多数信息是可观测对象及其属性信息。尺度、位置和形状是基础层次类型的关键信息,因此基础层次的地理类型通常以成组或系列方式出现,如池塘-湖-海-洋等。地理类型的形状信息通常可分解为不同类型间的部分-整体关系分步分层,其是基础层次类型关键信息。部分-整体关系有时可转变为地理类型间的传递包含关系(王晓明等,2005)。

4. 地理知识心理表征

心理表征指长时记忆中知识的存储,可区分不同的类型或系统。地理知识心理表征的研究需要区分不同的编码系统和类型(王晓明等,2005)。

1) 地理知识编码

地理知识,是高层次的地理信息,是关于地理时空问题的认知、理解与规律表达(龚建华等,2008)。地理知识的编码方法主要有3个理论:表象理论、概念命题理论和双重编码理论。表象理论的核心内容是图片的隐喻,环境的视觉信息经过大脑加工,以图解的形式进行简化和有序编码与存储,并存在一定的扭曲。它同地图一样具有度量内涵。概念命题理论认为所有视觉信息和言语信息都以概念命题的形式进行存储,其强调视觉信息被输入后,必须处理为概念命题的形式才能进行存储。双重编码理论认为表象和命题形式的编码共存,其相互分离,并行运转,同时又互相联系(王晓明等,2005)。

2) 地理知识类型

地理知识类型主要存在两种不同的划分方法。一种划分方法是将地理知识类型划分为地标知识、路线知识和测量知识。地标知识是地理空间中显著的、容易从多个方向辨别和记忆的要素,用来定位附近的地理对象。路线知识是按特定行进路径对已知地标次序信息和其相配套的行为要求,将路线的行为去除后就是路径。测量知识是地理空间详细和全面的概览知识。另一种地理知识类型的划分方法是划分为过程性知识和陈述性知识。过程性知识表示在地理空间中如何行动,路线知识就是典型的过程性知识。陈述性知识表达地理空间的布局,测量知识和地标知识属于陈述性知识,采用双重编码(王晓明等,2005)。

5. 地理空间推理

地理空间推理主要研究地理事物在地理空间中位置的表达和相关推理。地理空间推理就是地理空间关系的推理,它也包括一般的空间推理问题(褚永彬,2008)。人的推理往往是不合逻辑的,为深入理解推理过程,必须利用相关推理方法对推理过程进行深入研究。推理方法主要包括定性推理和定量推理,定性推理主要包括空间关系推理和分层空间推理(王晓明等,2005)。

1) 定性推理和定量推理

思维中存在定量推理和定性推理。定量推理的方法和表象编码的结构相一致,而定性推理的方法与命题编码的结构相一致。定量推理基于绝对空间的观点,将空间作为容器,建模为坐标空间,如欧式几何空间。定性空间推理研究的是人类对几何空间中空间对象及其定性关系认知常识的表示与处理过程(郭平,2004)。定性推理基于相对空间的观点,认为空间是由实体间空间关系构成的,实体通过与其他实体间空间关系进行相对定位,实体间空间关系是表达和推理的主要内容(王晓明等,2005)。

2)空间关系推理

地理空间推理不仅要处理空间实体的位置和形态,而且应当对空间实体之间的空间关系进行处理(郭庆胜等,2006)。空间关系通常分组为拓扑、方向和距离,它是定性空间推理的核心。在地理空间中,拓扑关系被认为是在认知中最常用的空间信息,而方向和距离则被认为是拓扑分离关系的精化。大量的证据表明,人类在利用空间关系表达地理空间时,拓扑关系是非常精确的,而方向关系和距离关系则经常被扭曲(王晓明等,2005)。

3)分层空间推理

空间信息在认知中以分层的形式进行组织。在分层空间推理下,对象间空间包含的语义分组可以形成一种分层的数据结构,并可能导致方向和距离判断的偏好和错误。研究表明,一般层次信息和同容器下各对象间的空间关系会明确编码,而不同容器对象间空间关系则不会明确编码,当信息不完整时,对象间空间关系的判定常常利用这种分层的数据组织进行推理(王晓明等,2005)。基于层次表示的推理需要解决的问题包括3个方面:层次间的泛化与细化,以及同一层内的组合表推理(郭平,2004)。

在日常生活中,人们如何逐步理解地理空间,进行地理分析和决策,包括地理信息的知觉、编码、存储、记忆和解码等一系列心理过程,构成了地理空间认知的过程(王晓明等,2005)。地理空间认知着重研究地理事物在地理空间中的位置和地理事物本身性质,包括研究地理知觉,如何形成地理表象及地理表象的基本形式,并通过地理概念化对地理知识进行概括和精简,有效地存储地理知觉和地理知识,通过区分不同的编码系统和类型形成地理知识心理表征,并进行地理事物在地理空间中位置的表达和相关推理。

2.6 地理空间认知的特性分析

2.6.1 地理空间认知的时空特性

地理空间认知的研究包括地理事物在地理空间中的位置(Where)和地理事物本身的性质(What)(Goodchild et al,1999)。地理空间认知必须对认知科学的研究成果进行地理空间相关问题的特化研究(王晓明等,2005)。地理空间认知的一个最重要特性就是空间性,空间认知是对空间对象的认知,必须考虑认知对象的空间特性。地理空间认知是指在日常生活中,人类如何理解地理空间,进行地理分析和决策,包括地理信息的知觉、编码、存储、记忆等一系列心理过程(Lloyd,1997)。空间认知同时具有随时间变化的过程性。地理对象的时间信息和空间信息往往是密切关联的,地理空间对象的发生发展既有空间上的规律、时间上的规律,也有时空关联上的规律。地理空间认知是认知科学在地理相关问题的特化,地理空间认知具有空间性、时间性和时空关联性。

知觉的基本特征及其组织原则体现了认知对象的空间特性。随着认知对象的位置信息(空间信息)和时间发生改变,对象系统中用于空间物体辨识的各种信息也随之改变,并存在一定的时空关联性。地理空间是一个连续的统一体,地理认知对象(现象)之间具有空间关联性和空间异质性,随着尺度和时间的变化,时空框架中地理认知对象的绝对位置和相对位置也发生变化。

地理现象经由认知进入概念世界(地图、GIS),再映射到图形世界,经过视觉传输由用户来感受,其中的数据组织体现了人对空间的认知结果。地理数据的组织体现了时空特性。由于 GIS 表现的是地理时空过程,因此,其数据组织模式必须符合地理规律(马荣华等,2005)。目前已发展的时态 GIS 的表达方法有三种:

(1)基于位置的时空数据表达,以空间位置为主线,地理现象的动态变化作为一系列具有空间位置的快照得以记录。

(2)基于实体的时空数据表达,以实体(对象)为主线组织数据,只记录发生变化的空间实体。

(3)基于时间的时空数据表达,以时间为主线来组织数据,所有变化按时间先后顺序作为事件序列存储。

其中时空数据表达的快照法是人对时空现象的基本认知模式。传统地图的表达空间基本上以二维为主,对于零维(点)与一维(线)的地物,在增加时间维后分别成为一维(线)和二维(面)的目标,仍然可以在地图上表示(李霖,苗蕾,2004)。

2.6.2 地理空间认知的尺度特性

尺度问题是当前空间信息科学研究的热点,是地理信息科学有关空间认知研究最早关注的问题之一(Mark et al,1999)。从不同的尺度进行空间对象的认知将会产生不同的空间认知结果,空间认知具有尺度特征,具有层次性、粒度性、圈层性、多视角等。尺度理论本质体现了科学综合和分析方法。尺度折射着科学的分类思想,体现了概念细节层次。地理类别体系直观形式化地理空间的多层次剖分,概念差异直观为集合距离。在地理信息系统中,地理尺度关联着地理空间范围、地图比例尺和图像空间分辨率和空间数据精度等具体量。我们可以从地理实体内涵(特征矢量、类别、内外关系、操作行为、应用功效)和外延等不同角度构建地理空间知识。从特征角度发展定性或定量位置、距离、大小、方向、形状、分布(纹理、格局、模式)等推理(计算)模型,从关系(尤其拓扑关系)角度建立整体部分理论、区域连接逻辑谓词演算 RCC(David et al,1992)和集合求交 9I 矩阵(Egenhofer and Franzosa,1991)等形式化模型(舒红,2007)。

人类思维具有层次性,境界决定了认识的高度。不同层次的决策者,具有不同的知识背景,可能需要不同的空间知识。同时,从不同的视角对空间数据进行挖掘,可能得到不同层次的知识,不同层次的知识各有各的道理和用途。人们对空间数据的认识过程是对复杂对象关系的微观、中观和宏观的知识发现过程,是对象所在的特征空间的微观数据,通过用自然语言表达的不同抽象度的概念,在非线性相互作用下涌现的自组织特性(王树良,2006)。

粒度主要表达人的认识层次,反映空间数据挖掘内部细节的粗细,描述空间数据挖掘由细到粗、多比例尺或多分辨率的几何变换过程,如图 2.1 所示。空间数据挖掘在不同认识层次上的实现,就是用不同粒度的视角观察分析空间数据,在不同观察距离上查看同一批数据和数据的组合,得到基于不同知识背景的空间知识。用细粒度视角观察数据,是压缩镜头,缩短观察距离,使用锐化数据挖掘算法,透过纷繁复杂的表象,更准确地区分差别,得到的一般为个性的知识。反之,用粗粒度视角分析数据,则为拉长镜头,增加观察距离,使用平滑数据挖掘算法,忽略细微的差别,寻找共性,得到的常常为共性知识。如果概念层次上升,那将从微观逐步到宏观,知识模板上升到抽象级别更高的知识层次(王树良,2006)。

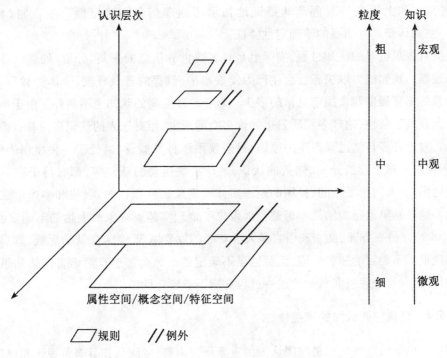

图 2.1　空间认知的粒度性(王树良,2006)

心理学根据不同尺度空间知觉方式不同,将空间划分为图形、街景、环境和地理空间。图形空间比人体小,可以从一个观察点全面感知;街景空间比人体大,可以从一个观察点通过改变世界而感知;环境空间不能从一个观察点全面感知,需要通过在空间内移动,在多个观察点获取一系列"观测视图",形成多个知觉空间,然后将视图拼接,以拼贴画形成认知空间,以获得对空间的完整知觉;地理空间尺度远大于环境空间,不能通过亲身经历直接感知,必须通过地图、三维模型等符号化表达,将空间缩减为图形空间而感知。基于空间的可处置性、移动性和尺寸,将空间区分为处置物体、非处置物体、环境、地理、全景和地图空间。地图空间是以符号化形式缩小和简化空间信息的大尺度空间,它不需要移动便可感知其所代表的空间,这些不同空间概念的划分对未来 GIS 的设计具有重要意义。地理空间作为大尺度空间,是空间的特化,具有其特有的性质。地理空间一般不能从一个观察点全面感知(王晓明等,2005)。

2.6.3 地理空间认知的不确定性

地理信息不确定性产生于时变地理客观世界、计算(机)模拟(构造)世界和人类认知世界的多层次差异(或不一致),源于多层次地理现象变化复杂性、计算机信息处理能力与人类地理时空认知限度的辩证综合。地理信息确定与不确定性、信号与噪声、或然和必然、明晰和模糊、完备和一致性、运动(动力系统)不规则性和地理时空变异性、数据质量和风险决策、定性和定量、有序和无序、连续和离散、有穷与无限、绝对和相对、粗细尺度转换、地理实体和上下文等对偶范畴辩证地揭示了地理信息不确定性产生机制(舒红,2007)。空间认知具有明显的不确定性特征。

人类对客观世界的认知过程,实际上是对客观世界信息的采集、分析、处理以及知识的提炼过程。认知能力取决于社会生产力发展水平、教育的普及程度、个体受教育程度、个体经验的丰富程度和掌握信息量的多少。对于地理空间的认知也不例外。由于地球系统的巨大及其复杂性,地球表层所发生的许多空间现象,相对于人的认识来说具有模糊性的特点。对于许多自然过程产生的原因,目前仅限于种种假设,尚处于一种模糊的状态。例如,人类对地球上石油分布、储量的认识,地球板块运动的认识等,都有待于进一步研究。在地图上,人们把复杂的、模糊的地理实体或现象抽象概括为点、线和多边形三种图形表示。这种抽象概括的结果不可避免地带来了地理实体或现象的表达的不确定性(郭黎等,2009)。另一方面,文字和语言是人类智能的重要体现,是人类认知思维的载体,作为对客观世界不确定的一种反应,无疑也是不确定的。那么基于自然语言的认知思维表达,使得人们参与地理空间认知的这一过程充满了不确定性。

2.6.4 地理空间认知的可视特性

虚拟环境下的空间认知是空间认知的重要研究内容,空间认知具有可视性和虚拟性。

通常情况下,人们通过视觉、听觉、触觉等多种感觉通道进行空间认知,进而完成对世界的认识和改造。其中,视觉是人类进行空间认知的主要形式,人类获取信息的 80% 是通过视觉实现的。因此,在进行地理空间认知过程中,视觉是获取地理空间信息的重要途径。

地理空间认知的传统方式是基于地图的空间认知,人们通过阅读地图来实现对地理空间的认识。随着信息技术的发展和计算机软件及硬件技术的提高,人们对地理空间的认知能力也在不断提高,地理信息的载体由二维地图发展到三维地图,由纸质地图到电子地图,由静态地图到动态多媒体地图,地理空间认知已发展成为"研究地图读者是怎样阅读地图的,考虑地图读者读图时从地图上获取空间信息的思维过程"。空间数据的可视化和三维仿真技术的出现与发展给传统的地理信息表达形式和手段带来革命性的变革。目前,基于虚拟地理环境的空间认知成为地理空间认知的重要研究内容(朱杰,夏青,2008)。

虚拟环境下的空间认知具有可视性和虚拟性。虚拟地理环境作为一种新的空间认知工具,是地图功能的延伸。从宏观意义上来讲,虚拟地理环境是一个以化身人、化身人群、化身人类为主体的,以视觉感受为主,也包括听觉、触觉的综合可感知的一个虚拟共享空间与环境,它既可以用于表达与分析现实地理环境中的现象与过程,也可以表达一个在现实物理世界不存在的虚拟信息世界。在虚拟地理环境中,从地理数据到多维表现到多通道感知,贯穿了"以人为中心"和"面向问题解决"的空间认知关于"数据—信息—知识"模型的全过程(朱杰,夏青,2008;葛文等,2008)。

在虚拟地理环境下,通过地理知觉产生地理表象,然后与已有的心象地图进行对比分析,进而实现空间认知。地理知觉过程是一个由上而下分析和由下而上分析的复合作用过程。经历视觉选择性思维、视觉注视性思维和视觉结构联想性思维等具体形式,依靠使用者的导航经验,对地理知识进行获取、存储和使用,形成心象地图,即人们在头脑中形成的关于认知空间的"抽象替代物",它是地图可视化的内部形式。认知者通过多维感知,使用多种交互手段,将心象地图与实际地图进行对比判断,对比判断主要通过特征判断来实现。当二者符合时,判断心象是正确的;当符合程度低于一定比例时,就通过判断提出问题。地图上地理事物的空间特征主要是符号所代表的地物密度分布,空间关系等。大脑对这些特征进行组织捆绑,形成地理事物的特征单元。在进行对比识别的过程中,大脑首先对地图的特征进行分析,然后将其加以整合,再与长时记忆中的地理概念进行比较,一旦获取最佳的匹配,就认为世界表象符合长时记忆中的地理空间一般特点,地图所表示的地理空间就被识别了。当视觉表象的特征单元与长时记忆中的地理空间特征单元有较大差别时,研究者就会提出问题并探求引起差别的原因(朱杰,夏青,2008)。

因此,可视特性使得地理空间认知能够以一种直观、形象的形式呈现给人们,使得人们能够以图像模式更高效地完成空间认知中的地理知觉、地理表象过程,进而完成地理概念化、地理知识心理表征和地理空间推理等过程。

2.7 地理空间认知的实例分析

2.7.1 UCSB 的个人导航系统

人们通过两种基本的机制完成自我位置和方向的更新。一个是导航,这需要对环境要素进行编码或者是计算距离和角度。与导航相关的要素可以是物理对象、地形变化或者是路径等。另外一个更新机制是路径整合,它是感知自身运动并使用感知的数据来计算到达相关地点的方向的转移和变化的过程。在感知遥远的位置时视觉远远比其他的补充信息更有用,视障人群不能感知到环境要素。然而,远端环境特征的感知也可以通过听觉、嗅觉以及热线索得到。其中听觉在判断远端环境要素的距离和方向时更有效(Klatzky et al, 2006)。

美国加州大学圣塔芭芭拉分校(UCSB:university of california santa barbara)将空间认知理论与 GPS 技术和 GIS 技术相结合,为视障人员提供导航系统 PGS:personal guidance system(http://www.geog.ucsb.edu/pgs/main.htm),帮助他们更好地了解旅行地的环境,方便他们出行,如图 2.2 所示。PGS 的目标是为视障人士开发一个基于 GPS 的导航系统,它于 1985 年由 Jack Loomis 教授提出的一个概念白皮书启动。1993 年 PGS 的第一代产品问世,它是一个只能装在旅行背包里的体积很大的机器,随着科技进一步的发展,相继推出了 PGS 的几代产品,其中一种产品的体积小到可以装到包里或系在腰间。现在,有几种便携产品已经投入商业使用,它们通过语言和盲文显示向使用者提供语音导航和周围环境信息。

图 2.2　PGS 个人导航系统示意图
(http://www.geog.ucsb.edu/pgs/multimedia.htm, 2009-07-09)

这种可携带的基于微机的个人导航系统拥有的功能组件有:①GPS 接收机。提供了使用者的精度为米级的经纬度信息。②一个可以描述细节的数据库。包括地点信息、地名信息、环境中的大楼、街道、人行道、自行车道、永久性障碍等信息。③一个最佳路径选择的软件模块。④一个用户界面,当用户在环境中行走时可以显示数据库的信息,允许用户选择路径和查询数据库(Loomis et al, 1991)。

PGS 由三个部分组成：①一个确定使用者在空间中的位置和目标方向的部件；②一个关于旅行地环境的空间数据库；③一个向使用者显示信息并允许使用者控制系统的接口。在 PGS 中，系统软件利用各种输入设备得到的信号来确定使用者的位置和目标方向，其中全球定位系统(GPS)是主要的定位方式，帮助使用者获取初步的环境信息。PGS 通过地理信息系统(GIS)来访问和操作空间数据库中的信息，将输入设备获取的地理信息与数据库信息匹配，确定行进的目标方向，然后利用虚拟声音设备向使用者提供导航信息，用立体声(spatialized sound)提示来指示行进中重要的地点，如道路环境中的路线指示点和感兴趣点。由此可见，PGS 辅助视障人士选择方向的过程涉及听觉感知、方向感知、位置感知等空间认知过程。

现在，有几种便携产品已经投入商业使用，它们通过语言和盲文显示向使用者提供语音导航和周围环境信息。第一种是虚拟听觉感应器，它通过耳机向使用者提供旅行环境的声音信息。通过这个装置，使用者能听到重要的环境定位信息，比如道路的交叉口和感兴趣的地点。它能将地址名称转换为人工合成语音，然后以语音指示和距离提示等声音形式传递给使用者。使用者想要去某地时只要转向面对语音提示的方向，然后向着该方向前进即可。语音信号的强度会随着使用者接近目标地点的程度而增强。第二种产品称为触觉感应器(HPI,haptic pointer interface)，与虚拟听觉感应器功能接近。使用者将感应器拿在手里，它连在一个电子指南针和一个小的扬声器或振荡器上。当手指触摸其上代表电脑数据库中的某地的区域时，使用者会听到声音或感觉到震动，同时，人工合成语音可以提供辅助语音信息。当使用者的手感觉到特定的声音或振动信号后，调整方向向目标地点前进即可。

在 PGS 个人导航系统中，可利用多种传感器感知外界环境，让视障人员实现前进方向、方位、位置等多种空间感知。如图 2.3 所示，测试人员携带了多种感知设备。例如，脚上的脚步感知器(E)可以计算测试人员的脚步数；身体上的方向感知器(B)可以让计算机跟踪测试人员所面向的方位；安装在头部的方向感知器(D)的主要作用是根据虚拟的声音来源实现双耳定位；戴在耳朵上的耳机用于传送关于当前的路线指示点相对于测试人员的位置的信息；手指上的震动感知器(C)可以用于接收计算机系统所传送的指示信息。

2.7.2 时空聚类的认知分析

"物以类聚，人以群分"，分类和聚类是人类社会、生产及科研活动中最基本、最重要的活动之一，人类要认识世界就必须区别不同的事物，根据事物间的相似性对其进行分类。进行聚类分析时，根据数据对象之间的联系和区别，将它们归并为若干类，使得同一类中所有元素之间比较相似，而不同类中的元素之间相对来说差别较大。人类具有进行聚类分析的一种特殊能力。例如，对于如图 2.4 所示的点群。通常很自然地就把这些点分成 A 类、B 类以及由单独一个点组成的 C 类。尽管按"距离"比较，A 类最右端的点与 B 类最左端的点很近，但我们一般仍把它们看成分属两类。人们进行分类的这种能力，是人

(A)按钮;(B)身体方向感知器;(C)手指上的震动感知器;(D)头上的方向感知器;(E)脚步感知器

图 2.3 PGS 的感知设备(Klatzky et al, 2006)

类智能的重要组成部分。有的学者把聚类分析看成人工智能研究的重要能力(刘应明,任平, 2000)。

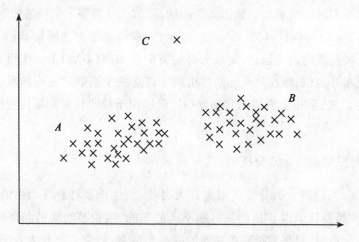

图 2.4 聚类示意图

时空聚类是指对具有时空特性的空间对象进行聚类,挖掘出具有时空相似特性的时空模式。时空聚类的认知过程可以简单理解为:通过对时空数据的空间特性、时间特性以及时空关联特性的分析,形成一个多层次的聚类结构,然后结合领域知识确定一个最佳的聚类尺度,最后,分析各聚类模式与相关信息的关联模式。时空数据的认知过程具有时空特性、尺度特性、不确定性特性以及可视特性等。

利用时空聚类的方法,可以将随时间和空间的变化具有相似性的区域聚集在一起,逐步实现地理知识概念化,对聚类结果进行分析和推理,实现地理空间推理,这是一个空间认知的过程。时空聚类将海量多维数据经过聚类进行概念抽取,根据提取出的概念进行推理,由低层概念得到高层概念,逐步了解地理事物的本身性质。下面结合多年的全球海表温度 SST 数据的时空聚类为例对时空聚类的认知过程和认知特性进行分析。

1. 时空聚类中的空间格局认知分析

空间认知可以分为空间特征感知、空间对象认知和空间格局认知三个层次(鲁学军,2004)。在每个层次上都需要在不同的时间获取对象的空间信息,只是认知的尺度不同。例如,如果对全球的海表温度数据进行时空聚类,属于在空间格局认知的层次上进行空间认知。空间格局认知发生于符号空间。在符号空间内,人们在对空间要素属性特征的简化、关联与综合基础上,以有关空间实体的部分-整体关系知识(或经验)为指导,对空间实体进行对象化符号表达,由此,人们将能够基于实体的对象化符号进一步实现有关空间组织、结构与关系的逻辑判断、归纳与演绎推理分析,以形成有关空间的格局认识(鲁学军等,2005)。

如图 2.5 所示为对全球海表温度进行时空聚类得到的聚类结果图。不同的颜色代表不同的类别,同一个类别中区域范围内的海表温度变化比较相似,通过推理得到变化相似的区域海表温度的变化是相关联的,可以指示出一些全球变化中的具有联系的气候现象,如厄尔尼诺现象,由常识知道南美洲西海岸的强降雨与澳大利亚的干旱都和厄尔尼诺现象有关,图中南美洲西部海岸和澳大利亚西部海岸属于同一类,可以推断出该类别中所包含地区的气候变化与厄尔尼诺现象都可能存在关联。使用这种方法可以进一步发现更多有趣的具有关联性的气候现象。

2. 时空聚类中的空间对象和空间特征分析

"空间特征"、"空间对象"和"空间格局"共同构成了空间认知的三个层次,"空间格局"是基于"空间对象"的分类和推理,而"空间特征"又是"空间对象"识别与分类的基础,因此,"空间对象"是"空间格局"认知的基本单位,"空间特征"则是"空间对象"认知的基本单位(鲁学军等,2005)。根据空间特征在空间对象认知过程中所起作用的不同,空间特征一般分为空间原始特征和空间功能特征。空间原始特征是空间实体感知的基本单位,它具有最大空间分辨率,是空间功能特征产生的基础,空间功能特征是空间实体感知的高级单位,它具有相对较小的空间分辨率,是有关空间对象概念形成的核心。空间原始特征是空间实体感知的基本单位,它一般发生于空间认知的早期阶段——空间感知阶段,在地球科学的时空聚类中,一些气象数据如 NDVI(植被指数)、SST(海表温度)等数据就属于空间原始特征,它们通过大空间分辨率下对空间实体的详细观测而产生。而当一个对象的属性成为重要分类的标志时,这些属性就成为这个对象表达的功能特征。功

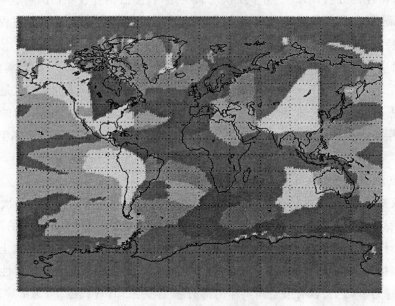

图 2.5 时空聚类的空间格局分析

能特征也称为分类特征,比如"植被生长茂盛"、"降雨量大"、"海表温度升幅较大"都可以视为空间功能特征。

人类所拥有的空间知识广泛来源于对空间对象的分类。在对全球海表温度的时空聚类中,认知的空间对象是每个经纬度格网点所指区域,空间特征则是各个经纬度格网点上的海表温度时序数据,在此基础上对全球范围内的海表温度时序数据进行时空聚类,得到全球海表温度的空间格局认知。如图 2.6 所示,提供了 t_1 和 t_2 两个时刻的数据快照,分别代表两个时刻的空间格局。其中,NPP 为净第一性生产力,Pressure 表示气压,Precipitation 表示降雨量,SST 表示海表温度,Longitude 表示经度,Latitude 表示维度。每个格网点为一个空间对象,每个空间对象上的属性(如海表温度 SST、降水 Precipitation、气压 Pressure、净第一性生产力 NPP 等时序数据)为空间特征,聚类得到结果区域(图中的 zone)并由此概括推理得到知识,实现空间格局认知。这就是时空聚类的空间认知过程。

3. 时空聚类的尺度特性分析

通过遥感影像获取的原始时空数据反映了许多细节信息,但是并不是每种细节信息都是我们需要的,在时空聚类中人们往往更加关注一些大尺度、较高层次的信息。比如对于一些气候数据,因其原始数据的波动在较大程度上反映了季节变化造成的波动,而一些有意义的信息被表面上的随季节变化造成的波动遮盖了。通过去季节因素的处理可以去除原始数据的细节上的季节变化信息,得到多年度的整体变化规律。这体现了时间聚类的尺度特性。

图 2.7(a)所示为对全球海表温度数据进行时空聚类中某个经纬度点上的多年度的月海表温度数据随时间变化的曲线图。图 2.7(b)为使用每月零均值规范化方法

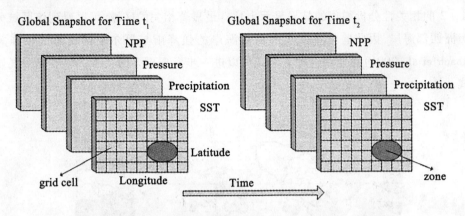

图 2.6 地球科学数据的时空聚类(Steinbach et al, 2001)

(Monthly Z score)对该点多年度的月海表温度数据进行去季节性因素处理后的时序数据曲线图,反映了更大尺度的特性。

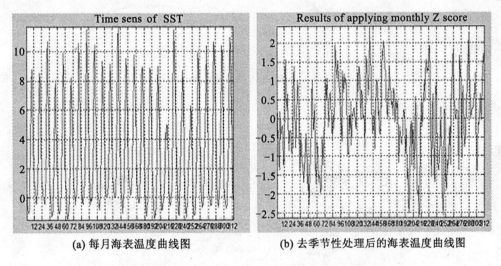

(a) 每月海表温度曲线图　　　　(b) 去季节性处理后的海表温度曲线图

图 2.7 不同时间尺度的海表温度曲线图

4. 时空聚类的关联模式分析

将全球海表温度时空聚类得到的聚类中心与相关的气候指数如 PDO(太平洋年代际涛动指数)、NINO1+2(厄尔尼诺的相关指数)和 NINO4(厄尔尼诺的相关指数)等时序数据进行关联分析。并在地图上显示具有显著相关的聚类中心所属聚类区域(Steinbach et al, 2001)。图 2.8 所示为与 PDO 相关性最大的聚类中心所代表的区域。图 2.9 所示为与 NINO1+2 相关性最大的聚类中心代表的区域。图 2.10 所示为与 NINO4 相关性最大的聚类中心代表的区域。如图 2.9 所示,与 NINO1+2 相关性最显著的聚类中心所指类别在图中呈灰色。该类别包含的陆地区域包含南美洲的西部海岸。由此得到了一个实验结果的初步分析,找到了一个地球科学家所熟知的有关厄尔尼诺现象的模式:聚类中心与 NINO1+2 的相关性分析得出的结果显示出具有最显著相关的区域,可以看到该区域分布于南美洲西部海岸,因此验证了南美洲西部海岸的强降雨与厄尔尼诺现象的较强关联 (Steinbach et al, 2001)。使用这种方法还可以进一步发现更多的具有关联效应的气候变化模式。

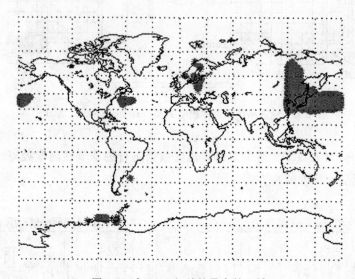

图 2.8　与 PDO 相关性最大的区域

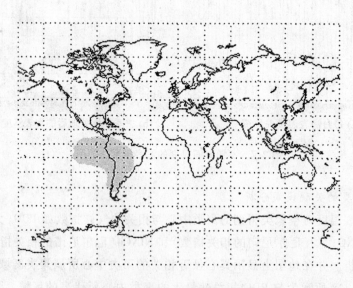

图 2.9　与 NINO1+2 相关性最大的区域

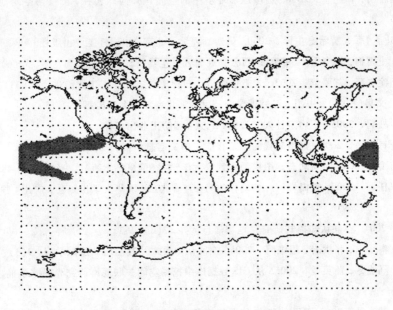

图 2.10　与 NINO4 相关性最大的区域

思 考 题

1. 简述认知科学及其在地球空间信息科学中的作用。
2. 简述地理空间认知及其研究内容和特性。
3. 简述地理空间认知的尺度特性并进行实例分析。
4. 简述时空聚类及其认知过程。
5. 简述时空聚类的应用实例。

参 考 文 献

蔡自兴，徐光祐. 2003. 人工智能及其应用(第三版，本科生用书). 北京：清华大学出版社.
蔡自兴，徐光祐. 2004. 人工智能及其应用(第三版，研究生用书). 北京：清华大学出版社.
Eysenck M W, Keane M[美]著. 高定国，肖晓云译. 2003. 认知心理学(第四版，上册). 上海：华东师范大学出版社.
龚建华，李亚斌，王道军，黄明祥，王伟星. 2008. 地理知识可视化中知识图特征与应用——以小流域淤地坝系规划为例. 遥感学报，12(2)：355-361.
郭庆胜，杜晓初，闫卫阳. 2006. 地理空间推理. 北京：科学出版社.
郭平. 2004. 定性空间推理技术及应用研究(博士学位论文). 重庆：重庆大学.
郭黎，崔铁军，陈应东. 2009. 多源地理空间数据差异的成因探讨，测绘与空间地理信息，32(1)：15-18.

葛文，熊自明，郭建忠．2008．虚拟地形环境中的空间认知问题初探，测绘与空间地理信息，31(4)：110-113．

John B B[美]著．黄希庭主译．2000．认知心理学．北京：中国轻工业出版社．

李德毅，史雪梅，孟海军．1995．隶属云和隶属云发生器．计算机研究和发展，32(6)：15-20．

李德毅，淦文燕，刘璐莹．2003．人工智能与认知物理学．中国人工智能进展(2003)，第10届全国学术年会论文集(广州)，中国人工智能学会．北京：北京邮电大学出版社：6-15．

李德毅，杜鹢．2005．不确定性人工智能，北京：国防工业出版社．

李德毅，肖俐平．2008．网络时代的人工智能．中文信息学报，22(2)：3-9．

李霖，苗蕾．2004．时间动态地图模型．武汉大学学报(信息科学版)，29(6)：484-487．

刘应明，任平．2000．模糊性——精确性的另一半，北京：清华大学出版社，广州：暨南大学出版社．

鲁学军．2004．空间认知模式研究．地理信息世界，2(6)：9-13．

鲁学军，秦承志，张洪岩，程维明．2005．空间认知模式及其应用．遥感学报，9(3)：277-285．

马荣华，马晓冬，蒲英霞．2005．从GIS数据库中挖掘空间关联规则研究．遥感学报，9(6)：733-741．

马荣华，黄杏元．2005．GIS认知与数据组织研究初步．武汉大学学报(信息科学版)，30(6)：539-543．

潘红．2008．鲁梅尔哈特(Rumelhart)学习模式对课堂教学的启示．山东外语教学，(5)：74-77．

史忠植．2006．智能科学．北京：清华大学出版社．

舒红．2007．关于地理空间认知．2007年中国科协年会论文集，武汉：1-6．

苏里，朱庆伟，陈宜金，周丹卉．2007．基于地理本体的空间数据库概念建模．计算机工程，33(12)：87-89．

王树良．2006．空间数据挖掘视角．清华大学学报(自然科学版)，46(S1)：1058-1063．

王晓明，刘瑜，张晶．2005．地理空间认知综述．地理与地理信息科学，21(6)：1-10．

王乃弋，李红．2003．音乐情感交流研究中的透镜模型．心理科学进展，11(5)：505-510．

姚国正，汪云九．1984．D. Marr及其视觉计算理论．机器人，(6)：55-57．

于松梅，杨丽珠．2003．米契尔认知情感的个性系统理论述评．心理科学进展，11(2)：197-201．

张本昀，朱俊阁，王家耀．2007．基于地图的地理空间认知过程研究．河南大学学报，37(5)：486-491．

赵金萍，王家同，邵永聪，李婧，刘庆峰．2006．飞行人员心理旋转能力测验的练习效应．第四军医大学学报，27(4)：341-342．

赵晓妮，游旭群．2007．场认知方式对心理旋转影响的实验研究．应用心理学，13(4)：334-340．

褚永彬．2008．地理空间认知驱动下的空间分析与推理(硕士学位论文)．成都：成都理工大学．

朱杰，夏青．2008．基于虚拟地理环境的空间认知分析．测绘科学，33：25-26．

David A R, Zhan C, Anthony G C. 1992. A Spatial Logic Based on Regions and Connection. In Proceedings of the 3rd International Conference on Knowledge Representation and Reasoning, Morgan Kaufmann：165-176.

Egenhofer M J, Franzosa R D. 1991. Point Set Topological Relations. International Journal of Geographical Information Systems, 5(2)：161-174.

Goodchild M F, Egenhofer M J, Kemp K K, et al. 1999. Introduction to the Varenius Project. International Journal of Geographical Information Science, 13(8): 731-745.

Klatzky R L, Marston J R, Giudice N A, Golledge R G, Loomis J M. 2006. Cognitive Load of Navigating without Vision When Guided by Virtual Sound Versus Spatial Language. Journal of Experimental Psychology: Applied, 12(4): 223-232.

Li D Y, Du Y. 2007. Artificial Intelligent with Uncertainty. New York: Chapman & Hall/CRC.

Lloyd R. 1997. Spatial Cognition-Geographic Environments. Dordecht: Kluwer Academic Publishers.

Loomis J M, Golledge R G, Klatzky R L. 1991. Personal Guidance System Employing a Virtual Auditory Display. IEEE ASSP Workshop on Applications of Signal Processing to Audio and Acoustics, New Paltz, New York, USA.

Mark D M, Freksa C, Hirtle S C, Lloyd R, Tversky B. 1999. Cognitive Model of Geographical Space. International Journal of Geographical Information Science, 13(8): 747-774.

Steinbach M, Tan P N, Kumar V, Potter C, Klooster S, Torregrosa A. 2001. Clustering Earth Science Data: Goals, Issues and Results. In Proceedings of the Fourth KDD Workshop on Mining Scientific Datasets, San Francisco, California, USA.

第3章 空间知识的表示方法

3.1 空间知识概述

知识是人类智能的重要体现,人们所涉及的知识是十分广泛的。有的是多数人所熟悉的,有的只是有关专家才掌握的专门领域知识。"知识"很难给出明确的定义,只能从不同侧面加以理解。目前比较有代表性的3种定义是(何新贵,1990):Feigenbaum认为知识是经过削减、塑造、解释和转换的信息。简单地说,知识是经过加工的信息。Bernstein说知识是由特定领域的描述、关系和过程组成的。Hayes-Roth认为知识是事实、信念和启发式规则。

从知识库观点看,知识是某领域中所涉及的各有关方面、状态的一种符号表示。知识是信息综合处理的结果,在综合过程中,信息通过相互比较,结合成有意义的链接(孔繁胜,2000)。

数据、信息、知识与智慧之间具有一种层次递进关系,后者是前者的进一步深化和处理。

数据(data)是指对某一事件、事物、现象进行定性、定量描述的原始资料,包括文字、数字、符号、图形、图像以及它们能够转化的形式。数据是用以载荷信息的物理符号,数据本身没有意义。信息(information)是用文字、数字、符号、语言、图形、图像等介质和载体,表示事件、事物、现象的内容、数量或特征,从而向人们(或系统)提供关于显示世界的新的事实和知识,作为生产、建设、经营、管理、分析和决策的依据。它不随介质或载体的物理形式的改变而改变(李建松,2006)。信息和数据是密不可分的。信息来源于数据,数据是信息的载体,但并不就是信息。只有理解了数据的含义,对数据作出解释,才能提取出数据中所包含的信息。例如,"14亿"是数据,"14亿"只是一个数字,本身没有意义。"中国人口数已经达到14亿"是信息,反映了"14亿"这个数据中所蕴含的内容。

知识(knowledge)是对数据和信息进行进一步的概括、分析和处理得到的有意义的信息,是用于解决问题的结构化信息。如"中国是世界上人口最多的国家"是知识,该知识是通过将中国的人口数与全世界的各个国家的人口数进行比较和分析而得到的。智慧(wisdom)是富有洞察力的知识,在了解多方面的知识后,能够预见一些事情的发生和采取行动。如:"为了中国的可持续发展,我们必须继续坚持计划生育政策"就是一种智慧。

知识工程是以知识本身为处理对象,研究如何运用人工智能和软件工程,设计、构造和维护知识系统的一门学科,与此有关的理论技术、方法和工具都是知识工程的研究内容(Barr et al,1981;路耀华,1997;李德毅,杜鹢,2005)。知识工程的倡导者费根鲍姆根据英国哲学家培根"知识就是力量"的著名论断,指出:"知识蕴藏着力量","电子计算机则是这种力量的放大器"。他在1977年第5届国际人工智能会议上,以"人工智能的艺术、知识工程课题及实例研究"为题,对"知识工程"作了第一次系统的论述(Barr and Feigenbaum,1977)。从此,知识工程这个名称便在全世界流行开来(路耀华,1997;陆汝钤,2002)。

知识表示是研究用机器表示知识的可行性、有效性的一般方法,是一种数据结构与控制结构的统一体,既考虑知识的存储又考虑知识的使用。知识表示可看成是一组描述事物的约定,把人类知识表示成机器能处理的数据结构。研究知识表示方式是学习人工智能的中心内容之一(蔡自兴,徐光祐,2004)。在已开发出的系统中,知识表达方式的选择是至关重要的,它不仅决定了知识应用的形式,而且也决定了知识处理的效率和可实现的规模大小,可以说它是对智能行为的一种数学抽象模型(王珏等,1995)。

空间知识是有关空间问题、涉及空间数据处理与分析的,具有空间信息的知识。空间知识可以被认为是具有时空特征的知识,当知识的时空因子扩展到整个时间域和空间域时,空间知识也就表现为常规知识(Knight et al,1999)。空间决策支持系统中的知识具有空间和时间特征,具体体现在空间决策问题一般与空间相关联,且具有一定的时间限制因素。作为能够反映空间特性的知识因素,空间特征和时间特征是空间知识库与其他专家知识库的根本区别(沙宗尧,边馥苓,2004)。

空间知识的获取与表达是智能空间信息处理的基础,是一般空间分析向智能空间分析发展的关键技术。空间知识表示将直接影响到决策推理和最终的结果。从人工智能的观点看,空间知识的表示,特别是关于空间的常识性知识的表示,是许多典型的AI任务(例如高层视觉、路径设计和物理、工程应用)需要做到的。而且,鉴于空间知识在人类认知中的重要性,空间概念在许多解决问题的方法(不仅仅是一般认为的图形和可视化)和在用户界面(不仅指图形用户界面)设计中扮演着非常重要的角色。

一般知识的表示方法包括:状态空间法、问题归约法、谓词逻辑法、语义网络法、框架表示法、剧本表示法、过程表示法等。空间知识的表示需要将这些一般的知识表示方法引入空间信息科学进行特化研究,这里主要介绍基于状态空间法的空间知识表示、基于问题归约法的空间知识表示、基于谓词逻辑的空间知识表示、基于规则的空间知识表示、基于语义网络的空间知识表示,以及空间知识的面向对象表示法等。当然,还有很多其他的方法也可以用来进行空间知识的表达,如基于本体的空间知识表达、基于关系的空间知识表达、基于框架的空间知识表达方法等,但是由于还不太成熟或不太常用,这里不一一介绍。

3.2 状态空间法与空间知识表示

3.2.1 状态空间法

问题求解(problem solving)是一个大课题,它涉及归约、推断、决策、规划、常识推理、定理证明和相关过程的核心概念。人工智能的很多问题的求解是通过某个可能的解空间内寻求一个解来求解问题。这种基于解答空间的问题表示和求解方法就是状态空间法,它是以状态和算符(operator)为基础来表示和求解问题的(蔡自兴,徐光祐,2003)。

问题求解涉及两个主要的方面内容:

(1)问题的表示:如果描述方法不对,问题表示不正确,那么对问题求解会带来很大的困难;

(2)求解的方法:主要是采用试探搜索方法。

状态空间法是基于解答空间的问题表示和求解方法、以状态和算符为基础来表示和求解问题、从某个初始状态开始,每次增加一个操作符,递增地建立起操作符的试验序列,直到达到目标状态止的一种问题求解方法。完整问题的状态描述包括:① 初始状态的描述;② 操作符集合及其对状态改变的作用;③ 目标状态的描述。

状态空间法包括以下三个要点:

(1)状态(state):状态是为描述某类不同事物间差别而引入的一组最少变量 q_0, q_1,…,q_n 的有序集合,其矢量形式如下:

$$Q = [q_0, q_1, \cdots, q_n]^T$$

式中:每个元素 $q_i(i=0,1,\cdots,n)$ 为集合的分量,称为状态变量。给定每个分量的一组值就得到一个具体的状态,如

$$Q_k = [q_{0k}, q_{1k}, \cdots, q_{nk}]^T$$

(2)算符:使问题从一种状态变化为另一种状态的手段称为操作符或算符。操作符可以为走步、过程、规则、数学算子、运算符号或逻辑符号等。

(3)状态空间:问题的状态空间(state space)是一个表示该问题全部可能状态及其关系的图,它包含三种说明的集合,即所有可能的问题的初始状态集合 S,操作符集合 F 以及目标状态集合 G。状态空间记为三元状态 (S, F, G)。

下面以十五数码难题为例说明状态空间方法。

十五数码难题(15 puzzle problem)由 15 个编有 1~15 并放在 4×4 方格棋盘上的可走动的棋子组成。棋盘上总有一格是空的,以便可能让空格周围的棋子走进空格,这也可以理解为移动空格。图 3.1 显示了两种棋局,即初始棋局和目标棋局,它们对应于该下棋问题的初始状态 S 和目标状态 G。

（a）初始棋局　　　　　　　　　　（b）目标棋局

图3.1　十五数码难题

如何把初始棋局变换为目标棋局呢？问题的解答就是某个合适的棋子走步序列，如"左移棋子1，右移棋子1，上移棋子1，下移棋子1，…，下移棋子15"等共60种走步方法，也可以理解成移动空格，即上下左右移动空格共4种走步方法。

十五数码难题最直接的求解方法是尝试各种不同的走步，直到偶然得到该目标棋局为止。这种尝试本质上涉及某种试探搜索。从初始棋局开始，试探（对于一般问题实际上是由计算机进行计算和执行的）由每一合法走步得到的各种新棋局，然后计算再走一步而得到的下一组棋局。这样继续下去，直至达到目标棋局为止。把初始状态可达到的各状态所组成的空间设想为一幅由各种状态对应的节点组成的图，这种图称为状态空间图。图3.2所示为按照状态空间法得到的十五数码难题的部分状态空间。

寻找状态空间的全部过程包括从旧的状态描述产生新的状态描述，以及此后检验这些新的状态描述，看其是否描述了该目标状态。这种检验往往只是查看某个状态是否与给定的目标状态描述相匹配。不过，有时还要进行较为复杂的目标测试。对于某些最优化问题，仅仅找到到达目标的任一路径是不够的，还必须找到按某个准则实现最优化的路径，例如，下棋的走步最少。

3.2.2　基于状态空间的网络分析

状态空间法提供了一种问题求解的有效方法，但是状态空间法在GIS空间分析中的应用研究还很少。这里以网络分析中的推销员旅行问题为例说明状态空间法在GIS网络分析中的应用。

网络分析是GIS的基本分析方法之一，运输问题是网络分析的重要内容。很多运输问题都包括选择产生一系列运送或停车站的最佳（或最省钱的）方法。例如：运送顾客时间的分析；对学校公共汽车分配学校部门站点时间；计划出行的推销员到顾客地点处等。所有这些问题有一个共同的结构——使访问一些站点的费用最小。

TransCAD是一个供交通专业人员使用而设计的地理信息系统产品，用来储存、显示、管理和分析交通数据（http://www.caliper.com/tcovu.htm）。TransCAD工具包提供了推销员旅行问题的分析工具，如图3.3所示。推销员旅行问题可以利用状态空间法求解。

推销员旅行问题（travelling salesman problem，TSP）是组合数学中一个古老而又困难

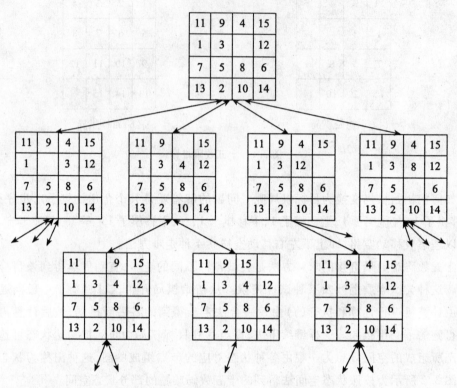

图 3.2　十五数码难题的部分状态空间

的问题,至今尚未彻底解决,现已归入 N-P 完备问题类(马良,2000)。问题的经典提法为:一个推销员计划出访推销产品,他从一个城市(如 A)出发,访问每个城市一次,且最多一次,然后返回城市 A。要求寻找最短路线,如图 3.4 所示。

利用状态空间法求解推销员旅行问题的方法如下:

(1)确定初始状态:A 城市。用集合表示访问过的城市(路径),也称为总数据库。初始状态为(A),也称为初始数据库。

(2)操作符集合及其对状态改变的作用:操作符对应于"下一步走向城市 A;下一步走向城市 B;…"等规则。但是,操作符必须是一个合法的规则。例如,应用"下一步走向城市 A"这条规则就不适用于尚未出现所有其他城市的任一数据库。

(3)确定目标状态:任一以 A 为起点和终点,并出现所有其他城市的总数据库,但除 A 以外的其他城市不能重复出现,如($ACDEBA$)。可以使用图 3.4 所示的距离图表来计算任一旅程的总距离。提出作为解答的任一旅程,必须是具有最短距离的旅程。

图 3.5 为利用以上方法得到的推销员旅行问题的部分状态空间图,树枝旁边的数字是应用相应操作符(规则)时加到旅程上的距离增量。从图 3.5 可以看出,图 3.4 所对应的推销员旅行问题的最短路线为:$A \to C \to D \to E \to B \to A$,总旅程为 34。

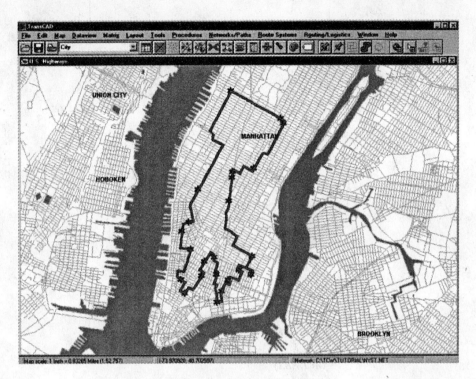

图 3.3　TransCAD 的推销员旅行问题

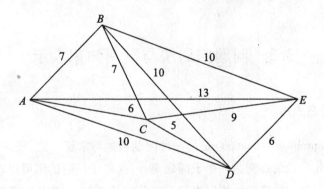

图 3.4　推销员旅行问题

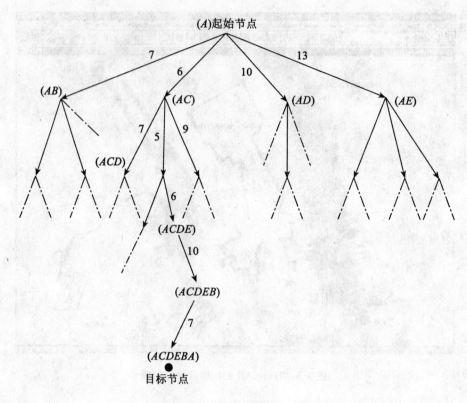

图 3.5 推销员旅行问题的状态空间图

3.3 问题归约法与空间知识表示

3.3.1 问题归约法

问题归约法(problem reduction)是另一种问题描述与求解方法。已知问题的描述,通过一系列变换把此问题最终变为一个子问题集合;这些子问题的解可以直接得到,从而解决了初始问题。问题归约法表示可以由三个部分组成:①一个初始问题描述;②一套把问题变换为子问题的操作符;③一套本原问题描述。问题归约的实质是从问题的目标(要解决的问题)出发逆向推理,建立子问题以及子问题的子问题,直至最后把初始问题归约为一个平凡的本原问题集合。

问题归约法可以利用梵塔难题进行解释和说明。

梵塔难题的提法如下:有 3 个柱子(1、2 和 3)和 3 个不同尺寸的圆盘(A、B 和 C)。在每个圆盘的中心有一个孔,所以圆盘可以堆叠在柱子上。最初,3 个圆盘都堆在柱子 1 上:最大的圆盘 C 在底部,最小的圆盘 A 在顶部。要求把所有圆盘都移到柱子 3 上,每次只许移动一个,而且只能先搬动柱子顶部的圆盘,还不许把尺寸较大的圆盘堆放在尺寸较小的圆盘上。这个问题的初始配置和目标配置如图3.6所示。

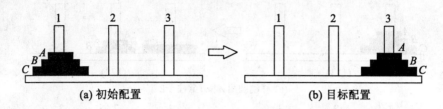

图 3.6 梵塔问题

梵塔难题的解题过程是将原始问题归约为一个较简单的问题集合：

(1) 要把所有圆盘都移至柱子3,必须首先把圆盘C移至柱子3；而且在移动圆盘C至柱子3之前,要求柱子3必须是空的。

(2) 只有在移开圆盘A和B之后,才能移动圆盘C；而且圆盘A和B最好不要移至柱子3,否则就不能把圆盘C移至柱子3。因此,首先应该把圆盘A和B移到柱子2上。

(3) 然后才能够进行关键的一步,把圆盘C从柱子1移至柱子3,并继续解决难题的其余部分。

将原始难题归约(简化)为下列子难题：

(1) 移动圆盘A和B至柱子2的双圆盘难题,如图3.7(a)所示；

(2) 移动圆盘C至柱子3的单圆盘难题,如图3.7(b)所示；

(3) 移动圆盘A和B至柱子3的双圆盘难题,如图3.7(c)所示。

梵塔问题归约图：子问题2可作为本原问题考虑,因为它的解只包含一步移动。应用一系列相似的推理,子问题1和子问题3也可被归约为本原问题,如图3.8所示。其中,(122)⇒(322)表示"把配置(122)变为配置(322)",每个配置表示三个圆盘的位置,如(122)表示一个圆盘在柱子1上,另两个圆盘都在柱子2上。

图3.8所示的图式结构叫做与或图(and/or graph)。一般地,可以用一个类似图的结构来表示把问题归约为后继问题的替换集合,这种结构图叫做问题归约图,或叫与或图。其中,对应于原问题的本原节点称为终叶节点。只要解决某个问题就可解决其父辈问题的节点集合称为或节点。只有解决所有子问题,才能解决其父辈问题的节点集合称为与节点。各个与节点用跨接指向它们后继节点的弧线的小段圆弧加以标记。由与节点及或节点组成的结构图称为与或图。这种与或图能有效地说明如何用问题归约法求得问题的解答。

3.3.2 基于问题归约的空间知识表示

问题归约是一种问题描述和求解方法,其核心思想是通过一系列变换把一个复杂的问题分解成若干个可以直接求解的本原问题,对于复杂问题的求解是一个十分有效的方法。在地球空间信息处理领域,涉及大量的复杂的空间分析和空间决策问题,例如：土地

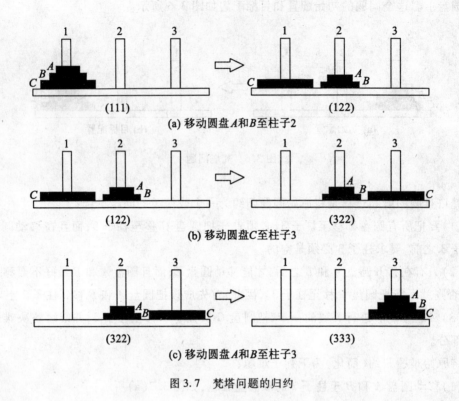

图 3.7 梵塔问题的归约

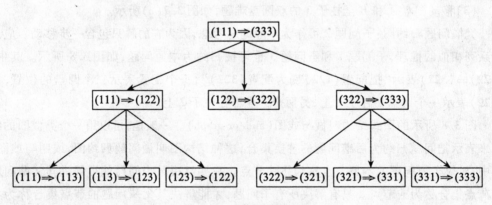

图 3.8 梵塔问题归约图

适宜性评价、城市规划与管理、自然灾害的风险评价分析等。对于这些复杂的地学空间问题，可以利用问题归约法将其分解成一系列相对容易的子问题，通过子问题的逐一求解达到求解复杂空间问题的目的。

但是，目前直接利用问题归约方法进行空间知识的表示和空间问题求解的研究还很少，利用问题归约法实现复杂空间问题的有效求解是一个值得进一步深入研究的问题。

3.4 基于谓词逻辑的空间知识表达

3.4.1 命题逻辑

命题逻辑能够把客观世界的各种事实表示为逻辑命题。命题是数理逻辑中最基本的概念,实际上就是一个意义明确,能分辨真假的陈述句。如:"中国是世界上人口最多的国家"就是一个命题。最基本的命题逻辑的知识表达是给一个对象命名或陈述一个事实。

在 GIS 操作中,经常会遇到这样的命题:
(1)区域 A 是一块湿地;
(2)多边形 K 内有一个湖泊;
(3)公路 R 是陡峭的和曲折的;
(4)像元 B 是一块农田或者是一个鱼池;
(5)区域 Q 的人口不密集;
(6)多边形 A 与多边形 B 相连;
(7)如果温度高,那么压力就低。

可以使用"是(is a)"命名或描述对象;使用"有(has a)"描述对象的属性;连接词"和(and)"、"或(or)"用于形成复合语句;使用"不(not)"表示对立和否定;使用"与……相连(is related to)"表示相互的关系;使用"如果……那么……(if-then)"表示对象的条件或关系,可以用于推理。

形成命题逻辑的基本组成是句子(陈述或命题)和形成复杂句子的连接词。原子句用于表达单个事实,它的值是"真"或"假"。

根据连接词"和"、"或"、"不"、"如果……那么……",前面的 GIS 语句可以形式化表达如下:

湿地(区域 K):(区域 A 是一块湿地);
有一湖泊(多边形 K):(多边形 K 内有一个湖泊);
陡峭的(公路 R)∧曲折的(公路 R):(公路 R 是陡峭的和曲折的);
农田(像元 B)∨鱼池(像元 B):(像元 B 是一块农田或者是一个鱼池);
人口不密集(区域 Q):(区域 Q 的人口不密集);
相连(多边形 A,多边形 B):(多边形 A 与多边形 B 相连);
高(温度)⇒低(压力):(如果温度高,那么压力就低)。

3.4.2 谓词逻辑

1. 语法和语义(syntax & semantics)

谓词是用来刻画一个个体的性质或多个个体之间关系的词。个体是所研究对象中可以独立存在的具体的或抽象的客体。

原子公式是谓词演算的基本积木块。原子公式是公式的最小单位,最小的句子单位。项不是公式。原子谓词公式:若 $P(x_1,\cdots,x_n)$ 是 n 元谓词,$t_1,\cdots,t_n$ 是项,则 $P(t_1,\cdots,t_n)$ 为原子公式。分子谓词公式:可以用连词把原子谓词公式组成复合谓词公式,并把它叫做分子谓词公式。

谓词逻辑的基本组成部分是谓词符号、变量符号、函数符号和常量符号,并用圆括弧、方括弧、花括弧和逗号隔开,以表示论域内的关系。例如:

(1)"x 是有理数"。x 是个体变量项,"……是有理数"是谓词,用 $G(x)$ 表示。

(2)"x 与 y 具有关系 L"。x,y 为两个个体变量项,谓词为 L,符号化形式为 $L(x,y)$。

(3)"小王与小李同岁"。小王,小李都是个体常项,"……与……同岁"是谓词,记为 H,命题符号化形式为 $H(a,b)$,其中,a 代表小王,b 代表小李。

(4)"机器人(ROBOT)在 1 号房间(R_1)内"。ROBOT,R_1 是个体变量项,"在房间内"是谓词(INROOM),用 INROOM(ROBOT,R_1) 表示。

2. 连词和量词(connective & quantifiers)

1)连词

与·合取(conjunction):合取就是用连词 ∧ 把几个公式连接起来而构成的公式。合取项是合取式的每个组成部分。例:

"LIKE(I,MUSIC)∧LIKE(I,PAINTING)"表示"我喜爱音乐和绘画"。

或·析取(Disjunction):析取就是用连词 ∨ 把几个公式连接起来而构成的公式。析取项是析取式的每个组成部分。例:

"PLAYS(LILI,BASKETBALL)∨PLAYS(LILI,FOOTBALL)"表示"李力打篮球或踢足球"。

蕴含(implication):蕴含"⇒"表示"如果……那么……"的语句。用连词⇒连接两个公式所构成的公式叫做蕴含。蕴含可以用产生式规则来表示,即:IF⇒THEN,蕴含式左侧的 IF 部分表示前项,或称左式;THEN 部分表示后项,或称右式。例:

"RUNS(LIUHUA,FASTEST)⇒WINS(LIUHUA,CHAMPION)"表示"如果刘华跑得最快,那么他取得冠军"。

非(NOT):表示否定,用 ~ 或 ¬ 表示均可。例:

"~INROOM(ROBOT,r_2)"表示"机器人不在 2 号房间内"。

2)量词

全称量词(universal quantifier):若一个原子公式 $P(x)$,对于所有可能变量 x 都具有真值 T,则用 $(\forall x)P(x)$ 表示。例:

"$(\forall x)[ROBOT(x) \Rightarrow COLOR(x,GRAY)]$"表示"所有的机器人都是灰色的"。

"$(\forall x)[Student(x) \Rightarrow Uniform(x,Color)]$"表示"所有学生都穿彩色制服"。

存在量词(existential quantifier):若一个原子公式 $P(x)$,至少有一个变元 x,可使 $P(x)$ 为 T 值,则用 $(\exists x)P(x)$ 表示。例:

"$(\exists x)$INROOM(x,r_1)"表示"1号房间内有个物体"。

量化变元(Quantified Variables):如果一个合适公式中某个变量是经过量化的,我们就把这个变量称为量化变元,或者称为约束变量。

3. 利用谓词逻辑表示复杂句子

可以用谓词演算来表示复杂的英文句子。如:

"For every set x, there is a set y, such that the cardinality of y is greater than the cardinality of x",利用谓词演算表示为:

$(\forall x)\{$SET$(x)\Rightarrow(\exists y)(\exists u)(\exists v)[SET(y)\wedge$CARD$(x,u)\wedge$CARD$(y,v)\wedge$G$(u,v)]\}$

式中,"SET(x)"、"SET(y)"分别表示集合 x 和 y,即:"set x"和"set x","CARD(x,u)"表示集合 x 的基数为 u,"CARD(y,v)"表示集合 y 的基数为 v,"G(u,v)"表示 u 大于 v。

3.4.3 基于谓词逻辑的空间知识表示

由于命题逻辑具有较大的局限性,不适合表示比较复杂的问题。在命题逻辑中的谓词是一个有用的陈述句的结构化表达方法,但是当许多相同性质的事实必须被表达时遇到了困难。例如,如果在研究区域的所有 n 个区域($K_i, i=1,2,\cdots,n$)都是湿地,那么需要 n 个命题表达这些事实:

湿地(区域 K_1)

湿地(区域 K_2)

$\vdots$

湿地(区域 K_n)

命题逻辑不能证明这些陈述句是正确的:"所有的多边形是几何图形","三角形是一个多边形","那么,三角形是一个几何图形"。这些陈述句涉及一个量词:"所有的",以及"是一个多边形"、"是一个几何图形"等概念。

为了更加有效地表达知识,可以使用谓词逻辑获得原子句子的进一步突破。通过引入量词和变量到命题逻辑中,并且使用连接词形成复杂的命题,知识可以得到更加有效的表达。

例如,我们可以在"$\forall x[$湿地$(x)]$"中使用变量 x,使用量词 $\forall$ 表示"所有的"。

陈述句"所有的公路或者连接到 A 点,或者连接到 B 点"可以表达为:

$(\forall x)[$公路$(x)\rightarrow$连接到$(x,A)\vee$连接到$(x,B)]$

命题:$\exists x[$发生$(x,t_0)]$ 表示空间事件 x(如洪水或地震等)在时间 t_0 时发生。

谓词算子可以用于表达空间知识。已有学者进行过使用谓词逻辑建立几何关系和集合处理过程的尝试。

例如,Back Strom(1990)定义两个实体 O_1, O_2 是否在点 P 处相互连接,提出了如下的形式:Pcontact$(O_1,O_2,p)\leftrightarrow$Outerpcontact$(O_1,O_2,p)\vee$Innerpcontact$(O_1,O_2,p)$

类似地,对象间的几何关系的限制也可以形式化,例如:$\forall h \; \exists b [\text{Hole}(b,h) \wedge \text{Inside}(b,h)]$,这里,Hole($b,h$)表示洞 h 是实体 b 中的一个洞,Inside(b,h)表示洞 h 在实体 b 内。

此外,谓词也可以用于描述如下空间操作:Lmove(b,d):将实体 b 向左移动距离 d。Protate(b):沿正方向旋转实体 b 90°。Attach(b_1,b_2):将实体 b_1,b_2 相互联系。

3.5 基于规则的空间知识表达

3.5.1 规则与知识

1. 规则是知识的一个方面

知识由事实性知识和过程性知识组成。狭义的知识就是指事实性知识,而规则是一种过程性(程式化)的知识,用条件和条件下的结果可以很好地表达。知识主要是从静态的角度来表达人们对客观事物概括性的、高层次的理解,而规则是从动态角度,着重于行为的规范和约束的表示(文斌,2003)。

2. 规则是知识表达的一种形式

知识是序列化的共性知识与隐性知识的集合,而规则是基于知识之上的行为模式的表达。因此,知识的范畴更加广泛,内涵更加丰富,规则是知识的一个方面,是知识表达的一种形式(文斌,2003)。用规则来描述和表达空间知识,构成新的空间知识,就是基于规则的空间知识的表达方法。规则可以理解为一种形式化的指标,用来实现对知识的取舍(选取)、继承、概括等操作。在基于规则的知识表示中,由预先设定的条件来触发各种变换和处理。基于规则的系统可以通过事实描述、模式匹配、逻辑推理等多种方法来实现(应申,李霖,2003)。

3.5.2 产生式规则

在 GIS 领域,规则有广义和狭义两种理解。广义的规则泛指对空间知识表达和处理过程中需要遵循的一切原则或准则;狭义的规则特指采用人工智能的产生式规则方法(IF-THEN 的结构方式)表达空间知识而产生的规则。这里主要讨论狭义的规则,即产生式规则。

产生式规则方法主要用在程序设计和系统实现时将抽象的综合知识形式化表达为计算机能够识别的 IF-THEN 的结构形式(高文秀,潘郑淑贞,2004)。产生式规则由于其表达自然、易于理解、便于利用启发式知识提高推理效率等优点而成为目前应用最为广泛的知识表示方法之一(陈世福,陈兆乾,1997)。

产生式规则的基本形式是:

$$P \rightarrow Q \text{ 或者 IF } P \text{ THEN } Q$$

式中:P 是产生式的前提,也称为前件,它给出了该产生式可否使用的先决条件,由事实的逻辑组合来构成;Q 是一组结论或操作,也称为产生式的后件,它指出当前 P 满足时应该推出的结论或应该执行的动作。一条规则的条件部分描述了某个待解决的问题的条件或状态,而行为部分则提供了解决该问题能够采用的方法或措施,或者是满足某种条件之后得出的结果(高文秀,潘郑淑贞,2004)。例如,利用产生式规则可以表示如下空间知识(应申,李霖,2003;齐清文,蒋丽丽,2001):

(1)IF {地物是湖泊 & 面积大于 1 mm^2},THEN {选取该湖泊};ELSE {删除它}。

(2)IF {地物是河流 & 图上长度小于 10mm & 与其他河流的间距大于 2 mm},THEN {选取它}。

(3)IF prduct scale is ≥50000 THEN exam all rules relating to point features。

(4)IF Class Type(object$_i$) = ClassType(object$_j$) AND object$_i$ is adjacent to object$_j$ THEN Merge the two Objects (Object$_i$, Object$_j$)。

产生式规则具有如下特点:

(1)产生式规则的表示方法自然、简洁,易于理解;

(2)产生式规则之间是相互独立的,可以独立的增加、修改和删除,而不会直接影响到其他规则。因此,规则库的修改相对简单(高文秀,潘郑淑贞,2004)。

(3)缺乏形式化描述能力(孔繁胜,2000)。

(4)一个内容全面的规则库需要大量的规则,给知识的整体组织和控制带来一定困难。同时,在搜索过程涉及的各实体间的关系上具有局限性(马鎏辉等,1999)。

3.5.3 基于规则的空间知识表示

产生式规则的实际应用首先需要建立规则库和推理数据库,规则库中存放规则,推理数据库存放与求解问题相关的数据或事实以及推理过程中产生的新的事实。在系统运行时,当某条规则的条件部分与事实匹配时,该规则是可用的,将其标记为可用或是提取出来另外保存,但不执行行为部分,继续搜索其他匹配的规则,当找到所有可用的规则后,通过比较,选择一条当前最适用的规则,执行其行为部分(高文秀,潘郑淑贞,2004)。

产生式规则由于具有表达方式自然、简洁、易于理解,产生的规则之间是相互独立的,可以独立地增加、修改或删除,而不会直接影响到其他规则,在 GIS 制图综合中得到了很好的应用(Shea and Mcmaster,1989;高文秀,2002)。例如,可以利用产生式规则表示植被制图综合中的属性信息的综合规则、地图规则、几何规则等。

1. 属性信息的综合规则

专题地图的综合需要着重考虑专题属性,所以属性信息综合规则在综合过程中起着关键作用。在植被数据综合中,属性信息的综合主要体现在地块植被类型转换方面,这个转换首先是单向的,其次必须保持植被类型的逻辑一致性,同时为了突出表现主题的植被类型,该植被类型可以比其他植被类型详细(高文秀,潘郑淑贞,2004)。例如:

IF NewClassLevel(object$_i$) is lower than OldClassLevel(object$_i$) AND NewClassType(object$_i$) is parent class of OldClassType(object$_i$)

THEN Transformation Type of object$_i$ to newClassType

式中,NewClassLevel(object$_i$)表示新植被类型的分类级别,OldClassLevel(object$_i$)表示老植被类型的分类级别,NewClassType(object$_i$)表示地块的新植被类型,OldClassType(object$_i$)表示地块的老植被类型。

以上规则表示:如果"新植被类型的分类级别比老植被类型的分类级别的分类级别低,并且地块的新植被类型是老植被类型的父类",那么,"将地块的植被类型转换为新植被类型"。

2. 地图规则

在植被地图综合的过程中,当地块的植被类型由子类向父类转换之后,某些相邻地块的植被类型转换为同一父类植被类型,如果不考虑其他因素的影响(如行政区域边界),两个相邻接的图斑应该合并为一个图斑(高文秀,潘郑淑贞,2004)。例如:

IF ClassType(object$_i$) = ClassType(object$_j$) AND object$_i$ is adjacent to object$_j$
THEN Merge the two Objects(object$_i$, object$_j$)

该规则表示:如果"地块 i 和地块 j 的植被类型相同,并且二者相邻接",那么将两个地块合并为一个图斑。

3. 几何规则

制图综合的目的之一是避免图面上出现不可识别的图形,在尽量保证植被地块位置准确的基础上,保持正确的拓扑关系和清晰的图形表达。根据实际经验得出图面面状图形面积小于 0.5mm^2 将不能清晰辨认,所以小于最小面积阈值的图形必须处理。对于小面积图形可以采用如下处理措施:如果该面状图形代表的植被类型是森林,而且在其周围一定范围内没有森林分布时,要将该图形放大以满足最小面积阈值要求,以此显示该区域有森林分布。这种知识可以利用产生是规则表达如下:

IF Area(object$_i$) < Area threshold of Forest AND There is no forest parcels around object$_i$ THEN Enlargement Operation(object$_i$)

类似的,可以利用产生规则表达很多种类型的空间知识,这里不一一阐述。

3.6 基于语义网络的空间知识表示

3.6.1 语义网络

1. 概念

语义网络是知识的一种结构化图解表示,它由节点和弧线或链线组成。节点用于表示实体、概念和情况等,弧线用于表示节点间的关系(蔡自兴,徐光祐,2003)。

2. 语义网络表示的组成部分

语义网络表示由以下4个相关部分组成:

(1)词法部分:决定表示词汇表中允许有哪些符号,它涉及各个节点和弧线。

(2)结构部分:叙述符号排列的约束条件,指定各弧线连接的节点对。

(3)过程部分:说明访问过程,这些过程能用来建立和修正描述以及回答相关问题。

(4)语义部分:确定与描述相关的(联想)意义的方法即确定有关节点的排列及其占有物和对应弧线。

3. 语义网络的特点

语义网络具有如下特点:

(1)能把实体的结构、属性与实体间的因果关系显式地和简明地表达出来,与实体相关的事实、特征和关系可以通过相应的节点弧线推导出来。

(2)由于与概念相关的属性和联系被组织在一个相应的节点中,因而使概念易于受访和学习。

(3)表现问题更加直观,更易于理解,适于知识工程师与领域专家沟通。

(4)语义网络结构的语义解释依赖于该结构的推理过程而没有结构的约定,因而得到的推理不能保证像谓词逻辑法那样有效。

(5)节点间的联系可能是线状、树状或网状的,甚至是递归状的结构,使相应的知识存储和检索可能需要比较复杂的过程。

4. 二元语义网络的表示

语义网络是一种网络结构。节点之间以链相连,节点之间的关系本质上是二元关系。

(1)利用语义网络可以表示简单的事实。

例如:"所有的燕子都是鸟"的二元语义关系如图 3.9 所示。

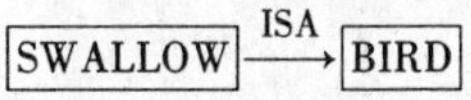

SWALLOW
ISA
BIRD

图 3.9　语义网络表示简单事实

(2)利用语义网络可以表示占有关系。

例如:"小燕是一只燕子,燕子是鸟;巢-1 是小燕的巢,巢-1 是巢中的一个"的二元语义关系如图 3.10 所示。

XIAOYAN
ISA
SWALLOW
ISA
BIRD
OWNS
NEST-1
ISA
NEST

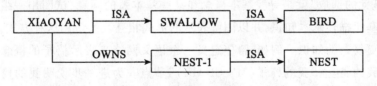

图 3.10　语义网络表示占有关系

5. 多元语义网络的表示

语义网络的节点之间的连接本质上是二元的。但是也可以表示一元关系和多元关系。如果所要表示的知识是一元关系,例如,要表示李明是一个人,用语义网络表示就是:

$$\text{LIMING} \xrightarrow{\text{ISA}} \text{MAN}$$

和这样的表示法相等的关系在谓词逻辑中表示就是 ISA(LIMING,MAN)。这说明语义网络可以毫无困难地表示一元关系。

对于多元关系,由于语义网络本质上说只能表示二元关系。解决这个矛盾的一种方法就是把这个多元关系转化称一组二元关系的组合,或二元关系的合取。具体来说,多元关系 $R(X_1, X_2, \cdots, X_n)$ 总可以转换成 $R_1(X_{11}, X_{12}) \wedge R_2(X_{21}, X_{22}) \wedge \cdots \wedge R_n(X_{n1}, X_{n2})$。

在语义网络中进行这种转换需要引入附加节点。例如,如果要表达北京大学(BEIJING University,BU)和清华大学(TSINGHUA University,TU)两校篮球队在北大进行的一场比赛的比分是 85 比 89。可以建立一个 G25 节点表示这场特定的球赛。然后,把有关的球赛信息与这场球赛联系起来,得到如图 3.11 所示的语义网络。

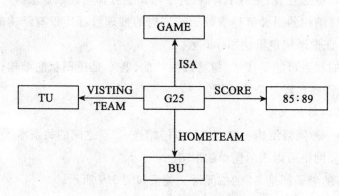

图 3.11 多元语义网络的表示

6. 语义基元的选择

在描述复杂的语义关系时,可以通过选择一组基元来表示知识,以便简化表示,并可用简单的知识来表示更复杂的知识。

例如:"我椅子的颜色是咖啡色的;椅子包套是皮革;椅子是一种家具;座位是椅子的一部分;椅子的所有者是 X;X 是一个人"的语义网络表示如图 3.12 所示。

在构造图 3.12 所示的椅子的语义网络的过程中,一个关键问题就是语义基元的选取。"语义基元的选取"就是寻找基本概念和某些基本弧的问题,试图用一组基元来表示知识。这些基元描述基本知识,并以图解表示的形式相互联系。用这种方式,可以用简单的知识表达更复杂的知识。例如,希望定义一个语义网络来表示椅子的概念。为了说明这个椅子是我的,建立"我的椅子(MY CHAIR)"节点。为进一步说明我的椅子是咖啡色的,增加一个"咖啡色(BROWN)"节点,并且用"颜色(COLOR)"链与我的椅子节点相连。为了说明我的椅子是皮革的,引入"皮革(LEATHER)"节点,并和"包套(COVERING)"链相连。要说明椅子是一种家具,则引入"家具(FURNITURE)"节点;要说明椅子是座位的一部分,加入"座位(SEAT)"节点。为表示椅子所有者的身份,设立了 X 节点,并以"所有者(OWNER)"链相连。然后,用"个人(PERSON)"节点表示椅子所有者的身份。

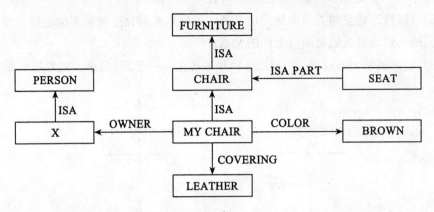

图 3.12 椅子的语义网络表示

7. 语义网络求解问题的基本过程

用语义网络表达知识的问题求解系统称为语义网络系统,该系统主要由两大部分组成:一是由语义网络构成的知识库;另一个是用于求解问题的解释程序,称为语义网络推理机。在语义网络系统中,问题的求解一般是通过匹配实现的,其主要过程为(叶志刚等,2003):

(1)根据待求问题的要求构造一个网络片段,其中有些节点或弧的标识是空的,反映待求解的问题。

(2)以此网络片段到知识库中去寻找匹配的网络,以找出所需要的信息。

(3)当问题的语义网络片段与知识库中的某种语义片段匹配时,则与询问处匹配的事实就是问题的解。

3.6.2 空间知识的语义网络表示

1. 空间关系的语义网络表示

语义网络可以用来对空间关系进行表达。例如,对于以下空间关系可以通过语义网络进行表达。

(1)at(在),on(在……上),in(在……里面),…

(2)above(在……上面),below(在……下面),…

(3)front(前面),back(后面),left(左边),right(右边),…

(4)between(在两者中间),among(在……中间),amidst(在……之中),…

(5)near to(与……邻近),far from(远离……),close by(与……接近),…

(6)east of(在东边),south of(在南边),west of(在西边),north of(在北边),…

(7)disjoint(与……脱离),overlap(叠置),meet(交汇),…

(8)inside(在……内部),outside(在……外边),…

(9)central(中央的),peripheral(外围的),…

(10) across(穿越),through(穿过),into(在……里面),…

我们可以将这些空间关系表达为语义网络的联系来简化空间关系的表达。可以充分利用我们的自然语言表达空间对象间的关系。

例如,空间关系 above(在……上面)和 below(在……下面)的语义网络表示如图 3.13 所示。

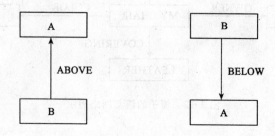

图 3.13　空间关系的语义网络表示

以公园(PARK)为例,对公园里空间对象的空间关系的语义网络进行描述。在进行公园(PARK)的空间对象的语义网络描述时涉及以下一些空间关系链,可以用来链接语义网络中的各个节点。

(1) ABOVE:桥(BRIDGE)在河流(RIVER)上;
(2) INTERSECT:桥(BRIDGE)与道路(ROADS)相交;
(3) ACROSS:河流(RIVER)穿过公园(PARK);
(4) EDGE:路(ROADS)在河流(RIVER)边上;
(5) LENGTH:河流(RIVER)的长度(LENGTH)是 2km;
(6) IN:人(PEOPLE)在船(BOATS)内,船(BOATS)在河(RIVER)里。

根据以上 6 个语义关系链,将公园(PARK)、道路(ROADS)、桥(BRIDGE)、河流(RIVER)、人(PEOPLE)等实体之间的关系形象地表达出来,如图 3.14 所示。

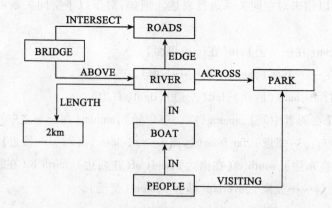

图 3.14　公园内空间对象的空间关系的语义网络表示

2. 基于语义网络的遥感影像识别

语义网络在基于语义的遥感影像识别和理解中得到了很好的应用,这里以航空影像中的"停车场"的识别为例介绍基于语义网络的空间知识的表达方法。

例如,要利用语义网络表示停车场的概念。为了说明这个停车场是一种土地覆盖类型,建立"土地覆盖(land cover)"节点,为进一步说明停车场的组成部分,需要增加"成行排列的车(car row)"节点,并且用"part-of"链与"停车场(parking lot)"节点相连。从航空影像上根据观察到的土地覆盖目标,抽取实例和表达语义的通用场景模型,用一些节点表示这些目标,它们之间用特定含义的链连接,这样就构成一个关于停车场的语义网络(Franz,1997;Kuhn,1999),如图3.15所示。

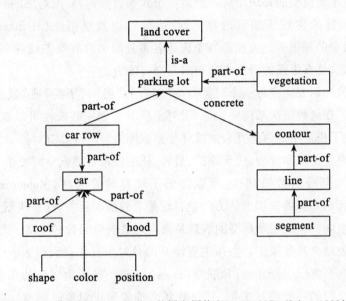

图 3.15　停车场(Parking Lot)的语义网络(Franz,1997;Kuhn,1999)

下面对图3.15中的停车场语义网络及其基本节点和链进行解释。

类实例"停车场(parking lot)"与类"土地覆盖(land cover)"是用"is-a"链表示和连接的,表示"停车场"是"土地覆盖"的一种类型。实例是个体属于一类的陈述,特化代表两类之间的子集关系。通过特化链,实例能够继承类的所有属性。

"part-of"链代表一个概念和它的组成部分之间的关系。"植被(vegetation)"是"停车场(parking lot)"目标中的一部分,因此用"part-of"链表示部分与整体的关系。类似地,"成行排列的车(car row)"也是停车场的一部分,它由很多车(car)组成,车(car)有"shape"、"color"、"position"等属性,这些属性用来进一步描述节点"car"。车由"车顶(roof)"和"引擎盖(hood)"等部分组成;若干"线段(segment)"组成"线(line)",若干"线(line)"构成停车场的"轮廓(contour)"。这些部分与整体之间的关系用"part-of"表示。

"Concrete"表示具体化,表示将一个物体具体化为有形有色有质量的物体。例如,在几何形状上,"停车场(parking lot)"实际上就是一个几何轮廓,所以"轮廓(contour)"就是

"停车场"几何层面上的具体物。"concrete"链连接属于不同概念系统的目标。例如,建筑物的屋顶可能属于某个概念系统,它在几何概念系统中的具体形式又可能是平行线。这些链在一个模型中形成一个概念层次。每一层代表从可见信息中抽取的不同程度。"part of"和"concrete"链可以是多重的。如果概念是强制的、可操纵的和固有的,那么可以特化其具体部分(Franz,1997)。

3.7 面向对象的空间知识表示

面向对象的方法使用类、对象、方法和属性等面向对象的概念及消息机制来描述和解决问题,把各种不同类型的知识用统一的对象形式加以表达,利用对象的数据封装、继承、多态等机制,较好地实现了知识的独立性、隐藏性以及重用性(Hoffman and Tripathi,1993)。面向对象的知识表达方法适宜于表达各种复杂的具有动态或静态特性的知识对象及空间的关系,具有很强的语义表达与对象交互能力。

面向对象的知识表达将每一个对象类按"超类"、"类"、"子类"或"成员"的概念构成一种层次结构。在这种层次结构中,上一层对象所具有的一些属性可以被下一层对象所继承,从而避免了描述中的信息冗余。这样使知识库对象本身具有对知识的处理能力,加强了对知识的重复使用和管理,便于维护,另外,还能使推理搜索空间减小,加快搜索处理时间。因为处理部分的数量减少,所以降低了计算的复杂度(Mohan and KASHYAP,1988)。因此,面向对象的知识表达方法是目前最有效的表示方法(舒飞跃,2007)。

面向对象空间知识的表示典型的表现是面向对象的空间数据模型。面向对象数据模型的核心是抽象对象及其操作。操作主要涉及四种对象操作:泛化(generalization)、特化(specialization)、聚集(aggregation)和联合(association)。从面向对象的角度看,泛化和特化抽象形成对象间的一般特殊关系,聚集和联合抽象形成对象间的整体部分关系。GIS的面向对象数据模型利用这四种抽象操作对空间实体及其联系进行模型化(沙宗尧,边馥苓,2004)。面向对象的数据模型通过运用实体和操作来抽象表达复杂对象及其相互关系。

空间信息科学的研究对象就是各种空间对象,利用面向对象的知识表示方法表示空间知识是一种有效的方法,并且与当前的面向对象的软件设计与程序设计相对应,便于编程实现。可以将面向对象的方法用于遥感图像理解专家系统,用面向对象的方法进行知识的表达,将图像中的类别抽象为对象,各种类型的求解机制分布于各个对象之中,通过对象之间的消息传递,完成整个问题求解过程,与传统的知识表达及推理比较,更加灵活、方便(倪玲,舒宁,1997)。

在遥感影像理解专家系统中,可以针对不同的地物类别,根据它们所处的地域及季节,采集专家知识,包括卫星影像不同波段影像的灰度值(最大值、最小值、平均值)、高程范围、生物量指标、坡度、坡向、纹理、邻接类别等特征值。将这些具有相似特征值的地物类别表示为对象类,其中的对象就是具体的地物类别,例如林地、草地、水、居民地等(倪

玲,舒宁,1997)。例如,对象中的空间知识的数据,可以设计成如下结构的类:

```
Class Node
{
unsigned char Type;类别
unsigned char Neibor[20];邻接类别(伪)
unsigned char NeighborCen[20];邻接类别(伪)所占百分数
unsigned char TureNeighbor[20];真实邻接类别
unsigned char GrayVal[7][3];灰度值(max min);
unsigned char BioMass[3];生物量指标
unsigned char ContourVal[3];高程值
unsigned char SlopeVal[3];坡度值
unsigned char Aspect[3];坡向值
unsigned char Texture[3];纹理参数
unsigned char Landuse[3];土地利用
unsigned char UserDef;用户自定义值
unsigned char CondWeight;权值
}
```

面向对象的空间知识表示方法是表达复杂的空间对象知识的一个十分有效的方法,反映某类复杂的空间对象的子类构成及其普遍特征的知识。例如对于民用机场图像,可以利用面向对象的知识表达方法表达成其各个子类及其特征知识和关联知识,如图3.16所示。从而可以在高分辨率的遥感图像上通过对简单的子类的识别从而达到判别识别复杂的机场图像中的空间目标的目的。

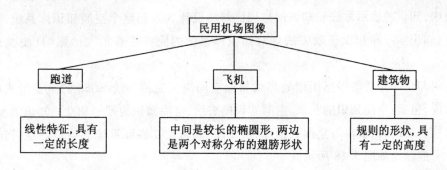

图 3.16 民用机场图像的识别知识的面向对象的表达

3.8 空间知识库

实践证明,任何一个智能系统的行为都离不开知识,如何合理地存储、组织、管理、应用和共享知识是所有智能系统深入发展所面临的共同问题。"知识库系统"正是在这种背景下发展起来的。一方面,知识库系统的技术集成了知识表示、知识获取和问题求解等人工智能重要领域的最新成果;另一方面,知识库系统又与数据库的最新技术息息相关。可以说,知识库系统是人工智能和数据库技术发展的结晶(孔繁胜,2000)。

知识库是合理组织的关于某一特定领域的陈述性知识和过程性知识的集合。知识库和传统数据库的区别在于它不但包含了大量的简单事实,而且包含了规则和过程型知识。知识库系统是以知识库为核心的,包含人、硬件和软件的各种资源,用于实现知识共享的系统(孔繁胜,2000)。

空间知识库就是合理组织的关于空间对象的知识的集合,并且能够实现空间知识的推理、学习和获取。空间知识库和传统的空间数据库的区别在于空间知识库不但包含了大量的简单事实,如地物之间的空间关系等,而且还包含了空间的规则和过程型知识。

空间知识库系统是以空间知识处理为基础的知识库系统,主要是对空间知识进行获取、表达、处理、管理、分析和显示等操作。空间知识库的软件构成主要是用于空间知识的处理、分析、显示等对空间知识的操作等,可分为空间知识的输入、空间知识的管理、空间知识的编辑、空间知识的查询与分析和空间知识的显示等。空间知识库中的知识,一个方面是来自于专家的经验知识、教科书和现有文档资料的分析,另一个方面是利用数据挖掘和知识发现方法从空间数据库中自动地获取(李德仁等,2006)。

空间知识库是空间决策支持系统(SDSS)的重要组成部分。一般来说,空间知识库系统由空间知识库和推理机制两大部分组成,其功能是向问题处理部件提供所需要的各种有用信息,把推理过程中得到的有用知识组织入库,同时调用模型部件中的相关推理模型进行推理。空间知识库还具备知识获取和知识库操作接口,以便于用户添加、修改知识以及与其他 SDSS 部件协同工作。空间知识库与 SDSS 的关系如图 3.17 所示。在空间知识库系统中,知识的表示方法和知识的推理机制的设计关系到整个空间知识库系统运行的效率,而知识学习和知识获取方法则对知识库系统的完整性有很大的影响(史文琦等,2002)。

空间知识库是智能遥感图像处理或智能空间决策支持系统 SDSS 的重要组成部分,一般来说,包括:空间知识的获取、空间知识的表示、空间知识的推理和空间知识的编辑和维护等模块。同时,提供与空间数据库、模型库、人机交互界面系统的接口。空间知识库系统的一般结构如图 3.18 所示。

1. 空间知识的获取

空间知识的获取一般有两种途径:一种是来自于专家的经验知识、教科书和现有文档资料的分析,主要是知识工程师通过与专家交流,或者是对教科书和现有文档进行分析获取知识;另一种是利用数据挖掘和知识发现方法从空间数据库中自动地获取,主要是利用空间数据挖掘软件所提供的关联规则挖掘方法、聚类方法、决策树分析方法等自动地从空间数据库中获取。

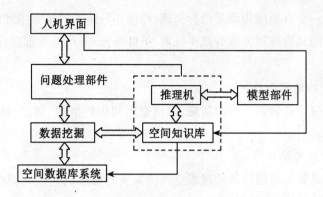

图 3.17 空间知识库与 SDSS(史文琦等,2002)

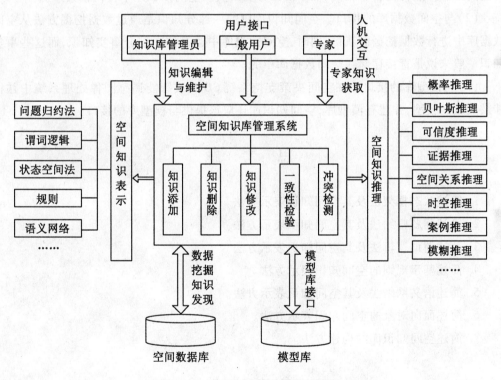

图 3.18 空间知识库的系统结构图

2. 空间知识的表示

知识的存储和向用户的展示过程中都要使用知识的表示。将本章前面所叙述的各种空间知识的表示方法,如状态空间法、问题归约法、谓词逻辑法、产生式规则法、语义网络法、面向对象的方法等编制成软件,利用空间知识表示模块所提供的这些方法进行空间知识的有效表达。

3. 空间知识的推理

空间知识的一个重要应用就是进行推理，即应用一定的前提和推理规则，得出相应的结论。常用的空间知识推理方法有概率推理、贝叶斯推理、可信度推理、证据推理、案例推理、模糊推理等。

4. 空间知识的编辑和维护

空间知识库应该提供动态更新功能，提供空间知识的添加、删除、修改、一致性检验、冲突检测等功能。

5. 空间知识库的接口

空间知识库是智能遥感图像处理或空间决策支持系统的一个重要组成部分，同时应该提供与其他模块的接口，包括：

（1）与人机交互系统的接口。空间知识库应提供与人机交互系统的接口，便于用户对空间知识库进行更新和维护，便于决策分析人员从空间知识库中查询相关知识。

（2）与空间数据库的接口。空间知识库中的一部分知识是通过数据挖掘方法从空间数据库中进行数据挖掘而获得；同时，空间知识库中也存储一部分事实知识，而这些事实知识一般来说是直接存储在空间数据库中的。

（3）与模型库的接口。在空间决策支持系统 SDSS 或智能遥感图像处理系统中往往涉及大量的模型，并建有模型库，空间知识库还应该提供与模型库的接口。

思 考 题

1. 简述状态框架法及其空间知识表示方法。
2. 简述问题归约法及其空间知识表示方法。
3. 简述谓词逻辑法及其空间知识表示方法。
4. 简述基于规则的空间知识表示方法。
5. 简述语义网络法及其空间知识表示方法。
6. 简述面向对象的空间知识表示方法。
7. 简述空间知识库的构建方法。

参 考 文 献

蔡自兴，徐光祐．2003．人工智能及其应用（第三版，本科生用书）．北京：清华大学出版社．

蔡自兴，徐光祐．2004．人工智能及其应用（第三版，研究生用书）．北京：清华大学出版社．

陈世福，陈兆乾．1997．人工智能与知识工程．南京：南京大学出版社．

陈小钢，王英杰，余卓渊．2001．基于地理空间语义网络的多媒体电子地图系统．地理学报，56：92-97．

高文秀．2002．基于知识的 GIS 专题数据综合研究（博士学位论文）．武汉：武汉大学．

高文秀，潘郑淑贞．2004．基于规则的植被地图综合的研究．地理与地理信息科学，20(1)：7-11．

何新贵．1990．知识处理与专家系统．北京：国防工业出版社．

孔繁胜．2000．知识库系统原理．杭州：浙江大学出版社．

李德仁，王树良，李德毅．2006．空间数据挖掘理论与应用．北京：科学出版社．

李德毅，杜鹢．2005．不确定性人工智能．北京：国防工业出版社．

李建松．2006．地理信息系统原理．武汉：武汉大学出版社．

路耀华．1997．思维模拟与知识工程．北京：清华大学出版社，南宁：广西科学技术出版社．

陆汝钤．2002．知识科学及其研究前沿．见：王大中，杨叔子编．技术科学发展与展望——院士论技术科学．济南：山东教育出版社：123-132．

马鋆辉，杨海成，乔良，李原．1999．面向过程的工艺知识分类和表示方法．机械科学与技术，18(4)：668-670．

马良．2000．旅行推销员问题的算法综述．数学的实践与认识，30(2)：156-165．

倪玲，舒宁．1997．遥感图像理解专家系统中面向对象的知识表示．武汉测绘科技大学学报，22(1)：32-34．

齐清文，蒋丽丽．2001．面向地理特征的制图综合指标体系和知识法则的建立与应用研究．地理科学进展．20(Supp.)：1-13．

沙宗尧，边馥苓．2004．基于面向对象知识表达的空间推理决策及其应用．遥感学报，8(2)：165-171．

史文琦，邵伟民，井文涛，董少军．2002．SDSS中空间知识库系统模型的设计．计算机工程，28(1)：83-84．

舒飞跃．2007．知识与规则驱动的国土资源空间数据整合方法研究．国土资源信息化，(3)：19-25．

王珏，袁小红，石纯一，赫继刚．1995．关于知识表示的讨论，计算机学报，18(3)：212-224．

文斌．2003．基于知识与规则的路灯管理GIS应用数据模型研究(硕士学位论文)．南京：南京师范大学．

叶志刚，邹慧君，胡松，郭为忠，周双林，黄高义．2003．基于语义网络的方案设计过程表达和推理．上海交通大学学报，37(5)：663-667．

应申，李霖．2003．制图综合的知识表示．测绘信息与工程，28(6)：26-28．

Barr A, Feigenbaum E A. 1997. The Art of AI: Themes and Case Studies of Knowledge Engineering. In: Proceedings of the 5th International Joint Conference on Artificial Intelligence. Cambridge(MA): 1014-1029.

Franz Q. 1997. Recognition of structured objects in monocular aerial images using context information. In: Mapping buildings, roads and other man-made structures from images. Ed.: F. Leberl. München 1997. S. 213-228.

Hoffman F M, Tripathi V S. 1993. A Geochemical Expert System Prototype Using Object-oriented Knowledge Representation and a Production Rule System. Computers & Geosciences, 19(1): 53-60.

Knight B, Taylor S. Petridis M, Ewer J, Galea E R. 1999. A knowledge-based System to Represent Spatial Reasosnning for File modeling. Engineering Applications of Artifical Intelligence, 12(2): 213-219.

Kuhn W. 1999. An Algebraic Interpretation of Semantic Networks. In: C. Freksa and D. Mark (eds.) Spatial Information Theory (COSIT'99). Berlin, Springer-Verlag. Lecture Notes in Computer Science,

(1661): 331-347.

Mohan L, KASHYAP R L. 1988. An Objected-Oriented Knowledge Representation for Spatial Information. Transactions on Software Engineering, 14(5): 675-681.

Shea S, Mcmaster R B, 1998. Cartographic generalization in a digital environment: when and how to generalize. Proceedings AutoCarto 9:56-67.

http://www.caliper.com/tcovu.htm, 2009-7-12.

第4章 空间推理方法

4.1 空间推理的概念与特点

4.1.1 空间推理的概念

空间推理是指利用空间理论和人工智能 AI(artificial intelligence)技术对空间对象进行建模、描述和表示,并据此对空间对象间的空间关系进行定性或定量分析和处理的过程(刘亚彬,刘大有,2000)。目前,空间推理被广泛应用于地理信息系统、机器人导航、高级视觉、自然语言理解、工程设计和物理位置的常识推理等方面,并且正在不断地向其他领域渗透,其内涵非常广泛。空间推理的研究在人工智能中占有非常重要的地位,是人工智能领域的一个研究热点,也是 GIS 领域的一个重要研究热点(刘亚彬,刘大有,2000)。

空间推理的研究起源于 20 世纪 70 年代初。在国外,成立了许多专门从事空间推理方面研究的协会和联盟,如:①NCGIA(National Center for Geographic and Analysis),美国国家地理信息分析中心;②USGS(U. S. Geological Survey),美国地质勘探局;③欧洲定性空间推理网 SPACENET;④匹兹堡大学的空间信息研究组;⑤慕尼黑大学空间推理研究组等。

国际知名期刊 Artificial Intelligence 近年来发表了许多篇关于空间推理的文章,而且呈逐年增长的趋势,这可以从该期刊近年来的总目录中看出。在一些大学里,不仅有越来越多的研究人员从事空间推理方面的研究工作,而且还在大学生和研究生中开设了空间推理方面的课程。近几年来,空间推理方面的学术会议也越来越多。1993 年以来,一些重要的国际 AI 学术会议(如 IJCAI: international joint conference on artificial intelligence, AAAI: association for the advancement of artificial intelligence, ECAI: european conference on artificial intelligence 等)都把时态推理和空间推理作为重要的专题(刘大有等,2004)。2000 年 6 月在美国新奥尔良召开的 IEA/AIE 2000(international conference on industrial and engineering application of artificial intelligence and expert systems)研讨会,2000 年 6 月在美国得克萨斯州召开的 AAAI 2000 研讨会,2000 年 8 月在柏林召开的 ECAI 2000 等人工智能学术会议,都是以时空推理为主题的。许多大学和研究机构纷纷在 Internet 网上建立了空间推理网站,通过这些网站,研究人员可以十分方便地查询资料和进行交流。以上种种迹象表明,空间推理已成为人工智能的一个热点领域(刘亚彬,刘大有,2000)。

4.1.2 空间推理的特点

空间推理具有以下特点：

(1)空间推理是以空间和存在于空间中的空间对象为研究对象。不能脱离空间和存在于空间中的空间对象来研究空间推理。

(2)在空间推理过程中运用人工智能技术和方法。

(3)空间推理处理的是一个或几个推理的问题。

(4)空间推理是基于空间和存在于空间中的空间对象已经被建模的前提下，不能在没有模型的情况下讨论空间推理。

(5)空间推理必须能够给出关于空间和存在于空间中的空间对象的定性或定量的推理结果(吴瑞明等，2002)。

(6)空间推理必须能够描述空间行为。

(7)当空间推理模型把问题分解为几个组成部分时，必须能够描述这些组成部分之间的相互作用。

(8)在空间推理过程中，可能用到空间谓词，空间中确定的点使某些空间谓词为真，而使另一些空间谓词为假。

(9)空间推理应该能够处理带有模糊性和不确定性的空间信息(杨丽，徐扬，2009)。

(10)空间推理中应该能够添加和处理时间因素，即称为时空推理。

(11)空间推理应该具有空间自然语言理解能力。

4.2　空间推理的研究内容

空间推理除了具有常规推理的一般共性之外，还具备地理空间特性，这种空间特性是指地理空间实体的位置、形态以及由此产生的特征。所以，空间推理要处理空间实体的位置、形状和实体之间的空间关系。

一些研究人员认为空间推理主要是指空间关系推理(郭庆胜等，2006)。从广义上讲，地理空间关系所包含的内容比较丰富，例如：空间拓扑关系、空间方位关系、空间距离关系、空间邻近关系、空间相关关系、空间相关性等。为了提高空间推理的效率，也需要研究适合空间目标表达的空间数据索引。目前，空间推理的研究主要集中在如下几个方面：

(1)根据空间目标的位置，基于给定的空间关系形式化表示模型，推断空间目标之间的空间关系。学者们讨论比较多的是"空间拓扑关系"，例如，基于2D-String模型，根据空间目标在每个坐标轴上投影的起始点和终止点的位置关系，推断目标之间的关系(Lee and Hsu，1992);基于4交集或9交集模型，把空间目标看成点集，根据两个空间目标点集的边界、内部和补集之间的交集是否为空来推断空间拓扑关系(陈军，赵仁亮，1999)。

(2)根据空间目标之间的已知基本空间关系，推断空间目标之间未知的空间关系。该研究涉及空间关系推理规则的表示和推理策略。

(3)利用空间推理,从空间数据库中挖掘空间知识,也可以利用事件推理的方法进行空间目标的模糊查询(郭庆胜等,2006)。

(4)基于常识的空间推理研究。所谓常识是相对于专业知识而言的,常识推理就是用到常识的推理。常识推理是一种非单调推理,即基于不完全的信息推出某些结论,当得到更完全的信息后,可以改变甚至收回原来的结论;常识推理也是一种可能出错的不精确的推理模式,是在允许有错误知识的情况下进行的推理,即容错推理。实际上人的常识推理包含多方面,上述仅是在不完全知识下推理的一般性质。不确定推理、模糊推理、定性推理、次协调推理、类比推理、基于案例的推理、信念推理、心智推理等都从不同的方面对常识推理的某个特性进行了形式化研究(葛小三,边馥苓,2006)。

(5)时空推理。总的来说,影响空间推理结果的因素包括空间因素和时间因素。所谓时空推理是指在空间推理过程中添加时间因素。地表、地下和大气等空间对象的状态不仅受到空间因素的影响,同时,从一个漫长的时间过程来看,也必将受到时间因素的影响。可以说,时空推理是更为一般的空间推理,或者可以说空间推理是时空推理的一个特例。目前,时空推理方面的研究还处于起步阶段(刘大有等,2004)。

(6)定性空间推理。当描述一个空间配置或对这样的配置进行推理的时候,要获得精确、定量的数据通常是不可能的或不必要的。在这种情况下,可能要用到关于空间配置的定性推理。定性空间表示包括许多不同的方面,我们不仅要判定什么样的空间实体是可以接受的,同时还要考虑描述这些空间实体之间关系的不同方法(廖士中,石纯一,1998)。

4.3 不确定性推理

不确定性推理(reasoning with uncertainty)是建立在非经典逻辑基础上的基于不确定性知识的推理,它从不确定性的初始证据出发,通过运用不确定性知识,推出具有一定程度的不确定性的合理的或近乎合理的结论(蔡自兴,徐光祐,2004)。

不确定性推理中所用的知识和证据都具有某种程度的不确定性,这就给推理机的设计与实现增加了复杂性和难度。除了必须解决推理方向、推理方法、控制策略等基本问题以外,一般还需要解决不确定性的表示与度量、不确定性匹配、不确定性的传递算法以及不确定性的合成等重要问题(蔡自兴,徐光祐,2004)。

1. 不确定性的表示

不确定性推理中存在三种不确定性,即关于知识的不确定性、关于证据的不确定性和关于结论的不确定性。它们都有相应的表示方式和度量标准。

知识的不确定性。在专家系统中,知识的不确定性一般是由领域专家给出,通常是一个数值,用以表示相应知识的不确定性程度,称为知识的表态强度。表态强度可以是相应知识在应用中成功的概率,也可以是该条知识的可信度(certainty factor),其值的大小范围因其意义与使用方法的不同而有所不同。

证据的不确定性。观察事物时所了解的事实往往具有某种不确定性。这种观察时产生的不确定性会导致证据的不确定性。证据的不确定性通常也用一个数值表示,它代表相应证据的不确定性程度,称为动态强度。

结论的不确定性。由于使用知识和证据具有不确定性,导致得出的结论也具有不确定性。这种结论的不确定性也叫做规则的不确定性。它表示当规则的条件被完全满足时,产生某种结论的不确定程度。

2. 不确定性的度量

需要采用不同的数据和方法来度量不确定性的程度。首先必须确定数据的取值范围。例如用[-1,+1]之间的值或[0,1]之间的值来表示某些问题的不确定性。

3. 不确定性的算法

不确定性的算法包括不确定性的匹配算法和不确定性的更新算法。

不确定性匹配算法是指在进行推理的过程中,需要找到所需要的知识,需要用知识的前提条件与已知证据进行匹配,这种匹配具有不确定性。在不确定性推理中,知识和证据都具有不确定性,所以匹配过程中一般是设计一个用来计算匹配双方相似程度的算法,再指定一个相似程度,用来衡量匹配双方相似的程度是否落在指定的限度内,如在限度内则匹配成功,相应的知识可被应用,否则不可用。

不确定性更新是指在不确定性推理过程中考虑不确定性的更新问题,在推理过程中考虑不确定性的动态积累和传递。

4.4 概率推理

概率是指事件发生的可能性的大小。令 A 表示一个事件,其概率记为 $P(A)$。概率的基本性质请参考概率统计的专门书籍。

概率推理是不确定性推理的重要方法之一。人们在日常生活中经常会遇到许多不确定的信息,即具有概率性质的信息。根据这些具有概率性质的信息进行的推理就是概率推理。如天阴并不一定意味着要下雨,肚子痛也并不一定就是得了胃病。

设有如下产生式规则:

IF E THEN H

式中,E 为证据,或前提条件,E 不确定性的概率为 $P(E)$。

概率推理的目的就是求出在证据 E 下的结论 H 发生的概率 $P(H|E)$。

把贝叶斯方法用于不精确推理的一个原始条件是:已知前提 E 的概率 $P(E)$ 和 H 的先验概率 $P(H)$,并已知 H 成立时 E 出现的条件概率 $P(E|H)$。如果只使用这一条规则作进一步推理,则使用如下最简单形式的贝叶斯公式便可以从 H 的先验概率 $P(H)$ 推得 H 的后验概率(蔡自兴,徐光祐,2004)

$$P(H|E) = \frac{P(E|H)P(H)}{P(E)} \tag{4.1}$$

如果一个证据 E 支持多个假设 $H_1, H_2, \cdots, H_n$，即
$$IF\ E\ THEN\ H_i \quad (i=1,2,\cdots,n)$$
则可以得到如下贝叶斯公式：
$$P(H|E) = \frac{P(H_i)P(E|H_i)}{\sum_{j=1}^{n} P(H_j)P(E|H_j)} \quad (i=1,2,\cdots,n) \tag{4.2}$$

如果有多个证据 $E_1, E_2, \cdots, E_m$ 和多个结论 $H_1, H_2, \cdots, H_n$，并且每个证据都以一定程度支持结论，则
$$P(H_i|E_1,E_2,\cdots,E_m) = \frac{P(E_1|H_i)P(E_2|H_i)\cdots P(E_m|H_i)P(H_i)}{\sum_{j=1}^{n} P(E_1|H_j)P(E_2|H_i)\cdots P(E_m|H_i)P(H_i)} \tag{4.3}$$

这时，只要已知 H_i 的先验概率 $P(H_i)$ 及 H_i 成立时证据 $E_1, E_2, \cdots, E_m$ 出现的条件概率 $P(E_1|H_i), P(E_2|H_i), \cdots, P(E_m|H_i)$，就可以利用上述公式计算在 $E_1, E_2, \cdots, E_m$ 出现情况下的 H_i 的条件概率 $P(H_i|E_1,E_2,\cdots,E_m)$。

概率推理方法具有较强的理论基础和较好的数学描述。当证据和结论彼此独立时，计算不很复杂。但是，应用这种方法时要求给出结论 H_i 的先验概率 $P(H_i)$ 及证据 E_j 的条件概率 $P(E_j|H_i)$，而获得这些概率数据却是相当困难的。此外，贝叶斯公式的应用条件相当严格，即要求各事件彼此独立。如果证据间存在依赖关系，那么就不能直接采用这种方法（蔡自兴，徐光祐，2004）。

直接利用概率推理进行空间信息处理的研究还很少，比较常用的方法是对概率推理方法进行扩展，发展成基于贝叶斯推理和贝叶斯网络的空间推理方法。

4.5 贝叶斯推理与空间推理

4.5.1 主观贝叶斯推理方法

在直接利用贝叶斯公式进行推理时（如公式(4.3)），需要预先给出结论 H_i 的先验概率 $P(H_i)$ 及证据 E_i 的条件概率 $P(E_i|H_i)$。但是在实际应用中很难获得。杜达(Duda)和哈特(Hart)等人在贝叶斯公式的基础上，于1976年提出主观贝叶斯方法，建立不精确推理模型，并将其成功应用于 PROSPECTOR 专家系统(Duda et al, 1976; 蔡自兴，徐光祐，2004)。

在主观贝叶斯方法中，用下列产生式规则表示知识：
$$IF\ E\ THEN\ (LS, LN)\ H \tag{4.4}$$
式中：(LS, LN) 表示该知识的静态强度，称 LS 为式(4.4)成立的充分性因子，LN 为式(4.4)成立的必要性因子，它们分别衡量证据（前提）E 对结论 H 的支持程度和 $\sim E$ 对 H 的支持程度，分别定义为：

$$LS = \frac{P(E|H)}{P(E|\sim H)} \tag{4.5}$$

$$LN = \frac{P(\sim E|H)}{P(\sim E|\sim H)} = \frac{1-P(E|H)}{1-P(E|\sim H)} \tag{4.6}$$

LS 和 LN 的取值范围为 $[0,+\infty)$，其具体数值由领域专家决定。

主观贝叶斯方法的不精确推理过程就是根据前提 E 的概率 $P(E)$，利用规则的 LS 和 LN，把结论 H 的先验概率 $P(H)$ 更新为后验概率 $P(H|E)$ 的过程。

$$P(H|E) = \frac{P(E|H)P(H)}{P(E)} \tag{4.7}$$

$$P(\sim H|E) = \frac{P(E|\sim H)P(\sim H)}{P(E)} \tag{4.8}$$

以上两式相除，可得

$$\frac{P(H|E)}{P(\sim H|E)} = \frac{P(E|H)}{P(E|\sim H)} \cdot \frac{P(H)}{P(\sim H)} \tag{4.9}$$

再定义概率函数为

$$O(X) = \frac{P(X)}{1-P(X)} \text{ 或 } O(X) = \frac{P(X)}{P(\sim X)} \tag{4.10}$$

即 X 的几率等于 X 的概率与 X 不出现的概率之比。随着 $P(X)$ 的增大，$O(X)$ 也增大，且有

$$O(X) = \begin{cases} 0, & \text{若 } P(X) = 0 \\ +\infty, & \text{若 } P(X) = 1 \end{cases} \tag{4.11}$$

这样，就可把取值为 $[0,1]$ 的 $P(X)$ 放大为取值为 $[0,+\infty)$ 的 $O(X)$。

把式(4.10)的关系代入式(4.9)，可得

$$O(H|E) = \frac{P(E|H)}{P(E|\sim H)} \cdot O(H) \tag{4.12}$$

再把式(4.5)代入上式，得

$$O(H|E) = LS \cdot O(H) \tag{4.13}$$

同理可得

$$O(H|\sim E) = LS \cdot O(H) \tag{4.14}$$

式(4.13)和式(4.14)就是修改的贝叶斯公式。由这两式可知，当 E 为真时，可利用 LS 将 H 的先验几率 $O(H)$ 更新为其后验几率 $O(H|E)$；当 E 为假时，可利用 LN 将 H 的先验几率 $O(H)$ 更新为其后验几率 $O(H|\sim E)$。

从式(4.12)、式(4.13)和式(4.14)还可以看出：LS 越大，$O(H|E)$ 就越大，且 $P(H|E)$ 也越大，这说明 E 对 H 的支持越强。当 $LS\to\infty$，$O(H|E)\to\infty$，$P(H|E)\to 1$ 时，这说明 E 的存在导致 H 为真。因此说 E 对 H 是充分的，且称 LS 为充分性因子。同理，可以看出，LN 反映了 $\sim E$ 的出现对 H 的支持程度。当 $LN=0$ 时，将使 $O(H|\sim E)=0$，这说明 E 的不存在导致 H 为假。因此说 E 对 H 是必要的，且称 LN 为必要性因子(蔡自兴，徐光祐，2004)。

4.5.2 贝叶斯网络推理

贝叶斯网络(Bayesian network)(Pearl,1986)是由 Pearl 于 1986 年提出的一种不确定知识表示模型,有时也称为置信网络(belief network)。它以坚实的理论基础、自然的表达方式、灵活的推理能力和方便的决策机制,成为人工智能、专家系统、模式识别、数据挖掘和软件测试等领域的研究热点(厉海涛等,2008)。

贝叶斯网络是指基于概率分析、图论的一种不确定性知识的表达和推理模型,贝叶斯网络表现为一个赋值的复杂因果关系网络图,网络中的每一个节点表示一个变量,即一个事件。各变量之间的弧表示事件发生的直接因果关系。具有 N 个节点的贝叶斯网络可用 $BN_N = (<V,E>,P)$ 表示,其中:$<V,E>$ 是一个具有 N 个节点的有向无环图(directed acyclic graph, DAG),节点 $V_i \in V$ 是部件状态、观测值、人员操作等的抽象,有向边 $(V_i,V_j) \in E$ 表示节点 V_i 与 V_j 之间存在直接影响或因果关系,V_i 称为 V_j 的父节点,V_j 称为 V_i 的子节点。P 表示与每个节点相关的条件概率分布(conditional proability distribution, CPD),它表达了节点与其父节点的关联关系。根据网络的连通特性,可将贝叶斯网络分为单连通网络和多连通网络。单连通网络是指任意两个节点间最多有一条有向路径的贝叶斯网络;多连通网络是指存在两个节点间有不止一条有向路径的贝叶斯网络(厉海涛等,2008)。

贝叶斯网络推理是指利用贝叶斯网络的结构及其条件概率表,在给定证据后计算某些节点取值的概率。概率推理(probabilistic inference)和最大后验概率解释(MAP explanation)是贝叶斯推理的两个基本任务。Cooper 证明了贝叶斯推理是 NP-困难问题(Cooper, 1990),但是针对特定类型的贝叶斯网络,近年来研究人员在精确的和近似的推理算法研究中取得了很大进展。

贝叶斯网络推理实际上是进行概率计算。在给定一个贝叶斯网络的模型的情况下,根据已知条件,利用贝叶斯概率中的条件概率的计算方法,计算出所感兴趣的查询节点发生的概率。在贝叶斯网络推理中,主要有以下三种推理形式(胡玉胜等,2001):

(1)因果推理:原因推知结论——由顶向下的推理(causal or top-down inference)。目的是由原因推导出结果。已知一定的原因(证据),使用贝叶斯网络的推理计算,求出在该原因的情况下结果发生的概率。

(2)诊断推理:结论推知原因——由底向上的推理(diagnostic or bottom-up inference)。目的是在已知结果时,找出产生该结果的原因。已知发生了某些结果,根据贝叶斯网络推理计算,得到造成该结果发生的原因和发生的概率。该推理常用在病理诊断、故障诊断中,目的是找到疾病发生、故障发生的原因。

(3)支持推理:支持推理——提供解释以支持所发生的现象(explaining away)。目的是对原因之间的相互影响进行分析。

4.5.3 基于贝叶斯原理的空间推理

贝叶斯推理是一种概率计算,在图像处理和空间数据处理等领域得到了很好的应用。

王浩在对视频语义标注技术进行分析研究的基础上,对基于贝叶斯推理的视频语义自动标注方法进行了研究。首先采用贝叶斯网络学习算法建立了有效的视频语义网络;然后,利用朴素贝叶斯分类算法提取视频的语义候选集;最后,采用贝叶斯推理从语义候选集中获取最终的语义标注集,实验结果表明该方法的语义标注性能有所提高(王浩,2006)。

黄解军将贝叶斯网络结构学习应用于地理信息系统领域,以湖北省随州市的土地资源评价为例,构建了基于贝叶斯网络的土地资源等级评价模型,分析了土地评价体系中相关因素的内在关系,为土地资源的开发利用提供了科学的决策依据(黄解军,2005)。

张浩等提出了一种基于贝叶斯统计推理的复杂场景边缘检测方法,针对复杂场景图像存在大量的噪声和纹理干扰,传统边缘检测算子的检测效果不理想的情况,提出了一种基于贝叶斯统计推理理论的多信息融合边缘检测算法。该算法融合了梯度算子、拉普拉斯算子以及两级均值比率算子的输出响应;通过最大类间属性互信息对特征属性进行最优离散化;利用非参数直方图方法估计类概率密度函数;并通过贝叶斯风险最小化原则实现边缘检测。通过与经典算子检测结果的比较表明,该算法能够有效地克服图像中的噪声和纹理干扰(张浩等,2007)。

张春华对基于贝叶斯推理的物体识别方法进行了研究,主要针对人脸进行定位识别。以贝叶斯理论为基础,分别从物体的外观和形状建立模型,再将它们组合在一个贝叶斯框架下,得到物体识别模型。在识别时使用序列蒙特卡罗采样方法提高匹配速度,实验结果表明可以正确检测到人脸,尤其在遮挡比较严重的情况下得到令人满意的效果(张春华,2008)。

还有其他学者对基于贝叶斯推理的空间信息处理方法进行了研究,在此不一一阐述。

4.6 可信度推理与空间推理

可信度方法是肖特里菲(Shortliffe)等人在确定性理论基础上结合概率论等理论提出的一种不精确推理模型,它对许多实际应用都是一个合理而有效的推理模式,因此在专家系统等领域获得比较广泛的应用(蔡自兴,徐光祐,2004)。

4.6.1 基于可信度的不确定性表示

根据经验对一个事物或现象为真的(相信)程度称为可信度。在 MYCIN 专家系统中,不确定性用可信度表示,知识用产生式规则表示。每条规则和每个证据都具有一个可信度。

1. 知识不确定性的表示

在可信度方法中不精确推理规则的一般形式为

$$\text{IF } E \text{ THEN } H \ (CF(H,E)) \tag{4.15}$$

式中:$CF(H,E)$是该规则的可信度,称为可信度因子或规则强度。$CF(H,E)$的作用域为

$[-1,1]$。$CF(H,E)>0$,表示证据 E 增加了结论 H 为真的程度,且 $CF(H,E)$ 的值越大,结论 H 越真。$CF(H,E)=1$,则表示该证据使结论为真。反之,若 $CF(H,E)<0$,表示证据 E 增加了结论 H 为假的程度,且 $CF(H,E)$ 的值越小,结论 H 越假。$CF(H,E)=-1$ 表示该证据使结论为假。$CF(H,E)=0$,表示证据 E 和结论 H 没有关系。

2. 证据不确定性的表示

在可信度方法中,证据 E 的不确定性用证据的可信度 $CF(E)$ 表示。初始证据的可信度由用户在系统运行时提供,中间结果的可信度由不精确推理算法求得。证据 E 的可信度 $CF(E)$ 的取值范围与 $CF(H,E)$ 相同,即 $-1 \leq CF(E) \leq 1$。当证据以某种程度为真时,$CF(E)>0$;当证据肯定为真时,$CF(E)=1$;当证据以某种程度为假时,$CF(E)<0$;当证据肯定为假时,$CF(E)=-1$;当对证据一无所知时,$CF(E)=0$。

4.6.2 可信度推理方法

可信度推理是指利用可信度表示推理过程中规则的不确定性或证据的不确定性的一种推理方法。可信度推理的一些基本算法包括组合证据的不确定性算法、不确定性的传递算法、多个独立证据推出同一假设的合成算法等。

1. **组合证据的不确定性算法**

1)合取证据

当组合证据为多个单一证据的合取时:

$$E = E_1 \text{ AND } E_2 \text{ AND } \cdots E_n$$

如果已知 $CF(E_1), CF(E_2), \cdots, CF(E_n)$,则:

$$CF(E) = \min\{CF(E_1), CF(E_2), \cdots, CF(E_n)\}$$

即对于多个证据合取的可信度,取其可信度最小的那个证据的 CF 值作为组合证据的可信度。

2)析取证据

当组合证据为多个单一证据的析取时:

$$E = E_1 \text{ OR } E_2 \text{ OR } \cdots E_n$$

如果已知 $CF(E_1), CF(E_2), \cdots, CF(E_n)$,则:

$$CF(E) = \max\{CF(E_1), CF(E_2), \cdots, CF(E_n)\}$$

即对于多个证据合取的可信度,取其可信度最大的那个证据的 CF 值作为组合证据的可信度。

2. **不确定性的传递算法**

不确定性的传递算法就是根据证据和规则的可信度求其结论的可信度,如果已知规则为

$$\text{IF } E \text{ THEN } H \ (CF(H,E))$$

且证据 E 的可信度为 $CF(E)$,则结论 H 的可信度 $CF(H)$ 为

$$CF(H) = CF(H,E)\max(0, CF(E))$$

当 $CF(E)>0$ 时,即证据以某种程度为真时,则 $CF(H)=CF(H,E)CF(E)$。如果 $CF(E)=1$ 时,即证据为真,则 $CF(H)=CF(H,E)$。这说明,当证据 E 为真时,结论 H 的可信度为规则的可信度。当 $CF(H)<0$ 时,即证据以某种程度为假。规则不能使用时,则 $CF(H)=0$。可见,在可信度方法的不精确推理中,并没有考虑证据为假对结论 H 所产生的影响。

3. 多个独立证据推出同一假设的合成算法

如果两条不同规则推出同一结论,但是可信度各不相同,则可以使用合成算法计算综合可信度。

已知如下两条规则:
$$\text{IF } E_1 \text{ THEN } H \ (CF(H,E_1))$$
$$\text{IF } E_2 \text{ THEN } H \ (CF(H,E_2))$$

其结论 H 的综合可信度可按照如下步骤求得:

(1)根据公式 $CF(H)=CF(H,E)\max(0,CF(E))$ 分别求出:
$$CF_1(H)=CF(H,E_1)\max(0,CF(E_1))$$
$$CF_2(H)=CF(H,E_2)\max(0,CF(E_2))$$

(2)求出 E_1 和 E_2 对 H 的综合影响所形成的可信度 $CF_{1,2}(H)$:

$$CF_{1,2}(H)=\begin{cases} CF_1(H)+CF_2(H)-CF_1(H)\cdot CF_2(H), & CF_1(H)\geq 0, CF_2(H)\geq 0 \\ CF_1(H)+CF_2(H)+CF_1(H)\cdot CF_2(H), & CF_1(H)<0, CF_2(H)<0 \\ \dfrac{CF_1(H)+CF_2(H)}{1-\min\{|CF_1(H)|,|CF_2(H)|\}}, & CF_1(H)\cdot CF_2(H)<0 \end{cases}$$

当组合两个以上的独立证据时,可首先组合其中两个,再将其组合结果继续组合,直到组合完成为止。

直接利用可信度推理进行空间信息处理研究的文献还很少,研究基于可信度推理的空间推理方法是一个非常重要的研究方向。

4.7 证据推理与空间推理

证据理论是一种不确定性推理方法,它首先是由德普斯特(Dempster)提出,并由沙佛(Shafer)进一步发展起来,因此又称为 D-S 理论。1981 年巴纳特(Barnett)把该理论引入专家系统,同年,卡威(Carvey)等人用它实现了不确定性推理。该理论具有较大的灵活性,因此受到了人们的重视。

4.7.1 证据理论的描述

证据理论是用集合表示命题的。设 D 是变量 x 所有取值的集合,且 D 中各元素是互斥的。在任一时刻 x 都取且仅能取 D 中的某一个元素的值,称 D 为 x 的样本空间。证据理论中,D 的任意一个子集 A 都对应一个关于 x 的命题,称该命题为"x 的值在 A 中"。

例如,用 x 代表所能看到的红绿灯的颜色,$D=\{红,黄,绿\}$,则 $A=\{红\}$ 表示"x 是红色";若 $A=\{红,绿\}$ 表示"x 或者是红色,或者是绿色"(蔡自兴,徐光祐,2004)。

证据理论中,可以使用概率分配函数、信任函数和似然函数等概念来描述和处理知识的不确定性。

1) 概率分配函数

定义1:设函数

$$M: 2^D \to [0,1]$$

而且满足

$$M(\varnothing) = 0$$

$$\sum_{A \subseteq D} M(A) = 1$$

称 M 是 2^D 上概率分配函数,$M(A)$ 为 A 的基本概率数。

设样本空间 D 中有 n 个元素,则 D 中子集的个数为 2^n,定义中的 2^D 就是表示这些子集。概率分配函数的作用就是把 D 的任一子集 A 都映射为 $[0,1]$ 上的一个 $M(A)$。

2) 信任函数

定义2:命题的信任函数(belief function) Bel: $2^D \to [0,1]$ 为

$$\mathrm{Bel}(A) = \sum_{B \subseteq A} M(B), 对所有的 A \subseteq D$$

其中,2^D 表示 D 的所有子集。

Bel 函数又称为下限函数,$\mathrm{Bel}(A)$ 表示对 A 命题为真的信任度。

由信任函数及概率分配函数的定义容易推出:

$$\mathrm{Bel}(\varnothing) = M(\varnothing) = 0$$

$$\mathrm{Bel}(D) = \sum_{B \subseteq D} M(B) = 1$$

3) 似然函数

似然函数(plausibility function)又称为不可驳斥函数或者上限函数,其定义为:

定义3:似然函数 Pl: $2^D \to [0,1]$ 为

$$\mathrm{Pl}(A) = 1 - \mathrm{Bel}(\sim A), 对所有的 A \subseteq D$$

其中,$\sim A = D - A$。

4.7.2 基于证据推理的空间推理方法

1. 基于证据理论的遥感图像类型的形式化描述

证据推理是一种重要的推理方法,在遥感和 GIS 等空间信息处理领域得到了很好的应用。这里以基于证据推理的遥感图像分类为例介绍基于证据推理的空间推理方法(邓文胜等,2007)。

假设有一幅遥感图像,根据其光谱特征判断大概可以分成以下四类:林地、农田、水体、城镇用地,分别以 A、B、C、D 代表四类,即 $A=\{\mathrm{Forest}\}$,$B=\{\mathrm{Agriculture}\}$,$C=$

{Water}, D = {Urban}。

设识别框架 $\Theta = \{A,B,C,D\} = \{\text{Forest, Agriculture, Water, Urban}\}$，则存在有可能的子集包括 $\{A,B,C,D\}$,$\{A,B,C\}$,$\{A,C,D\}$,$\{B,C,D\}$,$\{A,B,D\}$,$\{A,B\}$,$\{A,C\}$,$\{A,D\}$,$\{B,C\}$,$\{B,D\}$,$\{C,D\}$,$\{A\}$,$\{B\}$,$\{C\}$,$\{D\}$,$\{\varnothing\}$，共有 2^4 个子集。识别框架 Θ 就是所有可能的子集的集合。确立了识别框架 Θ，就把对于命题的研究转化为对集合的研究。

如果集函数 $m:2^\Theta \to [0,1]$（2^Θ 为 Θ 的幂集）满足：

$$m(\varnothing) = 0 \tag{1}$$

$$\forall X \subseteq \Theta \quad 0 \leq m(X) \leq 1 \tag{2}$$

$$\sum_{X \subseteq \Theta} m(X) = 1 \tag{3}$$

$$\text{Bel}(X) = \sum_{Y \subseteq X} m(Y) \tag{4}$$

$$\text{Pl}(X) = 1 - \text{Bel}(\overline{X}) = \sum_{X \cap Y \neq \varnothing} m(Y) \tag{5}$$

则称 m 为识别框架 Θ 上的基本可信度分配（basic probability assignment），$m(X)$ 为 X 的基本可信数（basic probability number），Bel 为识别框架 Θ 上的信度函数，Bel(X) 为命题 X 的信任度，Pl 为识别框架 Θ 上的似然函数（似真度函数），Pl(X) 为命题 X 的似真度。Pl(X) 是比 Bel(X) 对命题 X 更宽松的信度，因此，任何给定命题都有一个信度区间 [Bel(X), Pl(X)]。

对于贝叶斯概率理论所得的概率（probablity）可以看成是特殊的信度（belief）。如果 Θ 为一个识别框架，Bel:$2^\Theta \to [0,1]$ 满足

(1) Bel($\varnothing$) = 0

(2) Bel(Θ) = 1

(3) 若 $X,Y \subset \Theta$ 且 $X \cap Y = \varnothing$，那么 Bel($X \cup Y$) = Bel(X) + Bel(Y)

则称 Bel 为贝叶斯信度函数。

假设统计分析得到四类的基本可信度分配为：

$m(A) = 0.15, m(B) = 0.35, m(C) = 0.2, m(D) = 0.1, m(A \cup B \cup C) = 0.1$

用证据理论计算信度、似真度及其差值分别为：

Bel(A) = 0.15, Pl(A) = 1 − 0.35 − 0.2 − 0.1 = 0.35, Pl(A) − Bel(A) = 0.2

Bel(B) = 0.35, Pl(B) = 1 − 0.15 − 0.2 − 0.1 = 0.55, Pl(B) − Bel(B) = 0.2

Bel(C) = 0.2, Pl(C) = 1 − 0.15 − 0.35 − 0.1 = 0.4, Pl(C) − Bel(C) = 0.2

Bel(D) = 0.1, Pl(D) = 1 − 0.15 − 0.35 − 0.2 = 0.3, Pl(D) − Bel(D) = 0.2

Bel($A \cup B \cup C$) = $m(A) + m(B) + m(C) + m(A \cup B \cup C)$ = 0.15 + 0.35 + 0.2 + 0.1 = 0.8

Pl($A \cup B \cup C$) = 1 − $m(D)$ = 1 − 0.1 = 0.9, Pl($A \cup B \cup C$) − Bel($A \cup B \cup C$) = 0.1

按照贝叶斯概率理论，满足可加性原理

Bel($A \cup B \cup C$) = Bel(A) + Bel(B) + Bel(C) = 0.15 + 0.35 + 0.2 = 0.7 ≠ 0.8

因此,D-S证据理论能够表达部分信度,是解决不确定性问题的理想模型。

2. 基于证据理论的遥感图像分类方法

遥感图像分类实质上就是确定某一像元与一系列模式中的哪一个模式相似的问题。若两个像元模式 x 与 y 相似,即像元 x 与 y 的特征向量相似,则两特征向量的距离最短。

设 x 与 y 分别为遥感图像的两个向量,它们各包含 m 个特征,即

$$x = (x_1, x_2, \cdots, x_m)^T$$
$$y = (y_1, y_2, \cdots, y_m)^T$$

则可用欧氏距离 $\|x-y\|$ 来描述 x 与 y 的相似程度

$$\|x-y\| = \sqrt{(x_1-y_1)^2 + (x_2-y_2)^2 + \cdots + (x_m-y_m)^2}$$

若 $\|x-y\|$ 比较小,则说明 x 与 y 的各个特征相差不多,即 x 与 y 相似;若 $\|x-y\|$ 比较大,则说明 x 与 y 差异性显著而不相似。

如果一个像元 x 属于类 A,则可以看成像元 x 与类 A 的中心的均值向量相似。

设 $A = \{x_1, x_2, \cdots, x_n\}$,每一个 x_i 又都有 m 个特征,设为

$$x_i = (x_i^1, x_i^2, \cdots, x_i^m) \quad (i=1,2,\cdots,n)$$

令 $y^j = \dfrac{1}{n} \sum_{i=1}^{n} x_i^j \quad (j=1,2,\cdots,m)$

则构造出类 A 的均值向量 $y = (y^1, y^2, \cdots, y^m)$。像元 x 属于类 A,也即 x 与 A 的均值向量 y 的欧氏距离 $\|x-y\|$ 最短。这只是表示了 x 与类 A 的相似程度,还有可能与类 B 的距离相当,则无法判断,并没有反映 x 属于 A 的信度或似真度或支持度。

设用 θ_i 代表 $x \in A_i (i=1,2,\cdots,n)$,则可用 $\Theta = \{\theta_1, \theta_2, \cdots, \theta_n\}$ 作为识别框架。识别证据的作用就是在框架 Θ 上产生一个似真函数 Pl(段新生,1993)。约定

$$\mathrm{Pl}(\{\theta_i\}) = \frac{C}{\|x-A_i\|} \quad (C \text{ 为常数}, i=1,2,\cdots,n)$$

$$\forall A \subset \Theta, \mathrm{Pl}(A) = \max_{\theta_i \in A} \mathrm{Pl}(\{\theta_i\}) = \max_{\theta_i \in A} \frac{C}{\|x-A_{\theta_i}\|} = \frac{\min\limits_{i \in \{1,2,\cdots,n\}} \|x-A_i\|}{\max\limits_{\theta_i \in A} \|x-A_{\theta_i}\|}$$

由此即得到识别证据在识别框架 Θ 上产生的支持函数 S:

$$S(A) = 1 - \frac{\min\limits_{i \in \{1,2,\cdots,n\}} \|x-A_i\|}{\min\limits_{\theta_i \in \overline{A}} \|x-A_{\theta_i}\|}$$

得到支持函数 S 以后,可以根据该支持函数进行识别。可以取使 $S(A)$ 最大的 θ_i,将 x 归属入 A_i 类。如果这样识别的话,则实际上就是说 x 与哪个类的代表集整体上更相似,则 x 就归属于哪个类。

文献(邓文胜等,2007)以1993年武汉市的TM图像为例,假设分成四种土地覆盖类型(城镇用地、农业用地、林地、水体),以这四种地类作为变量来运用D-S证据理论对图像进行分类。按下面五步进行:

(1) 原始图像数据预处理。选择能显示最有用信息的光谱波段组合,以便获得一幅

比较清晰、对比度强、位置准确的图像以提高分类精度。

（2）训练区的选择。从待处理数据中抽取具有普遍性、代表性的数据作为训练样本。训练区选择的好坏，训练样本数是否足够，关系到分类精度的高低。

（3）特征提取。研究感兴趣区域的光谱特征，统计最大值、最小值和平均值，作为证据，派生出确定量。

（4）确定判别函数，图像分类运算。按照相似性原则即最大似真度和最大支持度，得到按大类划分的信度表面，对各大类信度表面二值化叠加得到初始分类结果。

（5）分类结果精度评估。与参考图对照，进行精度检验。一般一次分类很难满足要求，则要进行再分类，对各大类的信度表面再确定一定的阈值，对各大类在阈值以下的像元重新进行第（2）步至第（5）步，直到所有的像元分类都达到满意为止。

通过实验，将分类结果与参考图类值进行对比分析得出，利用证据理论所得到的分类结果的总分类精度为 0.7629，与最大似然法的总分类精度 0.7415 相比，证据理论的总体分类精度更高。

4.8 模糊推理与空间推理

4.8.1 模糊推理方法

在实际问题中，推理句"若 u 是 a，则 u 是 b"的情况并不多见。把一般问题转化为在同一论域下的推理句是很困难的。因此，在应用模糊集合论对模糊命题进行模糊推理时，应用模糊关系来表示模糊条件句，这样就将推理的判断过程转化为对隶属度的合成及演算过程（张炳达，2008）。

1. 模糊条件语句

模糊条件语句在模糊自动控制中占有特别重要的地位，这是因为模糊控制规则是由许多模糊条件语句组成的。实质上，模糊条件语句也是一种模糊推理，它的一般句型为"若……则……否则……"。

"若 a 则 b 否则 c"这样的模糊条件语句，可以表示为

$$(a \rightarrow b) \vee (\bar{a} \rightarrow c)$$

设 a 在论域 X 上，对应 X 上的一个模糊子集 A、b、c 在论域 Y 上，并分别对应模糊子集 B、C，如图 4.1 所示。

图中黑色区域 AB 实际上是 $X \times Y$ 的一个模糊子集 R，因此它也是一种模糊关系。模糊关系 R 中的各元素隶属度可根据下式计算：

$$\mu_{(a \rightarrow b) \vee (\bar{a} \rightarrow c)}(x, y) = [\mu_{A(x)} \wedge \mu_{B(y)}] \vee [\mu_{\bar{A}(x)} \wedge \mu_{C(y)}]$$

2. 模糊推理规则

在 Zedah 提出的近似推理中，其推理规则为：

大前提 $A \rightarrow B$

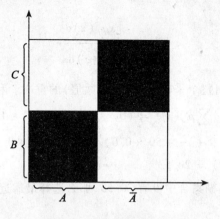

图 4.1 模糊子集示意图

小前提 A_1

结论 $B_1 = A_1 \circ (A \to B)$

上述推理过程可理解为一个模糊变换器,当输入一个模糊子集 A_1,经过模糊变换器 $(A \to B)$ 时,输出 $A \circ (A \to B)$,如图 4.2 所示。

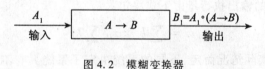

图 4.2 模糊变换器

3. 模糊判决方法

通过模糊推理得到的结果是一个模糊集合或者隶属函数,但是在实际应用中,必须使用一个确定的值才能去控制侍服机构。在推理得到的模糊集合中取一个相对最能代表这个模糊集合的单值的过程称为解模糊或模糊判决。模糊判决有很多方法,主要有重心法、最大隶属度方法、系数加权平均法、隶属度限幅元素平均法等。理论上重心法最合理,但是计算比较复杂,在实时性要求高的系统中不采用此方法。最简单的方法是最大隶属度方法,这种方法取所有模糊集合或者隶属度函数中隶属度最大的那个值作为输出,但这种方法没有考虑隶属度小的值的影响,代表性不好,往往用于比较简单的系统(蔡自兴,徐光祐,2003)。

下面介绍各种模糊判决方法,并以"青年人"为例,说明不同方法的计算过程。

这里"青年人"的隶属度函数为

$\mu_N(x) = \{X: 0.0/0 + 0.0/5 + 0.0/10 + 0.0/10 + 0.2/15 + 1.0/20 + 1.0/25 + 0.9/30 + 0.5/35 + 1.0/40 + 0.0/45 + 0.0/50\}$

1) 重心法

重心法就是取隶属度函数曲线与横轴坐标围成面积的重心作为代表点,理论上应该

计算输出范围内一系列连续点的重心,即

$$\mu = \frac{\int_x x\mu_N(x)\mathrm{d}x}{\int_x \mu_N(x)\mathrm{d}x}$$

但是实际计算输出范围内整个采样点(若干离散值)的重心。利用公式

$$\mu = \sum x_i \times \mu_N(x_i) / \sum \mu_N(x_i) = (0 \times 0.0 + 5 \times 0.0 + 10 \times 0.0 + 15 \times 0.2 + 20 \times 1.0 + 25 \times 1.0 + 30 \times 0.9 + \cdots + 50 \times 0.0)/(0.0 + 0.0 + 0.0 + 0.2 + 1.0 + 1.0 + 0.9 + 0.5 + 0.1 + 0.0 + 0.0) = 20.53$$

输出值为 20.53。模糊集合中没有 20.53,那么选择最靠近的一个值 20 输出。

2)最大隶属度法

最大隶属度法是在推理结论的模糊集合中取隶属度最大的那个元素作为输出量即可。有时候具有最大隶属度的元素不止一个,这时需要取所有最大隶属度的元素的平均值。

对于"青年人"这个例子,最大隶属度有两个,且最大隶属度为 1.0,执行量应该为:

$$\mu_{max} = (20 + 25)/2 = 22.5$$

3)系数加权平均法

系数加权平均法的输出执行量由下式决定:

$$\mu = \sum k_i \times x_i / \sum k_i$$

式中:系数 k_i 要根据实际情况而定,不同的系统决定了系统具有不同的响应特征。当系数 $k_i = \mu_N(x_i)$ 时,这就是重心法。在模糊逻辑控制中,可以通过选择和调整该系数来改善系统的响应特征。该方法具有一定的灵活性。

4)隶属度限幅元素平均法

用所确定的隶属度值 α 对隶属度函数曲线进行切割,再对切割后等于该隶属度的所有元素进行平均,用这个平均值作为输出的执行量,这种方法称为隶属度限幅元素平均法。

4.8.2 基于模糊推理的空间推理方法

基于模糊推理的空间推理方法在 GIS、遥感、地质、电力、农业等方面都有很大的贡献。张振飞等介绍了一种以模糊逻辑推理方法对区域矿产预测的方法,经过模糊逻辑推理计算出所有未知单元的找矿有利度,为进一步圈定找矿远景区提供了基础,并以新疆康古尔塔格地区金矿预测实例说明了其应用效果(张振飞等,2001);孔祥维等利用模糊推理对图像进行边缘检测(孔祥维等,2000),取得了良好的效果;秦承志等利用模糊推理分析坡位渐变信息,进行系统、定量的描述,该方法能够合理地描述山脊、坡肩、背坡、坡脚、沟谷等重要坡位类型的渐变信息,所获得的坡位渐变信息也能够合理地解释土壤样点的 A 层土壤含砂量随坡位渐变的变化趋势(秦承志等,2007);于德龙等利用模糊推理方法,

对电网进行智能布线(刘子俊等,2008);房建东等针对系统动态特征信息的随机性、模糊性和不完备性,借助模糊数学理论的逻辑推理方法,构造一种可实现农作物病虫害模糊推理诊断模型,给出在已知症状信息条件下的求解算法。使用模糊逻辑推理诊断模型及算法能够有效完成农作物病虫害在多因素、多症状及症状信息不完备条件下的诊断推理,具有一定的智能化程度、简单实用等主要技术特点,表现出一定的诊断可靠性(房建东等,2008)。

这里以文献(秦承志等,2007)为例,介绍模糊推理在空间信息处理领域的应用。秦承志等人使用的模糊推理模型是基于相似度的模糊推理模型,建立一个相似度模型,计算其他位置所处的地形要素组合条件与这些典型位置的地形要素组合条件之间的相似度,利用相似度表征其他位置对于此类坡位的模糊隶属度。这种相似度的计算不但可以考虑地形要素的组合条件,而且可以同时考虑典型位置的空间信息,克服了现有的模糊聚类方法忽视空间位置信息的不足。

基于相似度的坡位渐变信息模糊推理包括两个主要步骤:①提取各类坡位在区域中出现的典型位置;②利用基于相似度的模糊推理模型计算其他位置相对于这些典型位置的相似度,即其他位置对于该类坡位的模糊隶属度。

坡位的典型位置提取的基本原则是:选择各类坡位在研究区的空间上最具代表性、无二义性的位置。现有许多自动算法、规则定义或人为指定得到典型位置。由于这不是推理的重点部分,故不作过多讨论。下面重点介绍获得待推测点的坡位的模糊隶属度的过程。

一个待推理位置相对于某类坡位的模糊隶属度,是由这个待推理位置相对于该类坡位中每一个典型位置计算得到的模糊隶属度综合之后的结果。具体步骤如下:

(1)在某个地形属性上计算某点和某个典型位置之间的相似度。

公式

$$\begin{cases} S_{ij,t}^v = e^{(|z_{ij}^v - z_t^v|/w_1)^{r_1 \ln(k_1)}}, & z_{ij}^v < z_t^v \\ S_{ij,t}^v = 1, & z_{ij}^v = z_t^v \\ S_{ij,t}^v = e^{(|z_{ij}^v - z_t^v|/w_2)^{r_2 \ln(k_2)}}, & z_{ij}^v > z_t^v \end{cases} \quad (1)$$

式中:,$S_{ij,t}^v$是P_{ij}相对于典型位置T_t在地形属性P_{ij}上的相似度;z_{ij}^v是P_{ij}上P_{ij}的值;z_t^v是T_t上的A_v值;w_1、k_1、$r_1(w_2、k_2、r_2)$是用户设定的参数,用于控制在$z_{ij}^v < z_t^v(z_{ij}^v > z_t^v)$范围内的模型形状。

采用公式(1)计算某个地形属性$A_v(v-1,2,3,\cdots,m;m$为参与计算的地形属性个数)上某点P_{ij}(即待推理像素(i,j)和某个典型位置$T_t(t=1,2,\cdots,n;n$为当前计算的坡位类型C在区域中提取出的典型位置个数)之间的相似度。

(2)综合该点与此典型位置在所有地形属性上的相似度,得出与此典型位置的相似度。

相似度综合的方法采用的是基于生态学中的限制因子原则,使用最小值算子来计算

综合相似度:

$$S_{ij,t} = \min\{S_{ij,t}^1, S_{ij,t}^2, \cdots, S_{ij,t}^v, \cdots, S_{ij,t}^m\} \tag{2}$$

式中:$S_{ij,t}$是P_{ij}相对于T_t的综合相似度;$S_{ij,t}^v$同公式(1)中的定义。

(3)综合该点与所有典型位置的相似度,得出该点与某类坡位的相似度。

可以合理地假设:典型位置对于P_{ij}相似度计算的重要性是随着距离的增大而减弱的。故使用反距离函数对P_{ij}与各典型位置的相似度进行加权,获得P_{ij}相对于这一类坡位的模糊隶属度:

$$S_{ij} = \frac{\sum_{t=1}^{n}(d_{ij,t})^{-r}S_{ij,t}}{\sum_{t=1}^{n}(d_{ij,t})^{-r}} \tag{3}$$

式中:$S_{ij,t}$是P_{ij}相对于某类坡位的模糊隶属度;$S_{ij,t}^v$同公式(1)中的定义;$d_{ij,t}$是P_{ij}与T_t之间的欧氏距离;r是距离衰减因子。

对每一个待推理像素相对于每一类坡位重复以上步骤,即可获得研究区中对于每一类坡位的相似度图,这样就可以得到推理结果。

试验区域是美国威斯康星州的 Pleasant Valley 小流域,研究区面积约为 135.5km²,最大高程 1155.9m,高差约 390 m,平均坡度 9.7°,DEM 是一个 355 × 427(行数 × 列数)的矩阵,分辨率为 30m。

择山脊(ridge)、坡肩(slope shoulder)、背坡(backslope)、坡脚(foot slope)和沟谷(channel)五类坡位。因为这五类坡位构成了一个坡面上自坡顶向坡底逐渐过渡的完整序列,在传统的确定性坡位分类中覆盖了绝大多数的空间范围,并且与土壤性状密切相关。

同时顾及模糊推理,试验过程中采用了剖面曲率、水平曲率、高程和坡度四个局部地形属性以及一个区域地形特征——RPI(相对位置指数)。坡面上任一点的 RPI 定义为该点到沟谷的最短欧氏距离比该点到山脊及沟谷的最短欧氏距离之和。

确定了坡位类型以及各类坡位的模糊推理使用到的属性分类,现在就需要按照前面所提到的方法提取各类坡位在区域中出现的典型位置,如表 4.1 所示,设置提取坡位典型位置的参数。

表 4.1　　　　　　　　　提取坡位典型位置的参数设置

	山脊	坡肩	背坡	坡脚	沟谷
RPI	≥ 0.99	$[0.9, 0.95]$	$[0.5, 0.7]$	$[0.2, 0.3]$	≤ 0.1
剖面曲率($\times 10^{-3} m^{-1}$)	≥ 1	≥ 1	$[-0.1, 0.1]$	≤ -1	$[-0.5, 0.5]$
水平曲率($\times 10^{-3} m^{-1}$)			$[-0.1, 0.1]$	≥ 0	
高程(m)	≥ 950				
坡度(°)	≤ 1		≥ 6		≤ 1

通过设置典型位置参数之后提取坡位供后续模糊推理使用。下面给出模糊推理过程中的参数,如表4.2所示。

表4.2　　　　　　　　　　　　推理过程中的参数设置

	山脊	坡肩	背坡	坡脚	沟谷
RPI	'S'; $w_1 = 0.05$	'Bell'; $w_1 = w_2 = 0.1$	'Bell'; $w_1 = w_2 = 0.2$	'Bell'; $w_1 = w_2 = 0.1$	'Z'; $w_1 = 0.1$
剖面曲率 ($\times 10^{-3} m^{-1}$)	'S'; $w_1 = 1$	'S'; $w_1 = 1$	'Bell'; $w_1 = w_2 = 1$	'Z'; $w_2 = 1$	'Bell'; $w_1 = w_2 = 1$
水平曲率 ($\times 10^{-3} m^{-1}$)			'Bell'; $w_1 = w_2 = 1$	'S'; $w_1 = 1$	
高程(m)	'S';$w_1 = 20$				
坡度(°)	'Z';$w_2 = 3$		≥6		'Z';$W_2 = 3$

根据表4.2给出的推理参数进行模糊推理,可以生成表示每一类坡位推理结果的相似度图,定量地反映该类坡位的空间渐变信息。

对各类坡位的相似度图按照最大相似度原则进行"硬化"分类,即可获得研究区中栅格形式的坡位确定性分类图。对应的最大相似度图能同时定量地给出这种确定性分类的模糊程度地图。分析分类结果可以得出,硬化后的坡位分类结果总体上符合研究区的地形地貌特征,即使是局部出现的一些山脊与坡肩相间、沟谷与坡脚相间的现象也并不违背专家知识,并且其对应位置的最大相似度都较低,反映了在这些位置上进行硬化分类的不确定性。

为了验证推理结果的合理性,在研究区中分别对自坡顶到沟谷的两个剖面进行了土壤采样,每个剖面土壤样点集合包括6个样点,将这些样点的土壤A层含砂量测量值与样点位置上模糊推理的各主要坡位相似度结果进行对照,推理结果符合实际量测值。

4.9　案例推理与空间推理

案例推理,即CBR(Case-Based Reasoning, CBR),是一种类比推理方法,它提供了一种近似人类思维模型的建造专家系统的新的方法学,这与人对自然问题的求解相一致。它强调这样的思想:人类在解决问题时,常常回忆过去积累下来的类似情况的处理,通过对过去类似情况处理的适当修改来解决新的问题。过去的类似情况及其处理技术被称为案例(Case)。过去的案例还可以用来评价新的问题及新问题的求解方案,并且对可能的错误进行预防(袁小红,王珏,1995;江勤等,2002)。

4.9.1 案例推理方法

1. 案例推理过程

在基于案例的推理方法中,案例库模拟了人脑的记忆,其中存储了一些过去的有关经历(事例),这些事例按照一定的方式组织,以便在需要的时候能被迅速取出。回忆过程对应了 CBR 中从案例库中检索相关事例的过程。被检索出的相关事例可能与新的情形不完全一致,这时需要对旧事例的某些特征进行修改,使它适合新的情况,以得到对新情况的预测或新问题的解。对新情况的预测或新问题的解不一定完全适合实际情况,它们还需要得到检验。如果发现它们与实际不符,则需要对它们加以修正,最后新的案例(包括正确的解答)被存入案例库中,同时新案例的索引也被建立和存储,这时系统学到了新的知识,这整个过程就是基于案例的推理和学习过程(袁小红等,1995)。如图 4.3 所示,其中方框表示过程,椭圆表示知识结构。

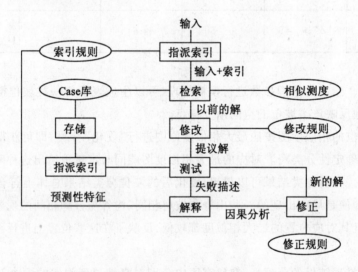

图 4.3 案例推理过程(Slade,1991;袁小红等,1995)

下面具体说明各个过程:

(1)指定索引:对于新事件,找出能刻画其特征的信息作为索引。

(2)检索:利用索引在案例库中检索出一个类似的事例。

(3)修改:修改旧情况的解以使之与新情况一致,成为提议解。

(4)检验:对提议解加以检验,它可能成功,可能失败。

(5)指派和存储:如果提议解成功了,则存储新案例及其索引。

(6)解释、修正和检验:如果解方案失败了,那么解释失败的原因,对解方案作修正,然后再进行检验,解释中发现的可以预测失败发生的特征被纳入索引规则中。

下面重点解释案例推理过程的关键技术:检索、修改与学习等。

2. 案例检索

当系统遇到新的情况需要解答时,系统在案例库中找到一个与新情况最为相似的案例,这个过程称为检索。检索在整个过程中至关重要,因为检索到的例子恰当,就可以使修改部分的工作量大大减小,从而提高系统效率(袁小红等,1995)。

检索的方法一般有"最近邻法"与"索引法"。

(1)最近邻法:从案例库中找出与当前情况距离最近的案例的方法。使用这种方法首先需要给出案例间距离的定义,根据这个定义,系统计算出当前案例与案例库中所有案例间的距离,然后从中选出距离最小者。不同的应用领域对案例间距离的定义不同。

(2)索引法:在案例库中,将比较相似的案例存储在一起,并建立一定的索引,可以提高检索的效率,采用索引法进行检索的关键是建立合适的索引。一般而言,索引可以采用与任务相联系的目标以及与这些目标的状态相联系的外界特征。好的索引应具有概括性、独特性及预测性。

3. 案例修改

案例检索从案例库中找到与输入案例情况最相似的案例。通常仍然会与新情况有很多差异,这时,需要对旧案例的某些部分进行修改,从而得到新情况的解,这就是案例修改过程(袁小红等,1995)。

4. 案例学习

利用 CBR 求解了一个新的问题,或对新情况进行分类后,新的情况连同它的解答(类别)组成一个新的案例,这个案例可以存储到已有的案例库中,使它能在将来被调出来进行基于案例的推理,这时可以认为学到了新的解题经验,随着案例库按照这种方式不断增长,CBR 的知识不断增多,解题能力不断提高,CBR 具有学习功能(袁小红等,1995)。

4.9.2 基于案例推理的空间推理方法

CBR 用以往案例的知识或信息进行相似案例的问题求解,具有简化知识获取、提高求解效率、改善求解质量、进行知识积累等优点(吴泉源等,1995)。案例推理提供了与人类解决问题很接近且可以突破知识系统脆弱性的一种方法(Barletta,1991;Helton,1991)。基于案例的推理在地学领域也进行了成功地应用,如 Branting and Hastings(1994);Lekkas(1994);Jones and Roydhouse(1993);Goel(1994);Keller(1994)等(Watson and Marir,1994)。

杜云艳等系统地分析和讨论了地理案例推理的特点、地理案例的表达模型和推理模型,并结合东海中心渔场预报的实际工作给出了具体的应用实例(杜云艳等,2002)。该地理空间推理实例结合东海区海洋渔场遥感信息,对海洋渔业中心渔场进行实时预报。所谓中心渔场是那些"捕捞密度高,网次产量高的渔场"。海洋环境的周期性变动和鱼类的生物学习性导致海洋渔场呈现一定的时空分布规律,但由于这种分布规律呈现复杂变化,难以用传统的数学方法和模型描述。因此对海洋中心渔场的预报可用案例推理的方法进行。下面介绍该实例的步骤。

1. 数据准备

实例中研究区域的范围是 118.5~130°E,24~26°N,包括了东海区的全部。所采用的数据主要有海洋环境数据和渔业生产统计数据。

温度是影响鱼类集群最重要的因素,作者针对东海区海表温度同围网渔获量之间关系进行分析,得出它们之间的相关系数随区域不同而不同,而温度梯度则与渔获量呈现大的相关系数,且在渔场的边缘相关系数相对较大,表明温差较大的地方是鱼群相对集中的地方,因此主要选取海洋温度数据为 1987—2000 年的 30′×30′ 的海洋表面温度数据(SST),与渔业的大渔区相匹配。该数据是经过东海区实测点矫正的 NOAA/AVHRR 反演的每周一次数据。

生产统计数据是具有代表性的 4 大渔业公司(上海、宁波、江苏、舟山)以小渔区统计的每日捕捞数据和部分个体渔业公司数据。历史的渔业统计数据,主要是用于分析历史的中心渔场,因此针对东海区多年来的实际情况,采用总产量、网产、渔区个数和渔场持续时间各指标定量地抽取历史中心渔场,以构成中心渔场的历史案例库。

2. 东海区中心渔场的历史案例库

案例推理方法的前提是有长时间序列的历史案例,渔场预报时首要问题是建立历史案例库,即构建中心渔场案例库。要表达中心渔场,时间、空间、属性编码是必需的。时间编码采用与温度数据同步的以周为单位的表示方式,即中心渔场范例号:为"年份∪月份∪周次";空间编码利用原始的渔捞数据进行以周边渔区为单位的时空合并,并根据 4 个定量指标进行中心渔场的抽取,对得到的中心渔场进行空间编码,用"行∪列"方式表达,由于中心渔场往往是多个渔区,因此选其中心点所在的渔区进行空间编码,并且需要进行渔区与经纬度的转换;属性编码,受数据限制,仅用海表温度数据,编码为:val(温度)$\times base_1$($base_1 = 2° = 1$)。对某周次的某个具体的中心渔场可表示为:温度值$_i$(范例号$_i$、空间编码$_i$)。如:24_{100}(19900501,0607),表明 1990 年 5 月第 1 周的某个中心渔场案例,渔场海洋表面温度为 24℃,中心位置在该区域的第 6 行第 7 列。采用该方法对连续 10 多年的数据进行中心渔场的表达,从而形成案例库。系统中采用动态更新方法直接从海表温度和生产统计子库自动生成案例库。使用触发器技术,当调用案例库自动根据前两个子库进行更新。

3. 基于案例推理的东海区中心渔场预报

1) 历史上本周相似案例的抽取

中心渔场预报问题可简化为根据当前周的渔捞和环境状况预报下周渔场情况。根据前文的推理模型知历史上本周相似渔场的抽取是首先工作,主要包括:

(1) 时空抽取。核心是确定时间和空间参数,根据经验,认为历史上较为固定的渔场出现的时间前后浮动为两周,因此选定 $t = 1$ 年, $\varphi = \pm 14$ 天(4 周);而在空间上,认为渔场受环境变化的影响,历史上较为固定渔场的空间变异最大范围不会超过矩形 ±5 个渔区,因此 $d = 10$(渔区), $p = $ 矩形。根据这些参数,首先从范例库中检索时间上与当前案例匹配的历史案例集,并进一步抽取落在相似范围内的历史案例。

(2)渔场环境相似。考虑到环境场的效应,对其相似性的计算,需要考虑一定的空间范围,按照以上给定的空间参数,则需要计算 10×10 的矩形区域内各点温度的相似性,经过时空抽取后的历史案例,认为都是影响当前案例的历史案例,需要根据环境要素(温度)给出中心渔场环境相似性评价。

$$\text{sim}_j = - \left(\sum w_i \times |T_{goal} - T_{source}| \right) / \sum w_i$$

式中:T_{goal} 为当前案例中对应的某点的海表温度,T_{source} 为同一点历史案例中的温度,j 为抽取案例的序数。w_i 为权重,是测试点与当前案例中心点距离(d_i)的函数,呈线性内插

$$w_i = 1 - \frac{d_i(1 - w_0)}{d}$$

式中:d 为空间参数。

2)下周中心渔场预报及修正

预报问题简化为对渔场的位置预报。主要的思想是:用抽取的历史上本周相似渔场的下周渔场位置进行当前渔场的下周渔场位置预报。

$$\text{pos}_{新下周} = \sum_{i=1}^{m} (\text{sim}_i \times \text{pos}_{下周i})$$

式中:m 为抽取的历史案例总个数,sim_i 为抽取案例 i 与当前案例的相似系数,$\text{pos}_{下周i}$ 为案例对应的下周渔场位置。

3)实例研究

文献(杜云艳等,2002)中为了直观地说明该方法,从案例库中任意选择一个历史案例进行预报,并与实际的捕捞情况进行对比。为了评定预报精度,用渔场位置预报精度、渔场范围预报精度和总的预报精度3个指标。根据这个指标,所得精度分别为:位置精度为78.33%,大小精度为45.45%,总体精度为70.11%。整体上看预报的精度还是比较满意的(杜云艳等,2002)。

4.10 空间关系推理

部分学者认为,地理空间推理就是地理空间关系的推理,具体包括:空间拓扑关系推理、空间方向关系推理、空间距离关系推理和空间邻近关系推理等(郭庆胜等,2006)。下面主要介绍空间拓扑关系推理和空间方向关系推理。

4.10.1 空间拓扑关系推理

空间拓扑关系推理包括:直线段之间空间拓扑关系推理、基于点集的空间拓扑关系推理、基于RCC的空间拓扑关系推理、矢量空间目标之间的全域拓扑关系推理等方法(郭庆胜等,2006)。

1. 直线段之间空间拓扑关系推理

直线段之间的空间拓扑关系推理包括一维空间中直线段之间的拓扑关系推理和二维

空间中直线段之间的拓扑关系的定性推理。其中,一维空间中直线段之间的拓扑关系推理可以转化为时间段的关系推理(郭庆胜等,2006)。

Allen 的时间段逻辑(interval-based temporal logic):Allen 定义了 7 个关系谓词(before,meets,overlaps,starts,during,finishes and equal)及其反,共 13 种表示两个时间段之间的拓扑关系。设有三个时间段 X、Y 和 Z,它们的始点分别为 X_s、Y_s 和 Z_s,终点分别为 X_e、Y_e 和 Z_e。对于给定的前提 $X r_1 Y$ 和 $Y r_2 Z$,我们希望找到一个结论 $X r_3 Z$,这里 r_1、r_2 和 r_3 表示时间段之间的基本拓扑关系。这种 Allen 的推理为:$(X r_1 Y, Y r_2 Z) \Rightarrow X r_3 Z$,可以用组合表(composition table)的形式来描述,共有 12 × 12 = 144 种推理结果(Allen,1983),在该表中,"相等"关系没有出现,因为没有意义,也非常简单。

一般来说,两条直线段的空间拓扑关系可以通过直接计算的方法得到,但是,如果所得到的空间信息是定性的,并需要利用这些信息进行推理,就需要使用二维空间中直线段之间的拓扑关系的定性推理。在这个推理方法中,具有方向性的直线段是用起点和终点来描述的。

设直线段 A 和 B 的起点和终点分别用 S_A、S_B、e_A、e_B 来表示,二维空间中的两直线之间的基本拓扑关系可分为 24 种(Moratz et al, 2000),用"$A R S_B \wedge A R e_B \wedge B R S_A \wedge B R e_A$"进行描述,并记为 A RRRR B。其中,R 表示一个端点与另一条直线段的关系。例如,S_B 可能存在于 A 的左边、在穿过 A 的直线上、或者在 A 的右边,这三种关系可以分别表示为 $A l S_B$,$A o S_B$ 或者 $A r S_B$。若 R 只是 $\{r,l\}$ 中的一种,就可以得到下面的 14 种关系:A rrrr B;A rrrl B;A rrlr B;A rrll B;A rlrr B;A rllr B;A rlll B;A lrrr B;A lrrl B;A lrll B;A llrr B;A llrl B;A lllr B;A llll B。理论上应该有 $2^4 = 16$ 种关系,但是,在平面上,$A r S_B \wedge A l e_B \wedge B r S_A \wedge B l e_A$ 和 $A l S_B \wedge A r e_B \wedge B l S_A \wedge B r e_A$ 两种情况不能实现,端点之间也会出现重叠关系,这样,S_B 可能等同于 A 的起点或者 A 的终点,这些关系可以分别表示为"$A S S_B$"或者"$A e S_B$"。运用这些额外的端点关系,我们就可以得到 10 种额外的关系:$\{ells,errs,lere,rele,slsr,srsl,lsel,resr,sese,eses\}$。这样,共得到了 24 种不同的基本拓扑关系。

2. 基于点集的空间拓扑关系推理

Egenhofer 提出把一个区域看做一个点集的方法,该方法的基本实体由点、线和面组成。根据相应点集的区域和边界的交集,Egenhofer 研究了基于面与面之间的 8 种基本关系在概念层次上的推理,并建立了相应的推理组合表,说明了 64 种可能的组合。

一个要素 h 的边界用 δh 来表示,点状要素和环状线要素的边界总为空,非环状线要素的边界为线的端点,面要素的边界为环状边界线。

要素 h 的内部用 h_0 来表示。它被定义为 $h_0 = h - \delta h$。函数 dim 返回一个要素的维数,或者是两个或者更多种要素的交集 S 的维数,定义如下:

$$\dim(S) = \begin{cases} 0 & \text{如果 } S \text{ 包含至少一个点但是不包含线和面} \\ 1 & \text{如果 } S \text{ 包含至少一条线但是不包含面} \\ 2 & \text{如果 } S \text{ 包括至少一个面} \end{cases}$$

各种实体之间有相接关系、穿过关系、重叠关系、相离关系、相等、完全内部、内部相接关系、完全内部₁关系和内部相接₁关系 9 种基本空间拓扑关系。用(h_1Rh_2)表示两个要素 h_1 和 h_2 之间的拓扑关系。

已知某些要素间的空间拓扑关系,可以根据推理组合表推出其他要素间的空间拓扑关系。如果给定任意的三个要素 h_1、h_2 和 h_3,存在($h_1R_1h_2$)和($h_1R_2h_2$),那么推理组合表应能够提供 h_1 和 h_3 之间的隐含关系 R。如果我们考虑 h_1、h_2 和 h_3 为一个点状要素、一个线状要素和一个面状要素的所有可能性,将需要 27(3^3)个推理组合表。

3. 基于 RCC 的空间拓扑关系推理

RCC(region connection calculus),即区域连接演算,是 Clarke B 提出的拓扑关系理论。在该理论中,假设区域间存在一个基本拓扑关系 $C(x,y)$,它的含义是:当两个区域拥有相同的部分,或者相互接触时,这两个区域是连接的,记为 $C(x,y)$;否则,这两个区域是相离的,记为 $\neg C(x,y)$。

RCC 模型以区域为基元,区域可以是任意维,但在特定的形式化模型中,所有区域的维数是相同的,如在考虑二维模型时,区域边界和区域间的交点不被考虑进来。RCC 模型假设一个原始的二元关系 $C(x,y)$ 表示区域 x 与 y 连接。关系 C 具有自反性和对称性,可以根据点出现在区域中来给出关系 C 的拓扑解释。$C(x,y)$ 表示 x 和 y 的拓扑闭包共享至少一个点,使用关系 C 可以定义 8 个基本关系。

在 RCC 模型中,定义在区域上的关系通常被分组为关系集合,集合中的元素互不相交且联合完备(jointly exhaustive and pairwise disjoint,简称 JEPD),即对于任何两个区域,有且仅有一个特定的 JEPD 关系被满足,其中最有代表性的是 RCC-8 和 RCC-5 关系集。RCC-8 包括不连接(DC)、外部连接(EC)、部分交叠(PO)、正切真部分(TPP)、非正切真部分(NTPP)、相等(EQ)、反正切真部分(TPPI)和反非正切真部分(NTPPI)。RCC-5 没有考虑区域的边界,即将 DC 和 EC 合并为分离(DR),TPP 和 NTPP 合并为真部分(PP),TPPI 和 NTPPI 合并为反真部分。图 4.4 反映了这些空间关系。

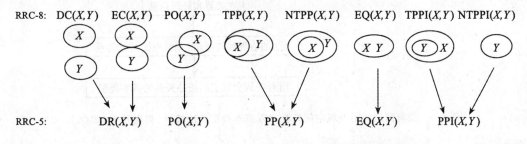

图 4.4 区域间的 RCC-8 和 RCC-5 关系(虞强源等,2003)

如果假设有三个区域 X、Y、Z,并且区域 X 与区域 Y、区域 Y 与区域 Z 之间的拓扑关系是已知的,则根据关系算子之间的复合关系,可以推断出区域 X 与区域 Z 之间的关系,这就是基于 RCC 的空间拓扑关系推理的原理。

基于这种逻辑的空间关系描述模型的优点是很明显的,在实际的地球表面,任何一块区域都是可以细分的,如果各个区域的边界条件是确定的,则它们之间的拓扑关系可以利用上述 8 个拓扑关系算子进行描述。从这一点看,基于这种模型的描述类似于人们的习惯语言,容易理解。由于关系的定义是一种数理逻辑的定义,因而,在推理过程中可以利用数理逻辑的基本理论和运算方法,该种模型可以具有很强的推理功能。

4. 矢量空间目标之间的全域拓扑关系推理

全域拓扑关系:地图上或地理空间中空间目标之间的关系语义会因为人的视觉范围或研究区域的大小不同而发生变化。例如,两条河流的支流只有相交关系,但是,整个河系却是一个网络关系,不同的网络还会呈现不同的地理特征或空间分布特征。即使是对于两条简单的线而言,在局部所表现的空间关系也往往与两条线在整体上的拓扑关系不同。空间目标之间整体上拓扑关系即全域拓扑关系。

当多个空间目标聚集在一起时,这些空间目标之间的全域关系就显得更为复杂。例如等高线之间的拓扑关系,点状要素群的空间分布特征等。以基本空间拓扑关系为基础可以推理出两个空间目标之间的全域空间拓扑关系。例如,面与面之间的全域空间拓扑关系推理方法如图 4.5 所示(郭庆胜等,2006)。设面 B 为参考面,则面 A 与面 B 的全域空间拓扑关系只要判断面 A 的边界的所有直线段与面 B 的内部、边界、外部的关系即可。若面 A 的所有边界线段都在面 B 内部,则为面 B 包含面 A;全在外部,则为面 A 包含面 B 或者面 A 与面 B 相离;若全在边界上,则为重合等。

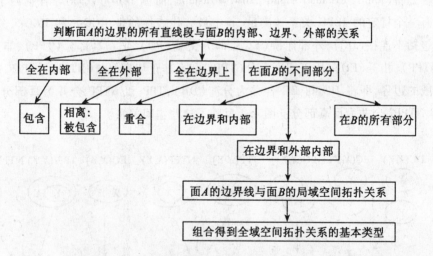

图 4.5 面与面之间的全域空间拓扑关系基本类型的决策树(郭庆胜等,2006)

4.10.2 空间方向关系推理

1. 空间方向关系的定性推理

空间方向关系推理一般都是定性推理,它们的结果不是十分精确,只需要形式化的描述出来即可。

1) 主方向的定性推理

进行主方向的定性推理时,还需要考虑使用不同的空间方向关系描述模型。在描述推理之前需要对空间方向关系的组合进行讨论。假设有两个点 P_1 和 P_2,它们之间的方向关系可以表示为 $\text{Dir}(P_1,P_2)$,同样,P_2 和 P_3 之间的方向关系可以表示为 $\text{Dir}(P_2,P_3)$,那么 P_1 和 P_3 之间的方向关系可以定义为这两个方向关系的组合,可以表达为:$\text{Dir}(P_1,P_2) \infty \text{Dir}(P_2,P_3) = \text{Dir}(P_1,P_3)$,"$\infty$"表示"组合"(郭庆胜等,2006)。

当利用锥形模型时,主方向可以定义为 4 方向或者 8 方向。如果考虑 4 个主方向和参考点本身,那么就有 5 个定性的方向,理论上它们有 25 个组合,只能准确地推出 13 种情况和 4 种近似的情况;如果考虑 8 个主方向和参考点本身,共有 9 个定性的方向,理论上,它们之间的组合有 81 种,但是只能精确地推出 24 种情况、25 种与参考点重合和 32 种近似情况。当使用投影模型时,可以得到方向描述:$\{N, NE, E, SE, S, SW, W, NW, O\}$,这种描述方法只有一个中心。研究表明基于这些基本方向的定性推理,可以得到比较严格的推理组合表(郭庆胜等,2006)。

2) 基于 Freksa-Zimmermann 方向模型的定性推理

Freksa-Zimmermann 方向模型可以描述一个点与一条直线段之间的方向关系,例如 C 与 AB 之间的方向关系($C\ R\ AB$)。那么,当知道 $C\ R\ AB$ 和 $D\ R\ CB$ 时,可以根据已经研究出来的定性组合表推理出 $D\ R\ AB$。

3) 基于投影模型的层次空间方向关系定性推理

在地理空间中,有很多类似多级别行政区划界限这类层次性空间结构的空间目标;同时,在空间目标的检索中,也通常使用多重的局部框架有层次地组织数据。例如,空间数据库中包含了很多个点,其中不同的点集又代表不同的含义,对于每一个点集,如果用 MBR 描述,那么这些 MBR 之间也会有空间关系。很明显,点集的空间关系和 MBR 之间的空间关系是关联的,是一种层次结构。很多学者已经研究过这样目标之间的空间方向关系,选址投影模型进行空间方向关系的定性推理。

2. 空间方向关系的定量推理

使用定性的方法描述空间方向关系是非常有限的,空间数据处理中,经常会用到定量描述方法。在 GIS 中,点与直线段有序组织可以得到各种地理空间目标,那么,基本空间方向关系就是点和直线段的多种两两组合所产生的空间方向关系。在此,只介绍基本空间方向关系的定量推理。

1) 以点为参考目标的基本空间方向推理

以点为参考目标的基本空间方向推理就是以参考目标点为原点,计算它与目标的连线与正北方向的夹角(顺时针)。如图 4.6(a)所示,点 A 和点 B 的空间方向关系可以通过向量 AB 与正北方向的夹角 θ 来描述,该角度可以转换到不同的锥形中去。如图 4.6(b)所示,计算点 A 与直线段 BC 之间的空间方向关系,即希望通过 B、C 与正北方向的方向关系推理出 A 与直线段 BC 之间的方向关系,它可以用 θ_1 和 θ_2 表示,(θ_1, θ_2) 是一个区间,也可以抽象为角平分线 L 的方向角 θ。

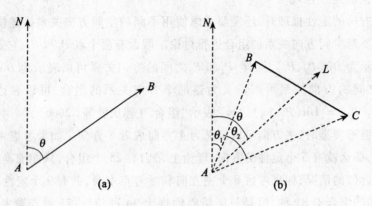

图 4.6 空间方向的计算

但是,同样一个 (θ_1,θ_2) 或一条角平分线的方向角 θ 会代表差别很大的两条直线段的方向,为了解决这种情况,一般将参考点与直线段中点组成的向量与正北方向的夹角作为点与该直线段的方向角。

2) 以直线段为参考目标的基本空间方向推理

当源目标是直线段的时候,可以使用两条直线段的夹角表示空间方向关系,也可以将两条直线段的中点连接成一个向量,用向量表示直线段之间的空间方向关系,如图 4.7 所示,可以使用向量 EF 表示直线段 AB 与 CD 之间的空间方向关系,其中 E 和 F 分别是直线段 AB 和 CD 的中点。

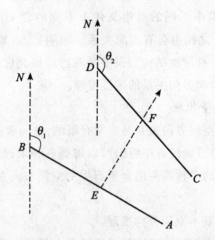

图 4.7 以直线段为参考目标的基本空间方向推理

4.11 时空推理

简单地讲,时空推理是指对占据空间并随时间变化的对象所进行的推理(Oliviero,

1997)。它由时态推理(Pani and Bhattacharjee, 2001)和空间推理(Cohn and Hazarika, 2001)发展而来。

影响空间推理结果的因素包括空间因素和时间因素。所谓时空推理是指在空间推理过程中添加时间因素。地表、地下和大气等空间对象的状态不仅受到空间因素的影响,同时,从一个漫长的时间过程来看,也必将受到时间因素的影响。可以说,时空推理是更为一般的空间推理,或者可以说空间推理是时空推理的一个特例(刘亚彬,刘大有,2000)。

近年来,时空推理已成为十分活跃的研究领域。在规划、地理信息系统、自治机器人高级导航、自然语言理解等方面都有着广泛的应用。时空推理涵盖了时空表示和建模等研究内容(王生生,刘大有,2004)。时空推理在时间(空间)演算的易处理性、时空结合演算、时空知识管理等方面取得了许多研究结果,逐渐成为地理信息系统和时空数据库等相关领域的热点研究方向。

思 考 题

1. 简述空间推理的概念、特点和研究内容。
2. 简述不确定性推理的概念和基本问题。
3. 简述概率推理的概念和方法。
4. 简述贝叶斯推理方法及其在空间信息处理中的应用。
5. 简述可信度推理方法及其在空间信息处理中的应用。
6. 简述证据推理方法及其在空间信息处理中的应用。
7. 简述模糊推理方法及其在空间信息处理中的应用。
8. 简述案例推理方法及其在空间信息处理中的应用。
9. 简述空间关系推理方法。
10. 简述时空推理的特点。

参 考 文 献

蔡自兴,徐光祐. 2003. 人工智能及其应用(本科生用书). 北京:清华大学出版社.
蔡自兴,徐光祐. 2004. 人工智能及其应用(研究生用书). 北京:清华大学出版社.
陈军,赵仁亮. 1999. GIS空间关系的基本问题与研究进展. 测绘学报,28(2):95-102.
邓文胜,邵晓莉,刘海,万诰方,许亮. 2007. 基于证据理论的遥感图像分类方法探讨. 遥感学报,11(4):568-573.
杜云艳,周成虎,邵全琴,苏奋振,史忠植,叶施仁. 2002. 地理案例推理及其应用. 地理学报,57(2):151-158.
段新生. 1993. 证据理论与决策、人工智能. 北京:中国人民大学出版社.
郭庆胜,杜晓初,闫卫阳. 2006. 地理空间推理. 北京:科学出版社.
葛小三,边馥苓. 2006. 基于常识的空间推理研究. 地理与地理信息科学,22(4):28-30.

胡玉胜,涂序彦,崔晓瑜,程乾生. 2001. 基于贝叶斯网络的不确定性知识的推理方法. 计算机集成制造系统-CIMS, 7(12): 65-68.

黄解军. 2005. 贝叶斯网络结构学习及其在数据挖掘中的应用研究(博士学位论文),武汉:武汉大学.

孔祥维,谢存,徐蔚然. 2000. 基于多特征和模糊推理的边缘检测. 电子学报, 28(6): 36-39.

廖士中,石纯一. 1998. 定性空间推理的研究与进展. 计算机科学, 25(4): 11-13.

厉海涛,金光,周经伦,周忠宝,李大庆. 2008. 贝叶斯网络推理算法综述. 系统工程与电子技术, 30(5): 935-939.

刘亚彬,刘大有. 2000. 空间推理与地理信息系统综述. 软件学报, 2000, 11(12): 1598-1606.

刘大有,胡鹤,王生生,谢琦. 2004. 时空推理研究进展. 软件学报, 15(8): 1141-1149.

刘子俊,于德龙,胡少强. 2008. 基于禁忌搜索及模糊评价的配电网网架规划. 电力系统保护与控制, 36(24): 45-50, 57.

江勤,葛燕等. 2002. 基于CBR专家系统案例知识的检索、匹配及其扩散. 山东科技大学学报(自然科学版), 21(2): 35-37.

秦承志,朱阿兴,施迅,李宝林,裴韬,周成虎. 2007. 坡位渐变信息的模糊推理. 地理研究, 26(6): 1165-1174.

王生生,刘大有. 2004. 时空推理前沿研究综述. 计算机科学. 31(9): 16-19.

王浩. 2006. 基于贝叶斯推理的视频语义自动标注(硕士学位论文). 北京:北京交通大学.

吴泉源,刘江宁. 1995. 人工智能与专家系统. 北京:国防科技大学出版社.

吴瑞明,王浣尘,刘豹. 2002. 用于定性推理的智能化空间方法研究. 系统工程与电子技术, 24(10): 56-59.

杨丽,徐扬. 2009. 基于概念格的语言真值不确定性推理. 计算机应用研究, 26(2): 553-554.

虞强源,刘大有,谢琦. 2003. 空间区域拓扑关系分析方法综述. 软件学报. 14(4): 777-782.

袁小红,王珏. 1995. 基于事例的推理:综述与分析. 模式识别与人工智能, 8(A01): 18-31.

张炳达. 2008. 智能信息处理技术基础. 天津:天津大学出版社.

张振飞,赵世华,马智民,姬金生. 2001. 基于GIS和单元簇的模糊逻辑推理及其在区域矿产预测中的应用. 现代地质, 15(1): 59-63.

张浩,蔡晋辉,黄平捷,周泽魁. 2007. 基于贝叶斯统计推理的复杂场景边缘检测. 华南理工大学学报(自然科学版), 35(9): 40-44.

张春华. 2008. 基于贝叶斯推理的物体识别(硕士学位论文). 吉林:吉林大学.

Barletta R. 1991. An Introduction to Case-based Reasoning. AI Expert, August 1991, 42-49.

Cohn A G, Hazarika S M. 2001. Qualitative spatial representation and reasoning: An overview. Fundamental Informatics, 46(1-2): 1-29.

Cooper G F. 1990. The Computational Complexity of Probabilistic Inference Using Bayesian Belief Networks. Artificial Intelligence, 42: 393-405.

Duda R O, Hart P E, Nilsson N J. 1976. Subjective Bayesian methods for rule-based inference system. Proceedings of the 1976 National Computer Conference (AFIPS). V45. 1075-1082.

Helton T. The Hottest New AI Technology. The Spang Robinson Report on Artificial Intelligence, 7(8).

Watson I, Marir F. 1994. Case-based Reasoning: a Review. Knowledge Engineering Review, 9(4).

Lee S Y, Hsu F J. 1992. Spatial reasoning and similarity retrieval of images using 2D C-string knowledge representation. Pattern Recognition, 25(3): 305-318.

Oliviero S. 1997. Spatial and Temporal Reasoning. Dordrecht: Kluwer Academic Publishers.

Pani A K, Bhattacharjee G P. 2001. Temporal representation and reasoning in artificial intelligence: A review. Mathematical and Computer Modelling, 34(1-2): 55-80.

Pearl J F. 1986. Propagation and Structuring in Belief Networks. Artificial Intelligence, 29(3): 241-288.

Slade S. 1991. Case-Based Reasoning: A Research Paradigm. AI Magazine, 12(1): 42-53.

第5章 神经计算与空间信息处理

5.1 计算智能与软计算

现代科学技术发展的一个显著特点就是信息科学与生命科学的相互交叉、相互渗透和相互促进。计算智能(computational intelligence,CI)就是属于信息科学与生命科学的交叉学科,计算智能可以定义为:机器所具有的能够对周围环境产生反应的能力,能够根据当前的或以前的信息做出有益的决策(Fogel and Corne,2007)。一般来说,计算智能包括神经计算(neural computation)、模糊计算(fuzzy computation)、进化计算(evolutionary computation)及其组合计算等(蔡自兴,徐光祐,2003;Fogel and Corne,2007)。所谓神经计算就是指以神经网络模型为基础的计算智能方法(Pijanowski et al,2002;Bruzzone and Prieto,1999);模糊计算就是指以模糊集理论为基础的计算智能方法(Zhu et al,2001);进化计算是指以遗传算法、蚁群算法等进化理论为基础的计算智能方法(Aitkenhead and Aalders,2009);组合计算是指神经计算、模糊计算和进化计算中的两种或两种以上方法的组合而形成的计算智能方法。

第一个计算智能的定义是由贝兹德克(Bezdek)于1992年提出的。他认为,从严格的意义上讲,计算智能取决于制造者(manufacturers)提供的数值数据,而不依赖于知识;人工智能则应用知识精品(knowledge tidbits)。

计算智能是一种智力方式的低层认知,它与人工智能的区别主要体现在认知层次从中层下降到低层。中层系统含有知识(精品),低层系统则没有。计算智能强调低层认知的数值计算,而人工智能强调高层认知的知识处理。若一个系统只涉及数值(低层)数据,含有模式识别部分,不应用人工智能意义上的知识,而且能够呈现出:①计算适应性;②计算容错性;③接近人的速度;④误差率与人相近,则该系统就是计算智能系统。若一个智能计算系统以非数值方式加上知识(精品),即成为人工智能系统(蔡自兴,徐光祐,2003)。

计算智能也有人称为软计算、智能计算。软计算主要是指对一个结构不清、未能精确表述的问题,利用所允许的不精确性和不确定性,求得其令人满意的合理解答,这种解决问题的途径可能更加符合人的实际推理能力,扎德把它称为软计算。具体地说,软计算是指(刘应明,任平,2000):

(1)所考虑的问题是结构不清、未能精确表述的问题;

(2) 要求的解是令人满意解或合理解;

(3) 要利用所允许的不精确性和不确定性,使问题的求解代价较少地达到实用的目的。

地理空间信息具有海量性、多变量性及不确定性,使得我们在利用传统数据处理方法时变得异常复杂,这时我们就该寻找一种方法能处理这类数据。软计算或者计算智能(神经计算、模糊计算、进化计算等)在空间信息处理领域得到了广泛的应用(Pijanowski et al, 2002; Bruzzone and Prieto, 1999; Zhu et al, 2001; Aitkenhead and Aalders, 2009)。本章重点介绍神经计算及其在空间信息处理领域的应用。

5.2 人工神经网络基础理论

5.2.1 人工神经网络的基本原理

人工神经网络(Artificial Neural Network, ANN)是在现代神经生物学研究成果的基础上发展起来的,人工神经网络研究的目的就是模拟人脑的某些机理和机制,实现某些方面的功能,国际著名的神经网络研究专家,第一家神经计算机公司的创立者与领导人 Hecht-Nielsen 给人工神经网络下的定义是:神经网络是由多个非常简单的处理单元彼此按某种方式相互连接而形成的计算机系统,该系统靠其状态对外部输入信息的动态响应来处理信息(朱大奇,史慧,2006)。

地球上的任何动物的神经结构的形态与功能都是大体相同的,而人工神经网络则是对其功能的模拟。从功能上说,每一个细胞体都能完成"刺激—兴奋—传导—效应"这样一个过程,因此人工神经网络也必须能完成这样一个过程。首先可以先从大脑皮层神经元的基本结构中了解其功能完成的整个过程,其结构如图 5.1 所示。

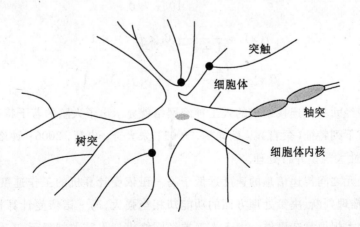

图 5.1 神经元结构示意图(朱大奇,史慧,2006)

一个神经元包括细胞和它发出的许多突起,多个神经元通过这些突起形成网络。神经元的细胞体是整个神经元的核心,所起的作用是接收和处理信息,接收刺激产生兴奋或抑制。突起所起的作用是传递信息,分为两种,一类是作为引入输入信号的若干个突起,称为"树突",传导"兴奋",另一类是作为输出端的突起,称为"轴突",产生"效应"。人工神经网络则是用数学的方法抽象其神经元的工作机理。简化后的神经元由多输入单输出构成基本单元,其经典的 McCulloch-Pitts 模型(麦卡洛克-皮茨模型)结构如图 5.2 所示。

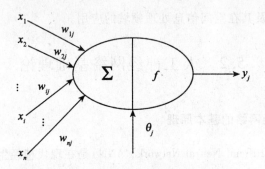

图 5.2 麦卡洛克-皮茨模型示意图

该神经元处在第 j 个位置,多个其他神经元的输出信号作为该神经元的输入信号 x_i,w_{ij} 表示第 i 个神经元对第 j 个神经元的权值,神经元 j 的输出由输入信号 x_i、权值 w_{ij} 和阈值 θ_j 共同作用,即:$I_j = \sum_{i=1}^{n} w_{ij}x_i - \theta_j$,输出 $y_j = f(I_i)$,其中 f 函数为输出变换函数,也称为激励函数。常用的激励函数有二值函数、S 形函数、双曲正切函数等,这三种函数的形式分别如式(5.1)、式(5.2) 和式(5.3) 所示,其图形如图 5.3(a)、(b)、(c) 所示。

$$f(x) = \begin{cases} 1, x \geq 0 \\ 0, x < 0 \end{cases} \qquad (5.1)$$

$$f(x) = \frac{1}{1 + e^{-ax}}, 0 < f(x) < 1 \qquad (5.2)$$

$$f(x) = \frac{1 - e^{-ax}}{1 + e^{-ax}}, -1 < f(x) < 1 \qquad (5.3)$$

大量的神经元相互连接组成的人工神经网络就显示出了人脑的若干特征。人工神经网络模型具有下列特征(蔡自兴,徐光祐,2003;朱大奇,史慧,2006;钟珞等,2007):

(1)非线性大规模并行处理。

人脑神经元之间传递信息的速度远低于冯·诺依曼计算机的工作速度,但是人脑在感知方面,如推理判断、决策处理方面的功能却相当强大,冯·诺依曼计算机就难以处理这类非线性的大规模复杂事件。由于人工神经网络模拟人脑的神经元,在结构上是并行的,而且能同时处理类似的过程,所以人工神经网络也初步具备了人脑的并行处理功能。

(2)非线性映射。

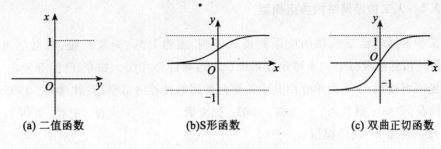

(a) 二值函数　　　　(b)S形函数　　　　(c) 双曲正切函数

图 5.3　激励函数示意图

神经网络具有固有的非线性特性,这源于其近似任意非线性映射(变换)能力。这一特性给处理非线性问题带来了新的希望。

(3) 分布性和稳健性。

人脑各神经元的结构完全并行,其记忆信息分布存储在各神经元的连接强度上,在人工神经网络中表现为连接权值,由于连接权值是计算的主要依据,所以存储和计算均具有分布性。人脑的神经细胞每天都会有死亡,但是并不影响大脑的基本功能,这是由于信息分布存储并具有一定的冗余度,导致部分信息的丢失对整个网络的影响并不是很大。

(4) 自适应学习能力。

人类具有很强的学习、自适应和自组织能力,人工神经网络模拟大脑的工作机制,初步具备这一功能。由于连接权值存储信息,因此在学习过程中改变连接权值的值,记忆了输入样本的基本属性,挖掘样本中的有用数据,对于不完整的输入样本能较好地恢复其完整原型。

(5) 推广性。

已经训练好的神经网络能够对不属于训练样本集合的输入样本正确识别或分类,这就是神经网络的推广性。

(6) 硬件实现。

神经网络不仅能够通过软件而且可以借助硬件实现并行处理。近年来,一些超大规模集成电路实现硬件已经问世,而且可以从市场上购买到。这使得神经网络成为具有快速和大规模处理能力的网络。

神经网络由于其学习和适应、自组织、函数逼近和大规模并行处理等能力,因而具有用于智能系统的潜力。神经网络在模式识别、信号处理、系统辨识和优化等方面的应用,已有广泛研究。在控制领域,已经作出许多努力,把神经网络用于控制系统,处理控制系统的非线性和不确定性以及逼近系统的辨识函数等。

人工神经网络模型在空间信息处理领域包括遥感、地理信息系统、全球定位系统等领域已经得到了广泛的应用(Miller et al, 1995; Pijanowski et al, 2002; Habarulema et al, 2009)。

5.2.2 人工神经网络的典型模型

人工神经网络已被成功的应用到模式识别、图像处理、专家系统、机器学习、遥感（RS）、地理信息系统（GIS）、全球定位系统（GPS）等许多方面。如今，已经开发出大量的人工神经网络模型，下面简单介绍其中的部分常用的神经网络模型（沈清等，1993；陈守余，周梅春，2000；蔡自兴，徐光祐，2003；张青贵，2004；朱大奇，史慧，2006）。

1) 反向传播 BP 网络模型

最初由沃博斯开发的反向传播训练算法是一种迭代梯度算法，用于求解前馈网络的实际输出与期望输出间的最小均方差值。BP 网络是一种反向传递并能修正误差的多层映射网络。当参数适当时，此网络能够收敛到较小的均方差，是目前应用最广的网络之一。BP 网络的不足是训练时间较长，且易陷于局部极小。

2) Hopfield 神经网络模型

Hopfield 神经网络模型是美国物理学家 J. J. Hopfield 于 1982 年首先提出的（Hopfield，1982），它是反馈型网络的代表，是一类不具有学习能力的单层自联想网络，Hopfield 网络有离散型网络和连续型网络两种类型。Hopfield 网模型由一组可使某个能量函数最小的微分方程组成。其不足在于计算代价较高，而且需要对称连接。

3) 自组织特征映射（SOM）网络模型

自组织特征映射（SOM）网络模型是芬兰学者 Kohonen（科霍恩）提出的一种神经网络模型，属于无导师学习的一个单层网络。SOM 能够形成簇与簇之间的连续映射，起到矢量量化器的作用。

4) 径向基函数（RBF）神经网络模型

径向基函数（RBF）神经网络是一种前馈型神经网络，其网络学习收敛速度较快。RBF 网络起源于数值分析中的多变量插值的径向基函数方法，其所具有的最佳逼近特性是传统 BP 网络所不具备的。

5) 自适应谐振理论（ART）模型

此理论由格罗斯伯格提出，是一个根据可选参数对输入数据进行粗略分类的网络。ART-1 用于二值输入，而 ART-2 用于连续值输入。ART 模型的不足之处在于过分敏感，当输入有小的变化时，输出变化很大。

6) 认知机（recogntion）模型

由福岛（Fukushima）提出，是迄今为止结构上最为复杂的多层网络。通过无师学习，认知机具有选择能力，对样品的平移和旋转不敏感。不过，认知机所用节点及其互连较多，参数也多且较难选取。

7) 博尔茨曼（Boltzmann）机（BM）

由欣顿（Hinton）等人提出，建立在 Hopfield 网络基础上，具有学习能力，能够通过一个模拟退火过程寻求解答。不过，其训练时间比 BP 网络要长。

8) 感知器网络（perceptrons）

感知器网络是由罗森布拉特(Rosenblatt)于1958年提出的,只有一个神经元,是最简单的网络模型,也是最基本的网络模型,是最古老的人工神经网络模型之一。

9) Madaline算法

Madaline算法是Adaline算法的一种发展,是一组具有最小均方差线性网络的组合,能够调整权值,使得期望信号与输出间的误差最小。此算法是自适应信号处理和自适应控制的有力工具,具有较强的学习能力,但是输入和输出之间必须满足线性关系。

5.3 反向传播BP网络

5.3.1 BP网络的基本原理

在人工神经网络模型的实际应用中,绝大多数是BP网络或其变化形式的应用,BP网络体现了现阶段人工神经网络最精华的部分。

BP网络是一种具有三层或三层以上神经元的多层前向网络,如图5.4所示。网络按有导师学习的方式进行训练,训练模式包括若干对输入模式和期望的目标输出模式。当把一对训练模式提供给网络后,网络先进行输入模式的正向传播过程,输入模式从输入层经隐含层处理向输出层传播,并在输出层的各神经元获得网络的输出。当网络输出与期望的输出模式之间的误差大于目标误差时,网络训练转入误差的反向传播过程,网络误差按原来正向传播的连接路径返回,网络训练按误差对权值的最速下降法,从输出层经隐含层修正各个神经元的权值,最后回到输入层,然后,再进行输入模式的正向传播过程……。这两个传播过程在网络中反复运行,使网络误差不断减小,从而网络对输入模式响应的正确率也不断提高,当网络误差不大于目标误差时,网络训练结束(张治国,2006)。

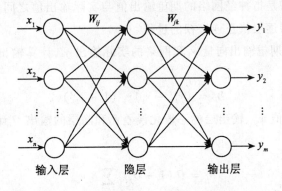

图5.4 BP网络结构图

5.3.2 BP网络的基本算法

训练BP网络的BP算法是δ学习规则的推广。BP算法的思想是:应用最速下降法对网络的权值和偏差修正,使网络误差沿负梯度方向下降,直到网络输出的误差小于或等于目标误差。BP网络的训练学习过程主要包括两个过程:信息的正向传播过程和误差的反向传播过程。

1. 信息的正向传播过程

正向传播是指由导师信息构成的输入模式经输入层通过隐层向输出层的传递过程。由输入模式提供给网络的输入层开始的,输入层各个单元(神经元)对应于输入模式向量的各个元素。

设输入模式向量为:$X = \{x_1, x_2, \cdots, x_n\}, i = 1, 2, \cdots, n$;$n$ 为输入层神经元个数。

对应输入模式的期望输出向量为:$Y = \{y_1, y_2, \cdots, y_k\}, k = 1, 2, \cdots, m$;$m$ 为输出层神经元个数。

计算隐层各神经元的输入:

$$S_j = \sum_{i=1}^{n} w_{ij} x_i - \theta_j \tag{5.4}$$

式中:w_{ij} 为输入层第 i 个神经元至隐层第 j 个神经元的连接权值;θ_j 为隐层单元的阈值;$j = 1, 2, 3, \cdots, p$,为隐层神经元个数。

人工神经元是模拟生物神经元的非线性信息传递特性,以 S_j 作为 S 函数(Sigmoid 函数)的自变量,计算隐层各神经元的输出,S 函数的数学表达式如式(5.5)所示:

$$O_j = f(S_j) = \frac{1}{1 + e^{-S_j}} \tag{5.5}$$

按正向传播的思路,由式(5.6)计算输出层各单元的网络实际输出。

$$y_k' = f\left(\sum_{j=1}^{p} O_j w_{jk} - \theta_k\right) \tag{5.6}$$

2. 误差的反向传播过程

误差的反向传播是指神经网络的期望输出值与实际输出值之间的误差信号,由输出层经过隐层向输入层逐层修正连接权的过程。

(1)利用网络的期望输出向量 y_k 和网络的实际输出 y_k',计算输出层的各单元的一般化误差 δ_k:

$$\delta_k = (y_k' - y_k) y_k' (1 - y_k') \tag{5.7}$$

(2)利用连接权值 w_{jk}、输出层的一般化误差 δ_k 和隐层的输出 O_j 计算隐层各单元的一般化误差 δ_j:

$$\delta_j = O_j(1 - O_j) \sum_{k=1}^{m} \delta_k w_{jk} \tag{5.8}$$

(3)利用输出层各单元的一般化误差 δ_k,隐层各单元的输出 O_j 来修正连接权值 w_{jk} 和阈值 θ_k:

$$w_{jk}(t+1) = w_{jk}(t) + \eta \delta_k O_j \tag{5.9}$$

$$\theta_k(t+1) = \theta_k(t) + \eta \delta_k \tag{5.10}$$

其中,$0 < \eta < 1$ 为学习效率。

(4)利用隐层各单元的一般化误差 δ_j,输入层各单元的输入 x_i 来修正连接权值 w_{ij} 和阈值 θ_j:

$$w_{ij}(t+1) = w_{ij}(t) + \eta \delta_j x_i \quad (5.11)$$

$$\theta_j(t+1) = \theta_j(t) + \eta \delta_j \quad (5.12)$$

3. BP 网络训练的步骤

BP 网络训练的具体步骤如下:

(1)选择一组训练样例,每一个样例由输入信息和期望的输出结果两部分组成;

(2)从训练样例集中取一样例,把输入信息输入到网络中;

(3)分别计算经神经元处理后的输出;

(4)计算网络的实际输出与期望输出的误差,如果误差达到要求,则退出,否则继续执行第(5)步;

(5)从输出层反向计算到第一个隐层,并按照某种能使误差向减小方向发展的原则,调整网络中各神经元的连接权值;

(6)对训练样例集中的每一个样例重复(3)~(5)的步骤,直到对整个训练样例的误差达到要求为止。

BP 网络有很多种改进算法,主要集中于收敛速度的改进、自适应确定隐节点数等方面(万幼川,1999)。

5.3.3　BP 网络在 SIP 中的应用

BP 网络模型是最常用的神经网络模型,在遥感图像分类(Bischof et al, 1992;李朝峰,王桂梁,2001)、GIS 空间数据分析(万幼川,1999;张治国,2009)等地学领域得到了广泛应用。

Bischof 等人介绍了应用三层 BP 网络进行 Landsat TM 数据进行基于像元的分类方法,将分类结果与高斯最大似然分类法的分类结果进行了比较。结果表明:神经网络方法能够取得比最大似然分类法更好的分类效果。同时显示了可以将基本的神经网络结构进行扩展,将纹理信息结合到神经网络分类器中,使用 5×5 和 7×7 的窗口计算纹理特征,将纹理特征也输入神经网络,对神经网络进行训练,实现基于纹理的图像分类。同时分析了神经网络在后分类平滑处理中的应用(Bischof et al, 1992)。

李朝峰和王桂梁对模糊控制 BP 网络的遥感图像分类方法进行了研究。针对遥感图像分类中经常采用的 BP 算法存在训练时间长、不易收敛等缺点,提出了一种改进方法,即采用模糊规则有效控制 BP 网络学习率的方法,该方法使网络具有自适应能力,从而不易陷入局部最小,导致收敛速度大大加快,训练时间大大缩短。最后以徐州地区 TM 图像土地利用分类为例,将模糊控制 BP 网络模型同 BP 算法及学习率自调整算法进行了比较,结果表明新方法确实大大加快了网络收敛速度,一定程度上提高了图像分类精度,是一种有效的图像分类方法(李朝峰,王桂梁,2001)。

万幼川在对水质评价方法进行深入研究的基础上,引入人工神经网络理论来解决水质评价方法中的决定权问题。针对 BP 网络存在的不足从两个方面进行了改进:一是通过扩展函数取值及改进动量因子来提高收敛速度;二是通过自适应确定隐节点数来消除冗余节点从而提高收敛速度。同时将 BP 改进模型用于东湖水质评价、富营养化评价和区域综合评价。通过太湖不同方法的对比分析,探讨该方法在水质评价中的客观性、实用性及适应性问题。并以 Arc/Info 为软件平台,实现了 GIS 支持下的东湖水质评价结果的可视化显示和分析(万幼川,1999)。

张治国在深入研究基本 BP 算法改进算法的基础上,选择 RPROP 算法实现弹性 BP 网络程序,给出了详细算法。RPROP 算法采用梯度的符号所代表的网络训练信息来调整网络,克服了基本 BP 算法的局限性。他以弹性 BP 网络作为矿产资源定量预测的工具,以贵州省已查明储量的金矿床密集区为预测模型单元,对该省的金异常密集区进行金矿储量的分类预测,取得了较好的效果(张治国,2006)。

5.4 Hopfield 神经网络

5.4.1 Hopfield 网络的基本原理

Hopfield 递归网络是美国加州理工学院物理学家 J. J. Hopfield 教授于 1982 年提出的,J. J. Hopfield 分别在 1982 年和 1984 年发表了两篇非常有影响的研究论文(Hopfield,1982,1984)。其重要内容之一就是在反馈神经网络中引入了"能量函数"概念,它使神经网络的稳定性判定有了可靠的依据。并应用 Hopfield 网络成功地求解了优化组合问题中最有代表性的 TSP 问题,从而开创了神经网络用于智能信息处理的新途径(Hopfield and Tank,1985)。Hopfield 先后提出了两种网络,一种是离散型 Hopfield 网络(discrete hopfield neural network,DHNN),一种是连续型 Hopfield 网络(continues hopfield neural network,CHNN)。这里主要介绍离散型 Hopfield 网络 DHNN。

DHNN 是一种单层全反馈网络,输入输出为二值数。DHNN 的结构图如图 5.3 所示,假设共有 n 个神经元,与一般的反馈网络不同的是各神经元并不反馈到本神经元,而是反馈到其他每一个神经元,这样一来,任何一个神经元的输出都受到了其他神经元输出的控制,从而使各神经元相互制约(闻新等,2000)。其中,$u_i(t+1) = \sum_{j=1}^{n} w_{ij} x_j(t) - \theta_i$,$u_i(t+1)$ 表示神经元 i 的输出,t 表示学习次数,x 表示神经元 j 的输入,w_{ij} 表示神经元 i 到 j 的连接权值,θ_i 表示神经元 i 的阈值。图 5.5 中的 z 为判断函数,z 判断本次输出和前次输出是否相同,相同则停止学习,不同则继续学习。

5.4.2 Hopfield 网络的基本算法

Hopfield 离散型网络中的每个神经元都有相同的功能,用 $X = [x_1, x_2, \cdots, x_n]^T$ 表示输出状态,其中 n 是输出神经元的个数,x_i 取值只可取二值,如:+1 和 -1 或者 1 和 0。$\theta =$

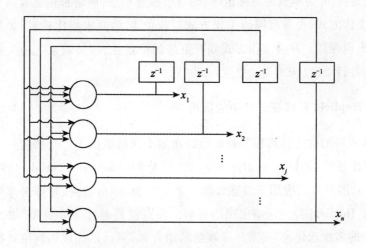

图 5.5 离散型 Hopfield 神经网络结构图

$[\theta_1,\theta_2,\cdots,\theta_n]^T$ 表示网络的阈值。$W=[w_{ij}]_{n\times n}$ 表示网络的连接权值,其中 w_{ij} 表示第 i 个神经元到第 j 个神经元的连接权值,为对称矩阵,即 $w_{ij}=w_{ji},w_{ii}=0$。$u=[u_1,u_2,\cdots,u_n]^T$ 表示神经元的输入。X 和 u 都是时间函数,其中 $x_i(t)$ 又称为神经元在 t 时刻的状态。其网络的计算公式为:

$$u_i(t+1) = \sum_{j=1}^{n} w_{ij}x_j(t) - \theta_i \tag{5.13}$$

$$x_i(t+1) = f([u_i(t+1)]) = \begin{cases} 1, u_i(t+1) \geqslant 1 \\ u_i(t+1), 0 \leqslant u_i(t+1) < 1 \\ 0, u_i(t+1) < 0 \end{cases} \tag{5.14}$$

式中:f 为激励函数,通常为对称饱和线性传递函数。

Hopfield 网络运行规则分为两种:串行(异步)工作方式,并行(同步)工作方式。

串行(异步)工作方式:在任意时刻,每次只有一个神经元按公式(5.13)进行调整计算。其学习步骤为(闻新等,2000):

(1)初始化网络;

(2)从网络中随机选取一个神经元;

(3)按照式(5.7)求出该神经元的输出 u_i;

(4)在按照式(5.8)求出该神经元经过激励函数处理后的输出 $x_i(t+1)$;

(5)判断整个网络是否达到稳定状态。若稳定则停止学习,即:$u_i(t+1)=u_i(t)$;若不稳定则将结果反馈到其他所有神经元,返回步骤(2)。

并行(同步)工作方式:在任意时刻,部分或全部神经元同时进行调整。

反馈网络最重要的就是其稳定性,如果是按异步的方式调整网络状态,对于任意初态的离散型 Hopfield 神经网络,网络最终收敛达到稳定状态。如果按同步方式调整网络状态,连接权值矩阵 W 为非负定对称矩阵,则对于任意初态,网络都最终收敛至稳定。比较同步和异步工作方式,可看出同步工作方式对权值 W 的要求要比较高,如果不能满足则网络可能会出现振荡。异步工作方式则有更好的稳定性,但其缺点就是失去了神经网络的一大特点:并行处理(朱大奇,史慧,2006)。

5.4.3 Hopfield 网络在 SIP 中的应用

Hopfield 网络的优化计算模型目前已经在多个领域取得了广泛的应用,如文字识别、指纹识别、影像匹配(Pajares et al, 1998)、图像分割(Campadelli et al, 1997; Chang and Chung, 2001)、同时可以应用于遥感影像的单元分析、噪声检测、超分辨率目标识别等地学分析领域。Hopfield 神经网络应用的基本出发点就是通过简单函数(如 Sigmiod 函数、余弦函数等)的多次迭代,实现对复杂映射的拟合和逼近,训练规则利用转换函数进行数据处理的加权及求和,训练网络系统进行模式识别,并将其转换成潜在的输出值。

可利用 Hopfield 神经网络对混合像元内地物位置的模拟进行分析(焦云清等,2007)。焦云清等提出了基于 Hopfield 神经网络的遥感图像超分辨率目标识别算法。在 Hopfield 神经网络模型下,利用模糊分类技术进行模糊分类,然后用分类结果约束 Hopfield 神经网络的方法获取超高分辨率的遥感图像,能够提高遥感图像的目标分辨率,使其目标特征信息更清晰。该文献利用的数据为 MODIS 卫星数据(焦云清等,2007)。Hopfield 网络中的每一个神经元被认为是遥感图像中的单个像元,神经元 (i,j) 即为遥感图像中的第 i 行第 j 列像元。由于自然场景基本上都具有一定程度的空间连续性,在图像中邻近像素间的相似性一般大于较远的像素间的相似性,在这种情况下,需要使一个神经元的输出和邻近神经元的输出相似。当神经元 (i,j) 的输出和 8 个邻近神经元输出的平均值相似时,就产生较低的能量,否则就认为产生较高的能量。但是要生成二值图像,仅满足邻近神经元输出相似是不够的,因此,引入了 2 个目标函数,一个旨在增大神经元的输出(使输出趋近于 1);一个旨在减小神经元的输出(使输出趋近于 0)。这样才能满足重建的空间特征的客观性以及使输出的神经单元的值为 1 和 0,生成二值图像。同时,为了保留在分类结果中输出的像元点内各类面积的比例,还应添加一个比例限制,使得每个神经单元的输出应该等于像元点的预测面积比例。

Hopfield 网络应用的基本设计思想是将各像素内的类分量进行映射的问题转化为约束满足问题,利用 Hopfield 网络的能量函数的最小值求取问题的最佳解。网络的结构是按照能描绘具有更好的空间分辨率的图像来设计的,而能量函数的约束则决定了该结构设计中神经元的二元激励的空间分布,利用 Hopfield 网络求得能量函数的最小值,该最小值对应于像素内类成分的两极映射。结果显示,处理后的结果与原始的分类结果具有高度相关性,验证了神经网络的可靠性。

5.5 自组织映射(SOM)网络

5.5.1 SOM网络的基本原理

自组织映射(self organizing map, SOM)网络是芬兰学者Kohonen提出的一种神经网络模型,它模拟了哺乳动物大脑皮质神经元的侧抑制、自组织等特性。1984年Kohonen将芬兰语音精确地组织为音素图,1986年又将运动指令组织成运动控制图。由于这些成功应用,自组织特征映射网络引起了人们的高度重视,形成一类很有特色的无师训练神经网络模型(张青贵,2004)。

SOM的拓扑结构一般为两层:输入层和竞争层,如图5.6所示。输入层通过权向量将外界信息汇集到竞争层各神经元,每个输入端口与所有神经元均有连接,称为前向权,它们可以调整。竞争层也可称为输出层,其神经元的排列有多种形式,如一维线阵、二维平面阵和三维栅格阵(张青贵,2004)。最典型的结构是二维形式,它更具有大脑皮层的形象。

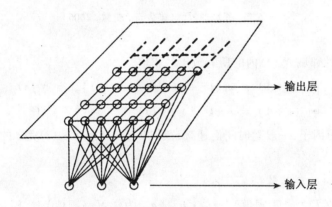

图5.6 SOM网络结构图(朱大奇,史慧,2006)

5.5.2 SOM网络的基本算法

SOM网络的学习算法是无师的,其目的是调整前向权,但调整过程也体现了侧抑制作用。学习算法的步骤如下:

(1)权值初始化。记 w_{ij} 为第 j 个输入端指向第 i 个神经元的权,$j=1,2,\cdots,n$,n 为输入层神经元数目,$i=1,2,\cdots,m$,m 为输出层神经元数目。权值初始化是指用较小的随机数初始化输入层到竞争层的连接权值 w_{ij},记为 $w_{ij}(0)$。建立初始优胜邻域 $N_c(0)$ 和学习率 a 初值。

(2)输入训练样本矢量。从训练集中取一个输入模式 x,令 $t=0$。

(3)计算竞争层的所有权值向量和输入向量 x 的欧式距离:

$$d_i^2 = \|w_i(t) - x\|^2 \tag{5.15}$$

(4)寻找距离最小的神经元 c,即为胜出神经元:

$$d_c = \min_i \{d_i^2\} \tag{5.16}$$

(5)定义优胜邻域 $N_c(t)$。以 c 为中心确定 t 时刻的权值调整域,初始时 $t=0$。一般初始域 $N_c(0)$ 较大(为总结点的 50%~80%),训练过程中 $N_c(t)$ 随训练时间收缩。如图 5.7 所示。

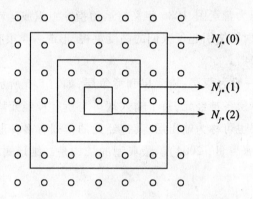

图 5.7 邻域的收缩(朱大奇,史慧,2006)

(6)调整优胜邻域 $N_c(t)$ 内的所有节点的权值:

$$\begin{cases} w_{ij}(t+1) = w_{ij}(t) + a(t)[x_j - w_{ij}(t)], i \in N_c(t) \\ w_{ij}(t+1) = w_{ij}(t), i \notin N_c(t) \end{cases} \tag{5.17}$$

式中:$a(t)$ 是学习因子,一般随时间而递减,范围 $0 < a(t) < 1$;$N_c(t)$ 是 c 的邻域,其半径随 t 而减小。

(7)令 t:= t+1,转步骤(3)。

(8)当 $t = T_0$(T_0 为时间阈值),或 $a < a_{\min}$($a_{\min}$ 为学习率阈值)时,停止对当前样本的学习,转步骤(2)。

(9)重复步骤(2)~(8),直至所有样本使用完毕。

5.5.3 SOM 网络在 SIP 中的应用

SOM 神经网络模型具有良好的聚类特性,可用于复杂的高维数据聚类分析,能够实现空间数据的有效聚类或分类,在图像分割(Lazaro et al, 2006)、地学统计数据的聚类和分类(Openshaw et al, 1995; Openshaw and Wymer, 1995; Bacao et al, 2005)等方面都得到了很好的应用。

这里以文献(Bacao et al, 2005)为例,介绍 SOM 神经网络模型在空间信息处理(SIP)领域的应用。地理空间信息除了具有 x,y 坐标外还具有属性信息,因此在对空间信息进行聚类时,多维性是我们所面临的挑战。所用数据来自葡萄牙统计局,关于其首都西里本城市的普查区内包括65个社会人口学变量,这些描述普查区的变量主要是基于以下六个方面:建筑的数量、家庭的数量、房屋拥有者数量、年龄结构、教育水平以及经济承受能力,另外还有两个精确的地理变量即(x,y)坐标。

标准的SOM网络仅仅考虑在竞争层选出优胜单元,并设定一个邻域半径,随着训练次数的增加,邻域半径不断减小,最终为零,其聚类结果也由此产生。而在基于地理空间信息的SOM网络中增加一个参数k来控制优胜单元,称其为"地理公差(geographical tolerance)",允许优胜单元在半径为k的范围内存在潜在的优势单元。基于地理空间信息的SOM网络选出优胜单元通常分两步走,第一步仅仅考虑地理坐标,将地理坐标作为输入向量,仅在竞争层选出优胜单元,然后再和输入模式比较调整,选择出最终的获胜单元,并根据标准SOM网络规则更新神经元的权值,这就不仅要求神经元在竞争层有比较好的聚类,还要求在输入层输入模式也有比较好的聚类,这样的聚类就体现了在空间信息上的聚类。该文献(Bacao et al,2005)分别利用标准SOM网络和Geo-SOM网络进行聚类,聚类结果如图5.8所示。Geo-SOM网络依据了两个标准:一个是输入模式的地理坐标,即普查区的中心;另一个是神经元的量化误差的最小值。而标准SOM仅基于量化误差的最小值进行聚类,因此聚类结果密集分布在城市中心,而周边几乎没有聚类产生。

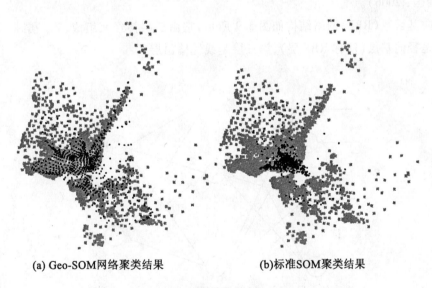

(a) Geo-SOM网络聚类结果　　　　(b)标准SOM聚类结果

图5.8　基于SOM网络的聚类分析(Bacao et al,2005)

Geo-SOM的基本思想是通过引进空间参数对标准SOM算法改进,利用空间属性自相关性对空间多维数据分成若干类,实现聚类分析。Geo-SOM算法不是简单的根据其邻域内各单元的相似性分类,而是根据其输入模式中的地理空间信息的密度将SOM网络的神经元聚类,其聚类结果表现出了空间信息的相似性。Geo-SOM算法在处理地理空间信息时对相似空间的定义和对边缘的检测区分已经表现出了潜在的前景,但同时也存在问题,即如何利用Geo-SOM网络在地理密度和属性空间的密度之间建立相互的联系。

5.6 径向基函数(RBF)神经网络

5.6.1 RBF 网络的基本原理

1. 径向基函数网络结构

径向基函数(radial basis function，RBF)神经网络是由 J. Moody 和 C. Darken 于 20 世纪 80 年代末提出的一种神经网络(Moody and Darken，1989)，径向基函数在某种程度上利用了多维空间中传统的严格差值法的研究成果。在神经网络的背景下，隐藏单元提供一个"函数"集，该函数集在输入模式向量扩展至隐层空间时为其构建了一个任意的"基"，这个函数集中的函数就被称为径向基函数(Powall，1985)。径向基函数首先是在实多变量插值问题中引入的(Broomhead and Lowe，1988；Poggio and Girosi，1990)。径向基函数是目前数值分析研究的主要领域之一(朱大奇，史慧，2006)。径向基函数的设计被看做是一个高维空间中的曲面拟合。网络学习就是在多维空间中寻找一个在某种统计意义下能够最佳拟合训练数据的曲面。网络的泛化就是利用这个多维曲面对数据进行插值(张治国，2006)。

径向基函数(RBF)网络结构如图 5.9 所示，它由三层神经元组成，第一层是输入层，第二层是径向基层(简称 RBF 层)，第三层是线性输出层。

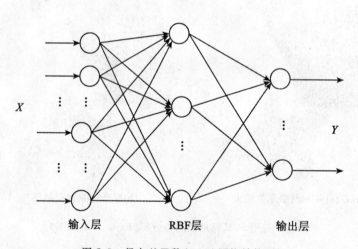

图 5.9 径向基函数(RBF)网络结构图

设输入 n 维向量 X，输出 m 维向量 Y，则 RBF 网络隐层第 i 个节点的输出为：

$$q_i = R(\|X - c_i\|) \tag{5.18}$$

其中，X 为 n 维输入向量；c_i 为第 i 个隐节点的中心，$i=1,2,\cdots,h$，h 为 RBF 层神经元的个数。$\|\cdot\|$ 通常为欧式范数；$R(\cdot)$ 为 RBF 函数，具有局部感受的特性。它有多种形式，体现了 RBF 网络的非线性映射的能力。

网络输出层第 k 个节点的输出为隐节点输出的线性组合：

$$y_k = \sum_i w_{ik} q_i - \theta_k \tag{5.19}$$

式中，w_{ik} 为第 i 个 RBF 层节点到第 k 个输出层节点的连接权值；θ_k 为第 k 个输出节点的阈值（朱大奇，史慧，2006）。

2. 径向基函数

径向基函数(radial basis function, RBF) 是一种高斯函数，对径向基层单元 j ($j = 1, 2, \cdots, p$) 来说，它把神经元 j 的权值向量 w_j 与第 p 个输入向量 x_p 之间的向量距离与偏差 b_j 的乘积，作为径向基函数的输入。径向基层神经元 j 的输入的数学表达式为

$$z_j = \| x_p - w_j \| \cdot b_j = \sqrt{\sum_{i=1}^{n} (w_{ij} - x_{pi})^2} \times b_j, j = 1, 2, \cdots, R \tag{5.20}$$

径向基层神经元 j 的输出的数学表达式为

$$y_j = e^{-z_j^2} = e^{-(\| x_p - w_j \| \cdot b_j)^2}, j = 1, 2, \cdots, R \tag{5.21}$$

在实际应用中，通常取 $b_j = \sqrt{\ln 2}/c$，c 称为径向基函数的伸展常数，它确定径向基层神经元 j 对输入向量 x_p 响应的邻域半径。

5.6.2 RBF 网络的基本算法

RBF 网络的学习算法大多分成两个阶段：首先，进行隐层节点的学习，确定隐藏层径向基函数的中心和方差，用无师聚类法，通常选择自组织选择法；然后进行输出节点的有师学习，调整径向基函数权值。中心的自组织选择法是对样本的输入进行聚类，应用最流行的 K 均值算法，主要是由于其简单而且有效。算法步骤如下（张青贵，2004；朱大奇，史慧，2006）：

(1) 从隐节点中任意选取 K 个对象作为初始中心 $C_i(0)$。

(2) 根据剩余对象与聚类中心的相似度（欧氏距离），将这些对象分配给各聚类中心所代表的聚类。

$$d_{\min}(t) = \min(\| x(t) - c_i(t-1) \|) \tag{5.22}$$

(3) 调整中心：

$$\begin{aligned} c_i(t) &= c_i(t-1), 1 \leq i \leq h, i \neq r \\ c_r(t) &= c_r(t-1) + \beta(x(t) - c_r(t-1)), i = r \end{aligned} \tag{5.23}$$

其中，β 是学习速率，$0 < \beta < 1$。

(4) 如果新的聚类中心不再发生变化或变化很小，则所得到的中心 c_i 即为 RBF 神经网络最终的基函数中心，否则返回步骤(2)。进入下一轮的中心求解。

(5) 求解方差，当径向基函数是高斯函数时可由式(5.25)求解。

$$\sigma_i = c_{\max}/\sqrt{2h}, i = 1, 2, \cdots, h \tag{5.24}$$

其中，$c_{\max}$ 为所选取中心之间的最大距离。

(6)计算隐藏层到输出层之间的权值。通常选用最小二乘法直接计算得到,公式如下:

$$w = \exp\left(\frac{h}{c_{max}^2}\|x_p - c_i\|^2\right), p = 1,2,\cdots,p; i = 1,2,\cdots,h \qquad (5.25)$$

5.6.3 RBF 网络在 SIP 中的应用

RBF 神经网络模型能够应用于插值、分类和聚类等领域,取得了良好的分析效果。在遥感影像分类(万雪,2009)、空间数据插值(何凯涛等,2005;张治国,2009)等地学领域也有很好的应用。

这里以吉林某地化探数据为例,说明 RBF 网络在不完备数据的插补上的应用情况。在吉林某地 25km×19km 的范围内按照 26km×20km 的规则测网分析了 520 个化探组合样本,定量测试了 Au(金)、Ag(银)、Co(钴)、Cr(铬)、Cu(铜)、Mo(钼)、Ni(镍)、Pb(铅)、Sn(锡)、W(钨)和 Zn(锌)共 11 个元素。Zn(锌)元素的原始地球化学图的原始数据就是网格数据,可以直接生成等值线图,未作任何插值处理(何凯涛等,2005;张治国,2009)。

在某任意区域中把 Zn 的原始数据去掉一部分,然后用 RBF 网络和剩余数据建立空间坐标和其他元素含量与 Zn 含量之间的定量对应关系模型,再用这个模型来预测被挖去的数据,对比预测数据与实测数据之间的绝对误差和相对误差就可以评价 RBF 网络对空间不完备数据进行插补的效果了。通过实际实验数据的对比分析,挖去一部分然后进行插值处理的结果图与原图的区别不大,说明 RBF 网络插补效果良好。同时,通过挖去不同大小的数据进行插值实验,发现随着不完备度的增大,RBF 网络的插补相对误差逐渐增大,这与"资料缺失程度越大、预测误差也越大"的传统理念是一致的。但随着不完备度的增大,平均相对误差却越来越小,说明 RBF 网络对"不完备度"具有稳健性,说明利用 RBF 网络进行不完备数据的插补是可行的(何凯涛等,2005;张治国,2009)。

5.7 Matlab 的人工神经网络工具箱

人工神经网络工具箱是以人工神经网络理论为基础在 MATLAB 环境下扩充的设计、应用、显示、仿真功能的工具箱,其中包含了大量的神经网络函数和网络框架。在选定网络输出计算时,有许多典型的神经网络的激活函数可供调用,如 S 型、线性、竞争层、饱和线性等激活函数,使设计者对所选定网络输出的计算变成对激活函数的调用。另外,还可以根据各种典型的修正网络权值的规则,加上网络的训练过程,利用 MATLAB 语言编写各种网络设计和训练的子程序,网络的设计者可以根据自己的需要调用工具箱中有关神经网络的设计训练程序,使自己从繁琐的编程中解脱出来,集中精力去思考问题和解决问题,从而提高效率和质量(闻新等,2000)。

这里以 Matlab7.2.0(R200a)为平台介绍 Matlab 的神经网络工具箱。该工具箱包含了很多神经网络的最新成果。Matlab 的神经网络工具箱不仅提供了一些通用函数,还提供了许多神经网络模型的专用函数,分别介绍如下:

1. 神经网络工具箱中的通用函数

MATLAB 中的神经网络工具箱中涵盖了丰富的工具函数,提供了一些通用函数,几乎可以用于所有类型的神经网络,表 5.1 列出了工具箱中一些比较重要的通用函数。

表 5.1 通用函数

函数类型	函数名称	函数用途
神经网络仿真函数	sim	针对给定的输入,得到网络的输出
神经网络训练函数	train	对网络进行训练
	trainb	对权值和阈值进行训练
	adapt	自适应函数
神经网络学习函数	learnp	网络权值和阈值的学习
	learnpn	标准学习函数
初始化函数	revert	将权值和阈值恢复到最后一次初始化时的值
	init	对网络进行初始化
	initlay	多层网络的初始化
	initnw	利用 Nguyen-Widrow 准则对层进行初始化
	initwb	调用制定的函数对层进行初始化
神经网络输入函数	netsum	输入求和函数
	netprod	输入求积函数
	concur	使权值向量和阈值向量的结构一致
传递函数	hardlim	硬限幅函数
	hardlims	对称硬限幅函数
其他	dotprod	权值求积函数

2. 感知器模型(perceptrons)

感知器模型只有一个神经元,是最简单的网络模型,也是最基本的网络模型,其结构如图 5.10 所示。

图中,$I = \sum_{i=1}^{n} w_i x_i + \theta, y = f_{HL}(I) \begin{cases} 1, I > 0 \\ 0, I \leq 0 \end{cases}, f$ 为激励函数。

MATLAB 中的神经网络工具箱中提供了大量的感知器函数,常用的感知器函数见表 5.2。

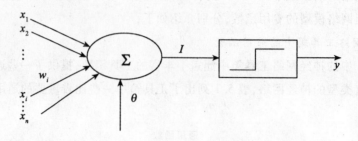

图 5.10 感知器模型结构图

表 5.2　　　　　　　　　　感知器网络常用函数

函数类别	函数名称	函数用途
感知器创建函数	newp	创建一个感知器网络
显示函数	plotpc	在感知器向量图中绘制分界线
	plotpv	绘制感知器的输入向量和目标向量
性能函数	mae	平均绝对误差函数

3. 线性网络模型(linear filters)

线性网络类似于感知器,结构如图 5.11 所示,其区别就是传递函数是线性的而感知器的传递函数是硬限幅函数,线性网络的输出可以是任意值,而感知器仅限于取值 0 或 1。线性网络和感知器模型一样,只能解决线性可分离问题。

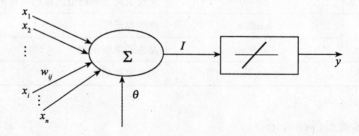

图 5.11 线性网络模型结构图

图中,$I = \sum_{i=1}^{n} w_i x_i + \theta$,$y = f(I)$,$f$ 为线性激励函数。

MATLAB 中的神经网络工具箱中提供了大量的线性网络函数,常用的线性网络函数见表 5.3。

表5.3 线性网络常用函数

函数类型	函数名称	函数用途
线性网络创建函数	newlin	创建一个线性层
	newlind	设计一个线性层
学习函数	learnwh	Widrow-Hoff 学习函数
	maxlinlr	计算线性层的最大学习速率

4. 反向传播网络模型(back-propagation)

反向传播网络模型(back-propagation network)简称为 BP 网络,结构如图 5.12 所示,是利用非线性可微分函数进行权值训练的多层网络。与感知器模型的不同之处在于传递函数,BP 网络的传递函数必须是可微的。

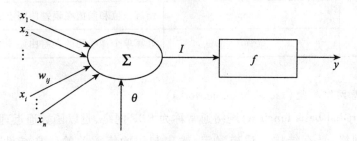

图 5.12 BP 网络结构图

其中 f 函数可为传递函数,常用传递函数有 Sigmoid 型的对数、正切函数或线性函数。

MATLAB 中的神经网络工具箱中提供了大量的 BP 神经网络函数,常用的函数见表 5.4。

表5.4 BP 神经网络常用函数

函数类型	函数名称	函数用途
前向网络创建函数	newcf	创建级联前向网络
	newff	创建前向 BP 网络
	newffd	创建存在输入延迟的前向网络
传递函数	logsig	S 型的对数函数
	dlogsig	logsig 的导函数
	tansig	S 型的正切函数
	dtansig	tansig 的导函数

续表

函数类型	函数名称	函数用途
传递函数	purelin	纯线性函数
	dpurelin	purelin 的导函数
学习函数	learngd	基于梯度下降法的学习函数
	learngdm	梯度下降动量学习函数
性能函数	mse	均方误差函数
	msereg	均方误差规范化函数
显示函数	plotperf	绘制网络的性能
	plotes	绘制一个单独神经元的误差曲面
	plotep	绘制权值和阈值在误差曲面上的位置
	errsurf	计算单个神经元的误差曲面

5. 径向基网络模型(radial basis networks)

径向基(radial basis function)网络通常称为 RBF 网络,是以函数逼近理论为基础构造的一类前向网络,具有结构自适应确定、输出与初始值无关的优良特性。其结构如图5.13 所示。

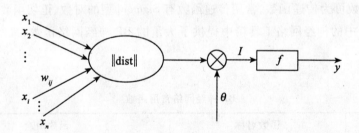

图 5.13　RBF 网络模型结构图

图中,$I = \|w - x\| \times \theta, y = f(I) = e^{-I^2}$。

MATLAB 中的神经网络工具箱中提供了大量的 RBF 神经网络函数,常用的 RBF 网络函数见表5.5。

6. 自组织竞争网络(self organizing and learning vector quantization nets)

自组织竞争网络是以无导师学习的方式进行网络训练,具有自组织功能,网络通过自身训练,寻找出输入模式之间的规律和联系,并自动对输入模式进行分类。MATLAB 中的神经网络工具箱中提供了大量的自组织竞争网络函数,常用的函数见表5.6。

表 5.5　RBF 神经网络常用函数

函数类型	函数名称	函数用途
网络创建函数	newrb	创建一个 RBF 网络
	newrbe	创建一个精确的 RBF 网络
	newpnn	创建一个概率神经网络
	newgrnn	设计一个广义回归神经网络
神经元传递函数	radbs	径向基传递函数
转换函数	ind2vec	将数据索引转换为向量组
	vec2ind	ind2vec 的逆函数

表 5.6　线性网络常用函数

函数类型	函数名称	函数用途
网络创建函数	newc	创建一个竞争层
	newsom	创建一个自组织特征映射
	newlvq	创建一个学习向量量化网络
神经元传递函数	compet	竞争性传递函数
	softmax	软最大传递函数
距离函数	boxdist	Box 距离函数
	dist	欧氏距离权函数
	linkdist	连接距离函数
	mandist	Manhattan 距离权函数
学习函数	learnk	Kohonen 权值学习函数
	learnsom	自组织映射权值学习函数
	learnis	Instar 权值学习函数
	learnos	Outstar 权值学习函数
初始化函数	midpoint	中点权值初始化函数
权值函数	negdist	负距离权值函数
显示函数	plotsom	绘制自组织特征映射
拓扑函数	hextop	六角层结构函数
	gridtot	网格层结构函数
	randtop	随机层结构函数

7. 反馈神经网络(historical networks, recurrent networks)

反馈神经网络(recurrent networks)又称联想记忆网络,包括 Elman 网络和 Hopfield 网络。Elman 网络是两层反向传播网络,在 BP 网络基本结构的基础上,通过存储内部状态使其具备映射动态特征的功能,从而使系统具有适应时变特性的能力;Hopfield 网络一种全连接型网络,每个节点的输出均反馈到其他节点的输入,整个网络都不存在自反馈。Hopfield 网络有离散型和连续型两种形式。MATLAB 中的神经网络工具箱中提供了大量的反馈网络函数,常用的反馈网络函数见表 5.7。

表 5.7 反馈网络常用函数

函数类型	函数名称	函数用途
网络创建函数	newhop	设计一个 Hopfield 网络
	newelm	设计一个 Elman 网络
传递函数	satlins	Hopfield 网络的传递函数

思 考 题

1. 简述计算智能的概念及其与人工智能的区别和联系。
2. 简述人工神经网络的基本原理和典型模型。
3. 简述 BP 网络的原理、算法及其在空间信息处理中的应用。
4. 简述 Hopfield 网络的原理、算法及其在空间信息处理中的应用。
5. 简述 SOM 网络的原理、算法及其在空间信息处理中的应用。
6. 简述 RBF 网络的原理、算法及其在空间信息处理中的应用。
7. 简述 Matlab 的人工神经网络工具箱,并编程实现部分神经网络模型。

参 考 文 献

蔡自兴,徐光祐. 2003. 人工智能及其应用(本科生用书). 北京:清华大学出版社.

蔡自兴,徐光祐. 2004. 人工智能及其应用(研究生用书). 北京:清华大学出版社.

陈守余,周梅春. 2000. 人工神经网络模拟实现与应用. 武汉:中国地质大学出版社.

焦云清,王世新,周艺,扶卿华. 2007. 基于神经网络的遥感影像超高分辨率目标识别. 系统仿真学报,19(14):3223-3225.

何凯涛,陈明,张治国,Jacques Yvon. 2005. 用人工神经网络进行空间不完备数据的插补. 地质通报,24(5):476-479.

李朝峰,王桂梁. 2001. 模糊控制 BP 网络的遥感图像分类方法研究. 中国矿业大学学报(自然科学版),30(3):311-314.

刘应明，任平. 2000. 模糊性——精确性的另一半. 北京：清华大学出版社；广州：暨南大学出版社.

沈清，胡德文，时春. 1993. 神经网络应用技术. 长沙：国防科技大学出版社.

万幼川. 1999. 水质信息系统与水质模型建立研究（博士学位论文）. 武汉：武汉测绘科技大学.

万雪. 2009. 基于 RBF 神经网络的高分辨率遥感影像分类的研究. 测绘通报，（2）：18-20.

闻新，周露，王丹力，熊晓英. 2000. MATLAB 神经网络应用设计. 北京：科学出版社.

钟珞，饶文碧，邹承明. 2007. 人工神经网络及其融合应用技术. 北京：科学出版社.

张青贵. 2004. 人工神经网络导论. 北京：中国水利水电出版社.

张治国. 2006. 人工神经网络及其在地学中的应用研究（博士学位论文）. 长春：吉林大学.

张治国. 2009. 遥感影像智能多分类器融合模型研究（博士后出站报告）. 武汉：武汉大学.

朱大奇，史慧. 2006. 人工神经网络原理及应用. 北京：科学出版社.

Aitkenhead M J, Aalders I H. 2009. Predicting land cover using GIS, Bayesian and evolutionary algorithm methods. Journal of Environmental Management, 90(1): 236-250.

Bacao F, Lobo V, Painho M. 2005. The Self-Organizing Map, the Geo-SOM, and Relevant Variants for Geosciences, Computers Geosciences, 31(2): 155-163.

Bischof H, Schneider W, Pinz A J. 1992. Multispectral Classification of Landsat-Images Using Neural Networks. IEEE Transactions on Geoscience and Remote Sensing, 30(3): 482-490.

Broomhead D S, Lowe D. 1988. Multivariable function interpolation and adaptive networks. Complex Systems, 2(2): 321-355.

Bruzzone L, Prieto D F. 1999. An incremental-learning neural network for the classification of remote-sensing images. Pattern Recognition Letters, 20(11-13): 1241-1248.

Campadelli P, Medici D, Schettini R. 1997. Color Image Segmentation Using Hopfield Networks. Image and Vision Computing, 15(5): 161-166.

Chang C Y, Chung P C. 2001. Medical Image Segmentation Using a Contextual-Constraint-based Hopfield Neural Cube. Image and Vision Computing, 19(9-10): 669-678.

Fogel G B, Corne D W. 2007. Computational Intelligence in Bioinformatics. BioSystems, 72(1-2): 1-4.

Habarulema J B, McKinnell L A, Cilliers P J, Opperman B D L. 2009. Application of Neural Networks to South African GPS TEC Modeling. Advances in Space Research, 43(11): 1711-1720.

Hopfield J J. 1982. Neural Networks and Physical Systems with Emergent Collective Co-mputational properties. Proceedings of the National Academy of Sciences, Vol. 79: 2554-2558.

Hopfield J J. 1984. Neurons with Graded Response have Collective Computational Prope-rties like those of two-state Neurons. Proceedings of the National Academy of Sciences, Vol. 81: 3088-3092.

Hopfield J J, Tank D W. 1985. Neural Computation of Decisions in Optimization Problems. Biological Cybernetics, Vol. 52: 141-154.

Lázaro J, Arias J, Martín J L, Zuloaga A, Cuadrado C. 2006. SOM Segmentation of Gray Scale Images for Optical Recognition. Pattern Recognition Letters, 27(16): 1991-1997.

Miller D M, Kaminsky E J, Rana S. 1995. Neural Network Classification of Remote-Sensing Data. Computers & Geosciences, 21(3): 377-386.

Moody J, Darken C. 1989. Fast learning in networks of locally-tuned processing units. Neural

Computation, 1(2): 281-294.

Openshaw S, Blake M, Wymer C. 1995. Using neurocomputing methods to classify Britain's residential areas. In: Fisher P (ed.), Innovations in GIS, Vol. 2. Taylor & Francis, London, pp. 97-111.

Openshaw S, Wymer C, 1995. Classifying and regionalizing census data. In: Openshaw S (ed.), Census Users Handbook. GeoInformation International, Cambrige, UK, pp. 239-268.

Pajares G, Cruz J M, Aranda J. 1998. Relaxation by Hopfield Network in Stereo Image Matching. Pattern Recognition, 31(5): 561-574.

Pijanowski B C, Brown D G., Shellito B A, Manik G A. 2002. Using Neural Networks and GIS to Forecast Land Use Changes: a Land Transformation Model. Computers, Environment and Urban Systems, 26 (6): 553-575.

Poggio T, Girosi F. 1990. Regularization algorithms for learning that are equivalent to multilayer networks. Science, 247 (4945): 978-982.

Powall M J D. 1985. Radial basis function for multivariable interpolation: A review, IMA Conference on Algorithms for the Approximation of Functions and Data, pp. 43-167, Shrivenham, England.

Zhu A X, Hudson B, Burt J E, Lubich K. 2001. Soil Mapping Using GIS, Expert Knowledge and Fuzzy Logic. Soil Science Society of America Journal, Vol. 65, pp. 1463-1472.

第6章　模糊计算与空间信息处理

6.1　模糊集计算方法

模糊集计算方法(简称模糊计算)就是以模糊逻辑为基础的软计算方法,属于计算智能的重要内容。

1965年,美国加利福尼亚州立大学的计算机与控制论专家扎德提出了模糊集概念(Zadeh,1965),创立了研究模糊性或不确定性问题的理论方法,迄今为止已成为一个较为完善的数学分支。模糊数学是现代数学中的一个新理论,它是研究和处理自然界与信息技术中广泛存在的模糊现象的数学,它为信息科学的发展提供了强有力的数学工具(邓方安等,2008)。1979年,捷克学者Pavelka发表了以"On Fuzzy Logic"为题的三篇文章(Pavelka,1979),为模糊命题演算提供了一种比较完整的理论框架,这是模糊逻辑方面的奠基工作,随后不久出现了关于模糊逻辑的热烈讨论。现在,模糊逻辑以处理非精确性和近似推理成为了软计算方法的核心之一(温显斌,2009)。

6.1.1　模糊集合

定义6.1(模糊集合):设U为论域,则U上的一个模糊集合A由U上的一个实数来表示。对于$u \in U$,函数值$\mu_A(u)$称为u对于A的隶属度,函数μ_A则称为A的隶属函数。

模糊集合论中提供了多种表示元素及其隶属度的方法。设论域$U = \{u_1, u_2, \cdots, u_n\}$,$A$是$U$上的一个模糊子集,下面给出几种常见的模糊子集$A$的表示方法。

(1) 扎德记法

$$A = \mu_A(u_1)/u_1 + \mu_A(u_2)/u_2 + \cdots + \mu_A(u_n)/u_n$$

若论域U是无限集,则U上的一个模糊子集A用符号$A = \int_U \mu_A(u)/u$表示。

(2) 向量法

$$A = (\mu_A(u_1), \mu_A(u_2), \cdots, \mu_A(u_n))$$

(3) 序偶法

$$A = \{(\mu_A(u_1), u_1), (\mu_A(u_2), u_2), \cdots, (\mu_A(u_n), u_n)\}$$

(4) 单点法

$$A = \{\mu_A(u_1)/u_1, \mu_A(u_2)/u_2, \cdots, \mu_A(u_n)/u_n\}$$

定义6.2(λ水平截集)：设 A 为论域 U 上的模糊集合，对于任意 $\lambda \in [0,1]$，称普通集合

$$A_\lambda = \{u \mid u_A(u) \geq \lambda, u \in U\}$$

为 A 的 λ 水平截集。

定义6.3(模糊集的运算)：设 A 和 B 为论域 U 中的两个模糊集，其隶属度函数分别为 μ_A 和 μ_B，则对于所有 $u \in U$，存在下列运算：

(1) A 与 B 的并(逻辑或)记为 $A \cup B$，其隶属函数定义为：

$$\mu_{A \cup B}(u) = \mu_A(u) \vee \mu_B(u) = \max\{\mu_A(u), \mu_B(u)\}$$

(2) A 与 B 的交(逻辑与)记为 $A \cap B$，其隶属函数定义为：

$$\mu_{A \cap B}(u) = \mu_A(u) \wedge \mu_B(u) = \min\{\mu_A(u), \mu_B(u)\}$$

(3) A 的补(逻辑非)记为 $\overline{A}$，其传递函数定义为：

$$\mu_{\overline{A}}(u) = 1 - \mu_A(u)$$

模糊集合还具有以下并、交、余运算性质：

幂等率：$A \cup A = A, A \cap A = A$

交换率：$A \cup B = B \cup A, A \cap B = B \cap A$

结合率：$(A \cup B) \cup C = A \cup (B \cup C), (A \cap B) \cap C = A \cap (B \cap C)$

吸收率：$(A \cap B) \cup A = A, (A \cup B) \cap A = A$

分配率：$A \cap (B \cup C) = (A \cap B) \cup (A \cap C)$

$A \cup (B \cap C) = (A \cup B) \cap (A \cup C)$

到目前为止，考虑的模糊集带有精确定义的隶属函数或隶属度，然而在实际应用中，有时隶属度仍然表现出模糊性而很难用一个数值来表示。因此，扎德提出了隶属函数本身是模糊集的模糊集概念，进一步给出模糊集合中隶属度值的模糊程度，从而使描述的模糊集合模糊性增强(Zadeh, 1975)。二型模糊逻辑系统方法是一个新的系统工具，它克服了模糊集没有考虑隶属度本身的模糊性的缺陷。我们称目前为止考虑的模糊集为一型模糊集，那么这种推广的模糊集称为二型模糊集。

定义6.4(二型模糊集)：设 A 是论域 U 到 $\xi([0,1])$ 的一个映射，即

$$U: X \to \xi([0,1])$$

称 A 是 U 上的二型模糊集(type 2 fuzzy sets。记 U 上的全体二型模糊集为 $\xi_2(U)$)。

以模糊集 $A=$"年老"来说明定义6.4的含义(胡宝清，2004)。设 $U = \{u_1, u_2, u_3, u_4, u_5\}$，而 $A=$"年老"为：

$$A = \frac{0.8}{u_1} + \frac{0.2}{u_2} + \frac{0.1}{u_3} + \frac{0.9}{u_4} + \frac{0.5}{u_5}$$

通常这些隶属度是很难准确给出的，所以模糊集 A 一般是以下形式：

$$A = \frac{较年老}{u_1} + \frac{年轻}{u_2} + \frac{很年轻}{u_3} + \frac{很年老}{u_4} + \frac{中年}{u_5}$$

即

$$A = \frac{\overline{0.8}}{u_1} + \frac{\overline{0.2}}{u_2} + \frac{\overline{0.1}}{u_3} + \frac{\overline{0.9}}{u_4} + \frac{\overline{0.5}}{u_5}$$

这里"较年老"($\overline{0.8}$),"年轻"($\overline{0.2}$),"很年老"($\overline{0.9}$)以及"中年"($\overline{0.5}$)等模糊集表示属于"年老"的程度。定义:

$$\overline{0.8} = \frac{0.3}{0.6} + \frac{0.8}{0.7} + \frac{1.0}{0.8} + \frac{0.7}{0.9} + \frac{0.4}{1.0}$$

$$\overline{0.2} = \frac{0.3}{0.0} + \frac{0.7}{0.1} + \frac{1.0}{0.2} + \frac{0.4}{0.3} + \frac{0.1}{0.4}$$

$$\overline{0.1} = \frac{0.5}{0.0} + \frac{1.0}{0.1} + \frac{0.6}{0.2} + \frac{0.2}{0.3} + \frac{0.1}{0.4}$$

$$\overline{0.9} = \frac{0.6}{0.7} + \frac{0.7}{0.8} + \frac{1.0}{0.9} + \frac{0.8}{1.0}$$

$$\overline{0.5} = \frac{0.3}{0.3} + \frac{0.8}{0.4} + \frac{1.0}{0.5} + \frac{0.7}{0.6} + \frac{0.4}{0.7}$$

由此可见,二型模糊集对于模糊现象的刻画更为深刻,也更加接近于实际情形,但对其的处理比一般的模糊集要复杂得多。

6.1.2 模糊关系

在自然界和现实生活中,事物之间存在着各种各样的关系,其中有些关系界限是明确的,而大多数关系则是界限不明确的。我们把界限明确的关系称为普通关系,而把界限不明确的关系称为模糊关系。人们常常用经典集合来刻画普通关系,而利用模糊集合来描述模糊关系(陈水利等,2005)。

定义 6.5(直积):若 $A_1, A_2, \cdots, A_n$ 分别为论域 $U_1, U_2, \cdots, U_n$ 中的模糊集合,则这些集合的直积是乘积空间 $U_1 \times U_2 \times \cdots \times U_n$ 中的一个模糊集合,其隶属函数为(蔡自兴,徐光祐,2003):

$$\mu_{A_1} \times \cdots \times \mu_{A_n}(u_1, u_2, \cdots, u_n) = \min\{\mu_{A_1}(u_1), \cdots, \mu_{A_n}(u_n)\}$$
$$= \mu_{A_1}(u_1)\mu_{A_2}(u_2)\cdots\mu_{A_n}(u_n)$$

定义 6.6(模糊关系):设 U、V 是两个非空模糊集合,则其直积 $U \times V$ 中的一个模糊子集 R 称为从 U 到 V 的模糊关系,可以表示为:

$$U \times V = \{((u,v), \mu_R(u,v)) \mid u \in U, v \in V\}$$

模糊关系具有以下几种运算性质,设 $R, S \in \xi(U \times V), \forall (u,v) \in U \times V$,则:

并关系:

$$R \cup S \Leftrightarrow \mu_{R \cup S}(u,v) = \mu_R(u,v) \vee \mu_S(u,v)$$

交关系:

$$R \cap S \Leftrightarrow \mu_{R \cap S}(u,v) = \mu_R(u,v) \wedge \mu_S(u,v)$$

相等:

$$R = S \Leftrightarrow \mu_R(u,v) = \mu_S(u,v)$$

补(余):

$$R^C \Leftrightarrow \mu_{R^C}(u,v) = 1 - \mu_R(u,v)$$

定义 6.7(模糊矩阵):设存在有限集 $A = \{a_1, a_2, \cdots, a_m\}$,$B = \{b_1, b_2, \cdots, b_n\}$,则 $A \times B$ 上的模糊关系 R 可以表示成 $m \times n$ 矩阵

$$\begin{bmatrix} \mu_R(a_1,b_1) & \mu_R(a_1,b_2) & \cdots & \mu_R(a_1,b_n) \\ \mu_R(a_2,b_1) & \mu_R(a_2,b_2) & \cdots & \mu_R(a_2,b_n) \\ \vdots & \vdots & & \vdots \\ \mu_R(a_m,b_1) & \mu_R(a_m,b_2) & \cdots & \mu_R(a_m,b_n) \end{bmatrix}$$

该矩阵称为模糊矩阵,本质上它和模糊关系是一致的,因而可以用 R 来表示,若记 $r_{ij} = \mu_R(a_i, b_j)$,则 $R = (r_{ij})_{m \times n}$。

由于模糊矩阵便于分析和计算,通常用模糊矩阵来处理模糊关系。模糊矩阵是有限论域上的模糊子集,其本质是一个模糊集合(温显斌等,2009)。

6.1.3 模糊综合评判

模糊综合评判方法是一种运用模糊数学原理分析和评价具有"模糊性"的事物的系统分析方法。也是一种以模糊推理为主的定性与定量相结合、精确性与非精确性相统一的分析评价方法。由于这种方法在处理各种难以用精确数学方法描述的复杂系统问题方面所表现出的独特的优越性,近年来已在许多学科领域得到十分广泛的应用(邓方安等,2008)。

1. 单层次模糊综合评判模型

给定两个有限的论域

$$U = \{u_1, u_2, \cdots, u_n\}$$
$$V = \{v_1, v_2, \cdots, v_n\}$$

U 代表所有评判引自所组成的集合,V 代表了所有评价等级组成的集合。

若第 i 个评判因素 $u_i(i=1,2,\cdots,m)$,其单因素评判结果为 $R_i = [r_{i1}, r_{i2}, \cdots, r_{in}]$,则 m 个评判因素的评价决策矩阵为:

$$R = \begin{pmatrix} R_1 \\ R_2 \\ \vdots \\ R_m \end{pmatrix} = \begin{pmatrix} r_{11} & r_{12} & \cdots & r_{1n} \\ r_{21} & r_{22} & \cdots & r_{2n} \\ \vdots & \vdots & & \vdots \\ r_{m1} & r_{m2} & \cdots & r_{mn} \end{pmatrix}$$

就是 U 到 V 上的一个模糊关系。

如果对评判因素的权数分配为:$A = [a_1, a_2, \cdots, a_n]$(显然 A 是论域 U 上的模糊子集,且 $0 \leq a_i \leq 1, \sum_{i=1}^{m} a_i = 1$),则应用模糊变换的合成运算,可以得到论域 V 上的一个模糊子集,即综合评判结果为

$$B = A \circ R = [b_1, b_2, \cdots, b_n]$$

2. 多层次模糊综合评判模型

在复杂大系统中,需要考虑的因素往往是很多的,而且因素之间还存在着不同的层次。这时,应用单层次模糊综合评判模型就很难得出正确的评判结果。所以,在这种情况下,就需要将评判因素集合按照某种属性分成几类,先对每一类进行综合评判,然后再对各类评判结果进行类之间的高层次综合评判。这样,就产生了多层次模糊综合评判问题。

多层次模糊综合评判模型的建立,可按以下步骤进行:

(1) 对评判因素集合 U,按某个属性 C,将其划分成 m 个子集,使它们满足

$$\sum_{i=1}^{m} u_i = U$$

$$u_i \cap u_j = \varnothing \ (i \neq j)$$

这样,就得到了第二级评判因素集合:

$$U/C = \{u_1, u_2, \cdots, u_m\}$$

式中,$u_i = \{u_{ik}\}, (i = 1, 2, \cdots, m; k = 1, 2, \cdots, n_k)$ 表示子集 u_i 中含有 n_k 个评判因素。

(2) 对于每一个子集 u_i 中的 n_k 个评判因素,按单层模糊综合评判模型进行评判。如果对各评判因素的权数分配为:$A = [a_1, a_2, \cdots, a_m]$,其评判决策矩阵为 R_i,则得到第 i 个子集 U_i 的综合评判结果为:

$$B_i = A_i \circ R_i = [b_{i1}, b_{i2}, \cdots, b_{in}]$$

(3) 对 U/C 中的 m 个评判因素子集 $u_i (i = 1, 2, \cdots, m)$ 进行综合评判,其评判决策矩阵为:

$$R = \begin{bmatrix} B_1 \\ B_2 \\ \vdots \\ B_m \end{bmatrix} = \begin{bmatrix} b_{11} & b_{12} & \cdots & b_{1n} \\ b_{21} & b_{22} & \cdots & b_{2n} \\ \vdots & \vdots & & \vdots \\ b_{m1} & b_{m2} & \cdots & b_{mn} \end{bmatrix}$$

对 U/C 中因素的权数分配为:$A = [a_1, a_2, \cdots, a_m]$ 进行综合评判,其评判决策矩阵为

$$B^* = A \circ B$$

若 U/C 中仍含有很多因素,则可以对它再进行划分,得到三级乃至更多层次的模糊综合评判模型。多层次的模糊综合评判模型,不仅可以反映评判因素的不同层次,而且避免了由于因素过多而难以分配权重的弊病。

6.2 基于模糊集的空间信息处理

6.2.1 模糊空间关系

当考察两个以上空间物体时,空间关系就必然成为重要的研究内容。空间关系可以是由空间物体的几何特征(空间物体的地理位置与形状)引起的空间关系,如距离、方位、

连通性、相似性等；也可以是由空间物体的几何特征和非几何特征（包括度量属性如高程值、坡度值、气温值等，名称属性如地名、物体名称等）共同引起的空间关系，如空间分布现象的统计相关、空间自相关、空间相互作用、空间依赖等；或者是完全由空间物体的非几何属性所导出的空间关系（郭仁忠，2001）。

空间关系的不确定性主要是由数据的不确定性、认知的不确定性以及空间关系分析处理的不确定性等引起的。在 GIS 中，图形位置的不确定性主要指由数据获取、表示、分析等引起的空间实体位置坐标与现实世界中相应实体的位置不一致，即 GIS 中存储的坐标往往不是现象的真实坐标，而是以某种概率分布在误差带内，从而使得空间关系在边界地区发生变化。属性不确定性可以由位置不确定性引起，如在面对象的边界线附近，由于边界线的随机性而导致了边界附近属性的模糊性（刘文宝，2000）。还有另一种属性不确定性是指对象的边界模糊性，如城乡结合部、土壤类型分布等（Stefanakis et al, 1999；Altman, 1994）。由认知引起的空间关系不确定性主要体现为空间关系概念的模糊性。由于 GIS 不但是对现实世界的建模，同时又是为人类认识和改造现实世界服务的，因而它必须能够正确理解人们的查询和处理意图，又要能够将结果以人们能够理解的形式反映给用户，GIS 必须能够以人们所希望的方式来处理所管理的数据。人们认知的另一个显著特征就是在谓语前增加修饰语，如"大概"、"基本上"、"差不多"、"完全"等，又如像"对象 A 不完全在对象 B 的内部"、"对象 A 与对象 B 基本相交"等语句。这些都可以归结为空间关系认知的不确定性，它们是通过概念的模糊性来体现的（杜世宏，王桥，2004）。

针对现有 GIS 对不确定性空间关系处理的不足，需要把模糊集原理引入空间关系的表达中，用来解决空间关系中的模糊性问题。模糊集是对经典集合的扩充，由于它允许集合元素与非集合元素之间有平滑的过渡，因而是一种柔性集合。现有的空间对象模型和空间关系表达可以看做是基于经典集合的，由于其像元与对象的隶属关系、空间关系实例与空间关系概念的隶属关系、空间关系的相似性等问题，基本上都是基于二值逻辑的，其值域是$\{0, 1\}$，因此经典集合论无法描述空间关系的模糊性；由于模糊集是一种多值逻辑，其值域范围是$[0, 1]$，因此它能够表达像元与空间对象、空间关系实例与空间关系概念的部分隶属关系。以模糊集合理论来表达或分析空间关系不仅可以处理空间关系中的不确定性，还能减少认知过程中使用自然语言表述空间关系产生的不确定性（杜世宏，王桥，2004）。

把模糊集思想应用于空间关系处理，关键在于空间关系的模糊表达。把对象看做一个集合，而像元与对象的组成关系也就变成了元素与集合的隶属关系，这样像元与对象的部分隶属关系很自然就可以用元素与集合的隶属度来表达，对象也就成了模糊对象（模糊集合）。Ahman 利用二维模糊集理论给出了模糊区域的定义（Ahman, 1994）：

$$R = \{u(x,y)/(x,y)\}$$

模糊区域 A 中任一元素(x, y)属于 A 的隶属度为$u(x, y)$。模糊对象可以用一个二维模糊矩阵来表达，如图 6.1 所示，图 6.1(a)为面对象的模糊矩阵表达，图 6.1(b)为线对象的模糊矩阵表达。其中，模糊矩阵中的数值为 1 的像素表示该像素属于 A，数值为 0

的像素表示该像素不属于 A,数值较大的像素表示该像素属于 A 的隶属度大,数值较小的像素表示该像素属于 A 的隶属度小。

0	0.3	0.4	0.4	0.2	0	0	0
0.4	0.6	1.0	1.0	0	0	0	0
0.5	1.0	1.0	0.8	0	0	0	0
0.4	1.0	1.0	0.7	0	0	0	0
0.5	0.7	0	0	0	0	0	0
0	0	0	0	0	0	0	0
0	0	0	0	0	0	0	0
0	0	0	0	0	0	0	0

(a)模糊面对象

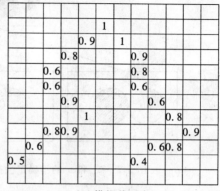

(b)模糊线对象

图 6.1 模糊对象的二维模糊矩阵表达(杜世宏,2004)

同样,由于任意一对空间对象间的空间关系可以看做是一个空间关系实例,而一个空间关系概念则可以当做具有相同特征的所有空间关系实例的集合,因此空间关系实例与空间关系概念的关系也就变成了元素与集合的隶属关系。空间关系模糊表达就是根据空间关系实例的特征与空间关系概念的特征来确定空间关系实例与空间关系概念的隶属关系,且允许部分隶属关系存在。另由于一个空间关系实例可以以不同隶属度隶属于多个空间关系概念,因而现有的精确空间关系表达是空间关系模糊表达的一个特例(隶属度为 1)。由此可见,空间关系模糊表达实质上就是确定空间关系实例与每个空间关系概念的隶属函数(杜世宏,王桥,2004)。Schneider 利用离散模糊区域的隶属函数,给出离散模糊区域的 9 交集矩阵,可以方便地计算两个模糊区域间不同拓扑关系的隶属程度(Schneider,2000)。刘文宝建立了模糊区域间拓扑空间关系描述模型,如图 6.2 所示,$\tilde{z}_1$ 为模糊区域,z_2 为确定性区域。由于模糊区域 $\tilde{z}_1$ 的空间位置不确定性,使得和 z_2 产生相邻、相交和包含的关系,从而导致了 $\tilde{z}_1$ 和 z_2 间拓扑关系的不确定性。将 Egenhofer 等人提出的九元组模型进行扩展,表达为模糊区域和确定区域的拓扑关系的描述或两个模糊区域之间拓扑关系的描述(刘文宝,邓敏,2002)。

6.2.2 模糊图像分割

模糊理论广泛应用于图像分割领域,以提高图像分割的精度和效率(徐元培,程君强,1987;徐立鸿,吴军辉,2004;Tizhoosh,2005)。基于模糊理论的图像分割方法主要是考虑图像分割过程中的模糊性,该方法通常是计算像素对于目标类别的隶属度,考虑了像素隶属于其他类别的可能性。

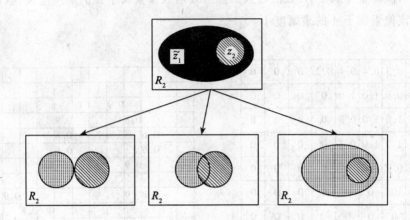

图 6.2 $\tilde{z}_1$ 和 z_2 的不确定性拓扑关系（刘文宝，邓敏，2002）

图像分割是根据一定的相似性准则对像素进行分类，利用模糊 C 均值聚类方法（FCM）对图像进行分割具有直观、易于实现的特点。FCM 聚类算法是 Dunn 在推广硬 C 均值（HCM）算法的基础上提出的，Bezdek 把这一工作进一步推广到一个模糊目标函数聚类的无限簇，并证明了该算法的收敛性（Bezdek，1981）。利用 FCM 聚类算法进行图像分割就是计算像素对于各个类别的隶属度来判断像素类的划分的。在诸多基于聚类的图像分割算法中，FCM 分割是最常用的一种，一方面该算法有良好的局部收敛性；另一方面它适合在高维特征空间中对像素进行分类（周礼平等，2004）。

FCM 把 n 个向量 $x_i (i=1,2,\cdots,n)$ 分为 c 个类别，并求每类别的聚类中心，使得非相似性指标的价值函数达到最小。FCM 使得每个给定数据点用值在 0 到 1 间的隶属度来确定其隶属于各个类别的程度，且每个数据点隶属于所有类别的隶属度之和等于 1：

$$\sum_{i=1}^{c} u_{ij} = 1, \forall j = 1,2,\cdots,n$$

构造 FCM 的价值函数（或目标函数）：

$$J(U,c_1,c_2,\cdots,c_c) = \sum_{i=1}^{c} J_i = \sum_{i=1}^{c} \sum_{j}^{n} u_{ij}^m d_{ij}^2$$

求得使价值函数达到最小的必要条件为：

$$c_i = \frac{\sum_{j=1}^{n} u_{ij}^m x_j}{\sum_{j=1}^{n} u_{ij}^m}$$

和

$$u_{ij} = \frac{1}{\sum_{k=1}^{c} \left(\frac{d_{ij}}{d_{kj}}\right)^{2/(m-1)}}$$

因此，FCM 聚类算法是一个简单的迭代过程，通过迭代过程可以求得数据对于各个类别的划分。

基于 FCM 的图像分割算法是将图像数据看做是特征空间中的点,图像的灰度、纹理等信息作为特征,以 FCM 算法进行迭代求得像素类别的划分,从而实现图像分割,如图 6.3 所示。

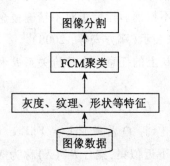

图 6.3　FCM 图像分割示意图

目前该方法已广泛应用于图像分割领域,许多学者还针对算法中存在的问题,如聚类中心的选择、算法运行效率等的问题提出了相应的改进算法(Yager and Filev, 1994)。例如,以 FCM 聚类实现图像分割,对于图 6.4(a)所示的原图,如果聚类数为 3 类,则得到如图 6.4(b)所示的分割结果。

(a) 原图　　　　　　　　　(b) 分割结果伪彩色显示

图 6.4　FCM 图像分割

6.3　粗糙集计算方法

粗糙集计算方法(计算粗糙)是指利用粗糙集的理论和方法所产生的计算智能方法。粗糙集理论是波兰数学家 Pawlak 于 1982 年提出的处理不精确、不确定数据的一种新的数据分析理论(Pawlak,1982),已被广泛应用于人工智能、模式识别与智能信息处理等计算机领域。近年来,粗糙集理论已成为信息科学最为活跃的研究领域之一。粗糙集理论是经典集合论的一个推广,已经发展成为表示不确定知识的重要数学工具之一。粗糙集的研究主要基于分类。分类和概念同义,一种类别对应于一个概念(类别一般表示为外延即集合,而概念常以内涵的形式表示如规则描述)。知识由概念组成,如果某知识中含有不精确概念,则该知识不精确。粗糙集对不精确概念的描述方法是:通过上近似和下近似概念这两个精确概念来表示(邓方安等,2008)。

定义 6.8(粗糙集):对于 U 上的任意一个等价关系 R 和任意一个子集 X,定义 X 关于 R 的下近似和上近似分别为:

$$R_*(X) = \{x \in U \mid [x]_R \subseteq X\} = Y\{Y \in U/R : Y \subseteq X\}$$

$$R^*(X) = \{x \in U \mid [x]_R \cap X \neq \varnothing\} = Y\{Y \in U/R : Y \cap X \neq \varnothing\}$$

集合 $R_*(X)$ 称为 X 的 R-下近似集,集合 $R^*(X)$ 称为 X 的 R-上近似集。

粗糙集是利用两个精确集(上近似集和下近似集)来描述的。一个概念(或集合)的下近似(lower approximation)概念(或集合)指的是,其下近似中的元素肯定属于该概念;一个概念(或集合)的上近似(upper approximation)概念(或集合)指的是,其上近似中的元素可能属于该概念。

根据粗糙集的定义容易验证下列重要关系成立为

$$R_*(X) \subseteq X \subseteq R^*(X)$$

$$R_*(X) = U - R^*(U - X)$$

目前,粗糙集作为处理不精确、不确定数据的一种新的数据分析理论,已被广泛应用于人工智能、模式识别与智能信息处理领域,成为软计算的研究热点之一。

6.4 基于粗糙集的空间信息处理

6.4.1 粗糙空间关系

粗糙集本身也是一种不确定性数据分析工具,能够对空间对象进行粒度分析,目前粗糙集已经被广泛地应用于地学空间分析、空间分类和不确定性分析、地学知识发现等研究中(Beaubouef et al,2007;Leung et al,2007)。

将地学现象的各种空间关系进行定量表达,并有效地转换成粗糙集方法数据处理的格式,是用粗糙集进行地学现象主要空间关系规则抽取的必要条件。由于粗糙集在处理数据时需要将数据表示成二维表格的形式,因此,需首先构造地学现象各种空间关系的二维表格。决策表的行表示地学现象的研究对象。决策表的列分为两部分,前一部分称为条件属性,代表地学现象的各种空间关系。决策表的后一部分称为决策属性,其值为具体的地学结果。表中各行的值是用不同的空间关系描述方法得到的空间关系的定量描述(除决策属性)。例如,曹峰等以珠江三角洲土地利用为例,列出了 2000 年珠江三角洲土地利用中城镇用地和农村居民点的空间关系,如表6.1所示(曹峰等,2009)。

其中:A_1为土地斑块所包含的简易公路数;A_2为土地斑块包含的普通公路数;A_3为土地斑块包含的单线河数;A_4为土地斑块1公里范围内的农村居民点个数;A_5为土地斑块3公里范围内的城镇用地个数。

表6.1 地学空间关系粗糙集(改自:曹峰等,2009)

条件属性					决策属性
A_1	A_2	A_3	A_4	A_5	d
77	15	7	17	2	城镇用地
0	0	0	6	0	城镇用地
16	0	0	6	4	城镇用地
2	0	0	2	0	农村居民地点
0	0	0	1	4	农村居民地点
3	0	0	0	0	农村居民地点

用这样的二维表格表示地学现象的空间关系后,便可以用粗糙集的方法来分析并抽取地学现象的主要空间关系规则。利用粗糙集理论的离散化方法对得到的决策表进行离散化。由于粗糙集处理决策表时,要求决策表中的值用离散(如整型、字符串型、枚举型)数据表达,因此,在处理数据之前必须要对决策表进行离散化。利用粗糙集的属性约简算法对离散化的地学现象的空间关系决策表,进行空间关系约简,并形成最后的空间关系决策规则表。空间关系决策表通过空间关系约简后便成为一个空间关系决策规则表。由于空间关系约简结果并不惟一,而空间关系决策表的每一种约简结果都会形成一个空间关系决策规则表,故最后的空间关系决策规则表是所有的约简结果形成的空间关系决策规则表的并。对于最后的空间关系规则,还需要计算空间关系决策规则的覆盖度和置信度,粗糙集中置信度和覆盖度的定义如下:

粗糙集的规则可以用$A \Rightarrow B$来表示,规则的置信度$\alpha = |X \cap Y|/|X|$,规则的覆盖度$\beta = |X \cap Y|/|Y|$,其中$X = \{x | x \in U \wedge A_x\}$,$Y = \{x | x \in U \wedge B_x\}$,$A_x$表示研究对象$x$的条件属性值满足公式$A$,$B_x$表示研究对象$x$的决策属性值满足公式$B$,及集合$X$是条件属性值满足公式$A$的实例集合,集合$Y$是决策属性值满足公式$B$的实例的集合。对任意的集合$E$,$|E|$表示集合$E$所含的元素个数。空间关系规则的置信度描述:得到某个地学结果的空间关系规则的可信程度,而覆盖度描述:地学空间关系规则对某个地学结果的支持程度。

采用粗糙集方法进行地学现象内蕴空间关系规则抽取流程如图6.5所示(曹峰等,2009)。

6.4.2 粗糙图像分割

粗糙集体现了集合中对象的不可区分性,即由于知识的粒度而导致的粗糙性。粗糙

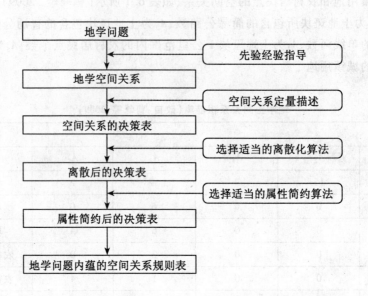

图 6.5 基于粗糙集的地学空间关系抽取流程图(曹峰等,2009)

集理论为智能信息提供了有效的处理手段,尤其是对特征提取,简化信息和不精确知识的表达、归纳等十分有效。图像信息具有较强的复杂性和相关性,在处理过程中经常出现不完整性和不精确性问题,将粗糙集理论应用于图像的处理和理解,具有比硬计算方法更好的效果(刘岩等,2003)。

Mushrif 提出了一种基于 histon 直方图和粗糙集的图像分割方法。histon 直方图是 Mohabey 等人为了克服直方图没有考虑像素的空间信息而提出的改进直方图,它在原直方图的基础上考虑了每个像素和周围像素颜色间的近似关系,能有效的反映像素间的空间信息(Mohabe and Ray,2000)。该方法将 histon 直方图对应粗糙集的下近似集,直方图对应粗糙集的上近似集。下近似集是论域 U 中根据现有的信息可以确定划归为 X 的不可辨类的元素的集合,即所有可以确切分类的元素的集合;上近似集是 U 中根据现有的信息所有可能属于 X(包括确定属于 X)的不可辨类的元素的集合,即所有可能属于分类集合的元素集合(巫兆聪,2004)。粗糙集的上、下近似集如图 6.6 所示。

通过计算像素的粗糙度来确定图像的分割阈值,图像直方图、histon 直方图和粗糙度如图 6.7 所示。

将该方法与基于直方图和基于 histon 直方图的图像分割方法进行比较,证明了该方法能得到更好的分割结果。该方法流程图如图 6.8 所示(Mushrif and Ray,2008)。

粗糙集理论处理不确定性问题的独特方式以及与其他理论的较好融合,将有利于其在应用领域特别是智能控制领域的进一步发展。刘岩等提出了一种基于粗糙集理论的 K 均值聚类图像分割方法。首先,利用 K 均值聚类将原图像分为 K 个类,且此结果可描述图像每一像素的属性;其次,所有像素属性决定等价关系,并且根据所有不可分辨关系,将

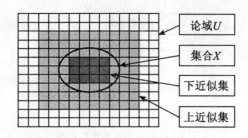

图 6.6 粗糙集的上、下近似集（改自：Mushrif and Ray，2008）

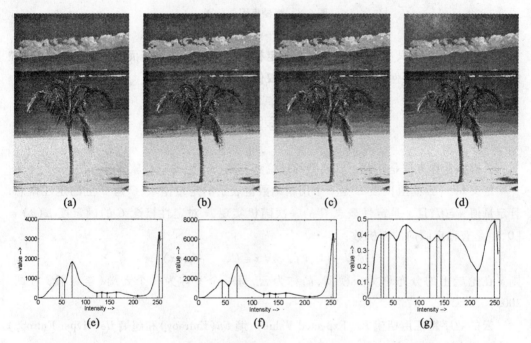

图 6.7 （a）原图；（b）基于直方图的分割结果；（c）基于 histon 直方图的分割结果；
（d）基于粗糙度的分割结果；（e）红色分量直方图；（f）红色分量 histon 直方图；（g）粗糙度

图像分为一些小区域；然后根据这些区域的不同点进行属性约简；最后，由区域的不同点决定等价关系，通过综合这种等价关系可得到满意的分割结果（刘岩等，2004）。

粗糙集理论与神经网络相结合也成为当前研究的热点之一。神经网络能够利用复杂的非线性系统对图像中大量不准确不完整的数据进行处理，并且能克服网络本身的不精确性，有很强的容错能力，而粗糙集本身特有的对不精确、不一致数据的分析能力，延伸了神经网络对该类数据的处理能力。何伟等利用粗糙集理论分析和处理图像中各种不精确不完整或不确定的信息，提出一种基于粗糙集理论和神经网络的图像分割方法，该方法充分利用了粗糙集理论在知识获取方面的优点和神经网络在数值逼近上的优势，弥补了各自方法的不足。首先，利用粗糙集理论对图像属性进行约简，提取规则，抽取关键成分作

图 6.8 粗糙集图像分割

为神经网络的输入;其次,根据这些规则确定神经网络隐层的神经元个数,并且根据粗糙集理论中属性的重要性来修正神经网络的权值(何伟等,2009)。

6.5 云模型计算方法

云模型计算方法是指利用云模型的理论和方法所产生的一些软计算方法。

定义 6.9(云模型):设 U 是一个用精确数值表示的定量论域,C 是 U 上的定性概念,若定量值 $x \in U$,且 x 是定性概念 C 的一次随机实现,x 对定性概念 C 的确定度 $\mu(x) \in [0,1]$ 是有稳定倾向的随机数:

$$\mu: U \to [0,1], \quad \forall x \in U, \quad x \to \mu(x)$$

则 x 在论域上的分布称为云模型,简称为云,每一个 x 称为一个云滴(李德毅,杜鹢,2005)。

云的数字特征由期望 Ex(Expected Value)、熵 En(Entropy)和超熵 He(Hyper Entropy)三个数值来表征。

期望 Ex:云滴在论域空间分布的期望,就是最能够代表定性概念的点,反映了这个概念的云滴群的云重心。

熵 En:用来度量定性概念的不确定性,由概念的随机性和模糊性共同决定,揭示了模糊性和随机性的关联性。熵 En 一个方面是定性概念随机性的度量,反映了能够代表这个定性概念的云滴的离散程度;另一个方面又是定性概念模糊性的度量,反映了论域空间中可被概念接受的云滴的取值范围。用熵 En 这同一个数字特征来反映模糊性和随机性,也体现了两者之间的关联性。

超熵 He:超熵是熵的不确定性的度量,即熵的熵。反映了在数域空间代表该概念的所有点的不确定度的凝聚性,即云滴的凝聚度。超熵的大小间接地表示了云的离散程度和厚度。超熵由熵的随机性和模糊性共同决定,也体现了两者之间的关联性(李德毅,杜鹢,2005)。

正态分布是概率理论中最基本的分布,具有普适性,大量社会和自然科学中定性知识的期望曲线都近似服从正态分布,正态云模型正是在正态分布的基础上建立起来的,它是一种最基本的云模型,也是表征概念的有力工具之一。由期望和熵便可确定具有正态分布形式的云的期望曲线方程:

$$y = e^{-\frac{(x-Ex)^2}{2En^2}}$$

采用正向云发生器可以实现云的生成,它根据云的数字特征(Ex, En, He)产生云滴,是从定性到定量的映射。其输入为表示定性概念的期望值 Ex、熵 En 和超熵 He,云滴数量 n,输出的是 n 个云滴在数域空间的定量位置及每个云滴代表该概念的确定度。如图 6.9 所示。

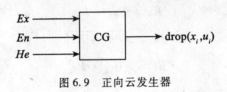

图 6.9　正向云发生器

例如,给定 $Ex=25$, $En=3$, $He=0.1$, $n=10000$,则生成的云如图 6.10 所示。

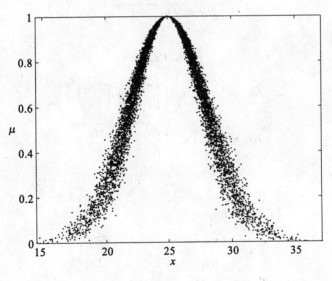

图 6.10　正态云模型

1965 年,扎德提出模糊集合的概念后,出现了许多模糊集运算和模糊数运算的方法。1996 年,扎德又进一步提出了"词计算"(computing with words)的思想。词计算就是用概念、语言值或者单词取代数值进行计算和推理的方法,它更强调自然语言在人类智能中的作用,更强调概念、语言值和单词中不确定性的处理方法。扎德提出的词计算主要是基于模糊集合处理不确定性。

云模型作为定性概念与定量表示之间的不确定转换模型,是表示自然语言值的随机性、模糊性及其关联性的一种方法。因此,探讨基于云模型的词计算,是很自然的一个研究方向(李德毅,杜鹢,2005)。

基于云模型的词计算,包括代数运算、逻辑运算和语气运算。云运算的结果可以看做是某个不同粒度的新词,也就是一个子概念或者复合概念。

基于云的词计算,以下给出基本运算法则(邸凯昌,2000;李德毅,杜鹢,2005)。

1. 代数运算

给定论域 U 上的两个云 $C_1(Ex_1, En_1, He_1)$、$C_2(Ex_2, En_2, He_2)$,令 C_1 与 C_2 的代数运算的结果为 $C(Ex, En, He)$,C_1 与 C_2 之间的代数运算可以定义如下。

加法:
$$Ex = Ex_1 + Ex_2$$
$$En = \sqrt{En_1^2 + En_2^2}$$
$$He = \sqrt{He_1^2 + He_2^2}$$

减法:
$$Ex = Ex_1 - Ex_2$$
$$En = \sqrt{En_1^2 + En_2^2}$$
$$He = \sqrt{He_1^2 + He_2^2}$$

乘法:
$$Ex = Ex_1 Ex_2$$
$$En = \left|\frac{Ex_1}{Ex_2}\right| \times \sqrt{\left(\frac{En_1}{Ex_1}\right)^2 + \left(\frac{En_2}{Ex_2}\right)^2}$$
$$He = \left|\frac{Ex_1}{Ex_2}\right| \times \sqrt{\left(\frac{He_1}{Ex_1}\right)^2 + \left(\frac{He_2}{Ex_2}\right)^2}$$

除法:
$$Ex = \frac{Ex_1}{Ex_2}$$
$$En = \left|\frac{Ex_1}{Ex_2}\right| \times \sqrt{\left(\frac{En_1}{Ex_1}\right)^2 + \left(\frac{En_2}{Ex_2}\right)^2}$$
$$He = \left|\frac{Ex_1}{Ex_2}\right| \times \sqrt{\left(\frac{He_1}{Ex_1}\right)^2 + \left(\frac{He_2}{Ex_2}\right)^2}$$

以上运算所涉及的概念必须属于同一个论域才有意义。当其中一个云的熵和超熵均为 0 时,其代数运算则成为云与精确数值的运算。

云的代数运算具有如下性质:

(1)云的加法、乘法运算满足交换律和结合律。

交换律:$A + B = B + A$,$AB = BA$。

结合律：$(A+B)+C=A+(B+C)$，$(AB)C=A(BC)$。

（2）通常，云的代数运算会使不确定度增加。但是，云与精确数值的加减运算没有改变不确定度。由此性质可知：$A+B=C$ 不能推出 $C-B=A$；由 $AB=C$ 不能推出 $C\div B=A$。

2. 逻辑运算

给定论域 U 上的云 $A(Ex_A,En_A,He_A)$、$B(Ex_B,En_B,He_B)$，就传统意义上的相等、包含、与、或、非等逻辑运算而言，A 与 B 之间的逻辑运算可以定义如下。

（1）A 与 B "相等"：
$$A=B \Leftrightarrow (Ex_A=Ex_B) \wedge (En_A=En_B) \wedge (He_A=He_B)$$

（2）A "包含" B：
$$A \supseteq B \Leftrightarrow [(Ex_A-3En_A) \leq (Ex_B-3En_B)] \wedge [(Ex_B+3En_B) \leq (Ex_A+3En_A)]$$

（3）A "与" B（存在以下3种情况）：

如果 $|(Ex_A-Ex_B)| \geq |3(En_A+En_B)|$，那么运算结果为空。

如果 $|(Ex_A-Ex_B)| < |3(En_A+En_B)|$，而且 A 和 B 互不包含，若 $Ex_A \geq Ex_B$，那么运算结果为

$$C = A \cap B \Leftrightarrow$$

$$Ex_C \approx \frac{1}{2}|(Ex_A-3En_A)+(Ex_B+3En_B)|$$

$$En_C \approx \frac{1}{6}|(Ex_B+3En_B)-(Ex_A-3En_A)|$$

$$He_C = \max(He_A,He_B)$$

如果 $A \supseteq B$ 或者 $B \subseteq A$，那么运算结果为

$$C = \begin{cases} A & (A \subseteq B) \\ B & (A \supseteq B) \end{cases}$$

（4）A "或" B：如果 $A \cap B \neq \varnothing$，且 $Ex_A \leq Ex_B$，那么运算结果为

$$C = A \cup B \Leftrightarrow$$

$$Ex_C = \frac{1}{2}(Ex_A-3En_A+Ex_B+3En_B)$$

$$En_C = En_A + En_B$$

$$He_C = \max(He_A,He_B)$$

（5）A 的"非"（存在以下两种情况）：

如果 A 是一个半云，那么，运算结果也是一个半云，即

$$C = \overline{A} \Leftrightarrow Ex_C \approx \min(U) \text{ 或 } \max(U)$$

$$En_C \approx \frac{1}{3}(U-3En_B)$$

$$He_C \approx He_A$$

如果 A 是一个全云，那么，运算结果由两个半云组成，即

$$C = \overline{A} \Leftrightarrow Ex_C \approx \min(U) \qquad C = \overline{A} \Leftrightarrow Ex_C \approx \max(U)$$

$$En_C \approx \frac{1}{3}[Ex_A - \min(U)] \qquad En_C \approx \frac{1}{3}[\max(U) - Ex_A]$$

$$He_C \approx He_A \qquad\qquad He_C \approx He_A$$

上述云运算可推广到任意多个云的逻辑运算。

云的逻辑运算具有下列性质:

幂等率:$A \cup A = A, A \cap A = A$。

交换律:$A \cup B = B \cup A, A \cap B = B \cap A$。

结合律:$(A \cup B) \cup C = A \cup (B \cup C), (A \cap B) \cap C = A \cap (B \cap C)$。

吸收率:$(A \cap B) \cup A = A, (A \cup B) \cap A = A$。

分配率:$A \cap (B \cup C) = (A \cap B) \cup (A \cap C), A \cup (B \cap C) = (A \cup B) \cap (A \cup C)$。

两极率:$A \cup U = U, A \cap U = A, A \cup \varnothing = \varnothing, A \cap \varnothing = \varnothing$。

互补率:$\overline{\overline{A}} = A$。

云的逻辑运算不满足排中律,即:$A \cup \overline{A} \neq U, A \cap \overline{A} \neq \varnothing$。

以上逻辑运算只是在同一论域范畴上进行的,对于不同论域之间的逻辑运算,可以借用语言值对应的概念来完成,将"与"、"或"等也看做是概念,诸如建立"软与"、"软或"的云模型,实现软运算。

3. 语气运算

语气运算用以表达对语言值的肯定程度,分为强化语气和弱化语气两种运算。基本思想是强化语气使语言值的熵和超熵减小,弱化语气使语言值的熵和超熵增大,减小或增大的幅度可以采用诸如黄金分割律($k = (\sqrt{5} - 1)/2 = 0.618$)等方法来确定。

给定论域 U 中的云 $C(Ex, En, He)$,令 $C'(Ex', En', He')$ 为语气运算的结果,则可以定义:

(1)强化语气($0 < k < 1$)

$$En' = kEn; He' = kHe; Ex' = \begin{cases} Ex & \text{当 } C \text{ 为完整云} \\ Ex + \sqrt{-2\ln k}En' & \text{当 } C \text{ 为半升云} \\ Ex - \sqrt{-2\ln k}En' & \text{当 } C \text{ 为半降云} \end{cases}$$

(2)弱化语气($0 < k < 1$)

$$En' = \frac{En}{k}; He' = \frac{He}{k}; Ex' = \begin{cases} Ex & \text{当 } C \text{ 为完整云} \\ Ex + \sqrt{-2\ln k}En' & \text{当 } C \text{ 为半升云} \\ Ex - \sqrt{-2\ln k}En' & \text{当 } C \text{ 为半降云} \end{cases}$$

一个语言值,经过强化运算后再进行弱化运算,能够恢复到原来的语言值。云的语气运算可以连续运算多次,生成一系列不同语气的语言值。

需要指出的是,云运算的定义与具体的应用是紧密联系的,上述定义的云运算法则在某些应用中可能合适,但针对其他的应用领域,可能需要引入新的定义法则。

6.6 基于云模型的空间信息处理

6.6.1 云模型空间数据分析

空间数据的不确定性表达和处理是地理信息理论中十分重要的课题,是近年来 GIS 和遥感界的一个研究热点,处理的主要方法有概率统计方法和模糊数学方法,一般采用概率统计的方法处理空间数据误差等随机性问题,而用模糊数学的方法处理模糊问题,由于传统的模糊集理论的不彻底性,对既包含模糊性又包含随机性的不确定性问题的表达和处理仍没有得到很好的解决(邸凯昌,2000)。作为表达和处理随机性和模糊性及二者之间关联性的不确定性分析和处理模型——云模型,已被相关学者引入空间数据的不确定性表达中。邸凯昌用云模型表达多种空间概念,提出不确定性点、不确定性线、不确定性面、不确定性方向、不确定性距离等,并利用云模型实现了 GIS 的不确定性查询(邸凯昌,2000)。王树良利用云模型表达长江三峡库区宝塔滑坡位移及监测水平,将滑坡的位移情况以云模型来表示,以自然语言形式描述了滑坡监测点的空间关系。

以长江三峡库区宝塔滑坡为例说明云模型在不确定性空间关系表达和处理中的应用。王树良针对长江三峡库区宝塔滑坡,利用云模型表达滑坡位移及监测水平,不仅利用云模型很好地表达了宝塔滑坡的空间关系,而且以云模型的三个数字特征诠释滑坡位移特征、形变离散程度和监测水平等的语义信息,表达更为清晰化、知识化,易于理解(王树良,2002)。宝塔滑坡监测点示意图如图 6.11 所示。

将长江三峡宝塔滑坡在某个(些)监测点、某个(些)时期、某个(些)方向的精确的位移形变观测值,在数域空间中的分布看做一幅云图,根据每幅云图的滑坡监测点的形变监测数据,利用辐射拟合的逆向云发生器算法得到云的期望 Ex、熵 En 和超熵 He 三个数字特征。这三个数字特征表示了滑坡位移及其监测的整体水平。其中,期望表示监测点的预期位置(一般是监测点首期观测值的位移为 0 位置),熵表示监测点对预期位置的离散程度(体现位移的幅度大小,最能体现滑坡的位移形变水平),超熵表示监测水平偏离正常的程度(综合反映监测仪器、监测员的素质和监测环境等因素)。

云的三个数字特征(Ex,En,He)表示的概念,例如"滑坡稳定"、"监测精度高"等,是和人们的思维决策一致的定性语言,可以代表这些精确空间监测数据所反映的云滴的整体。监测数据越多,云图中的云滴数量越多,云模型反映滑坡的概念就越确切。如果在三个数字特征中,熵和超熵都等于0,那么($Ex,0,0$)表示的概念就是一个个精确的位移观测值。同时,利用这三个反映滑坡位移及其监测的整体水平的数字特征,还可以再用正向云发生器复现出每个滑坡监测点的任意多个监测数据,即反映滑坡位移及其监测整体水平的任意多个定量值。虽然这些复现还原的监测数据的位移和原始的监测数据的位移不一定完全吻合,但是二者分布的总体趋势是一致的,即三个数字特征相同。这样,通过正

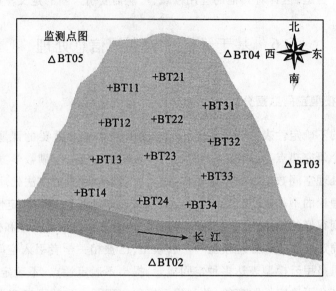

图 6.11 宝塔滑坡监测点示意图(王树良,2002)

向云发生器和逆向云发生器,云模型就在精确的滑坡监测数据和不确定的思维决策之间建立了定性和定量之间相互联系、相互依存、性中有量、量中有性的映射关系。

而且,在对宝塔滑坡的每期监测中,给定监测点在给定方向(X 方向、Y 方向或 H 方向)的位移,就产生一个云滴,云滴的自变量为每个监测点的空间坐标和监测日期,确定度为滑坡形变的位移量 dx、dy 或 dh 与概念"滑坡稳定"的确定程度。所以,能够在空间实体监测数据挖掘中应用云模型,从中发现该监测点在这些时期内的位移水平、位移的监测水平。

表 6.2   监测点在不同监测日期的 dx 数字特征

数字特征	BT11	BT12	BT13	BT14	BT21	BT22	BT23	BT24	BT31	BT32	BT33	BT34
Ex	-25.0	-22.1	-9.3	-0.3	-92.8	-27.0	-26.5	-20.5	-40.3	-22.9	-25.0	-20.9
En	18.1	19.4	8.8	3.7	66.4	20.8	21.6	20.2	28.4	18.7	22.2	20.7
He	19.0	41.7	8.0	6.7	145.8	21.1	53.0	27.4	92.2	38.2	26.4	32.8

在表 6.2 中,三个数字特征描述的是定性语言概念的基本特征,能够代表精确空间监测数据所反映的滑坡位移及其监测的整体水平。滑坡监测点的预期期望一般是监测点的首期初始观测位置,位移为 0。这个预期期望常常和监测点的监测值期望并不相等,二者之差,就反映了监测点的整体平均位移。同时,熵最能体现滑坡的位移形变水平,表示了监测点对预期位置的离散程度,超熵则综合反映监测仪器、监测员的素质和监测环境等因素对监测水平的影响程度。

如果认为这些数字特征表示的滑坡监测点位移水平还不令人满意,那么可以根据滑坡监测的特点和需要,基于云模型的基本思想,按照一定的转换规则把三个数字特征诠释为三个定性概念。

表6.3　　　　三个数字特征的一种定性诠释规则(单位:mm)

数值	0~9	9~18	18~27	27~36	36~45	>60
位移概念	较小	小	大	较大	很大	非常大
数值	0~9	9~18	18~27	27~36	36~45	>60
离散概念	较低	低	高	较高	很高	非常高
数值	0~9	9~18	18~27	27~36	36~45	>60
监测概念	较稳定	稳定	不稳定	较不稳定	很不稳定	非常不稳定

因考虑应用的一般性,故表6.3中的规则没有方向性,可以根据不同的应用环境赋予不同的方向,例如 X 方向的正方向为北方,负方向为南方。基于表6.3的诠释规则,可以得到与表6.2的数字特征值相对应的所有定性概念,如表6.4所示。这样,通过定性诠释规则的转换,云模型的三个数字特征就变成了富有灵气的定性概念语言。例如,断面二的监测点 BT21 表示"向 X 负方向(南方向)位移非常大,滑坡形变的离散度非常高,监测水平非常不稳定"。

表6.4　　监测点在不同监测日期的 dx 数字特征及其定性诠释(单位:mm)

数字特征	BT11	BT12	BT13	BT14	BT21	BT22	BT23	BT24	BT31	BT32	BT33	BT34
Ex	-25.0	-22.1	-9.3	-0.3	-92.8	-27.0	-26.5	-20.5	-40.3	-22.9	-25.0	-20.9
位移水平	向南大	向南大	向南小	向南较小	向南非常大	向南较大	向南大	向南大	向南很大	向南大	向南大	向南大
En	18.1	19.4	8.8	3.7	66.4	20.8	21.6	20.2	28.4	18.7	22.2	20.7
形变离散	高	高	较低	较低	非常高	高	高	高	较高	低	高	高
He	19.0	41.7	8.0	6.7	145.8	21.1	53.0	27.4	92.2	38.2	26.4	32.8
监测水平	不稳定	很不稳定	较稳定	较稳定	非常不稳定	不稳定	很不稳定	较不稳定	非常不稳定	较不稳定	很不稳定	较不稳定

人们对空间关系的描述常常采用的是自然语言,提供来自监测数据的自然语言(表6.4),显然比提供监测数据的各种精度指标(表6.2),更接近于人们的思维,更适合于决策者使用。因此,以云模型来描述和表达空间关系不仅能有效的处理空间位置的不确定性,同时还能以自然语言描述空间关系,更接近人们的思维,是一种有效的空间关系处理

模型。

6.6.2 云图像分割

云模型具有综合处理模糊性、随机性以及二者之间的关联性的特点,在图像分割中可以有很好的应用。秦昆等人以云模型为基础,模拟人形成概念和分析概念的过程,将图像分割的过程理解成概念抽取、概念跃升和概念判别的过程,如图 6.12 所示。该方法充分利用了云模型处理和分析不确定性的优势,兼顾了图像分割过程中的模糊性、随机性以及二者之间的关联性,是一种新的不确定性图像分割的有效方法(秦昆等,2006)。

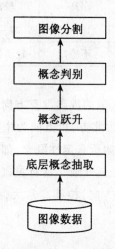

图 6.12 图像分割过程

云变换是一种定量数据到定性概念转换的一种方法,是一种从连续的数值区间到离散的概念的转换过程。给定论域中的某个数据属性 X 的频率 $f(x)$,根据 X 的属性值频率的实际分布情况,自动生成若干个粒度不同的云 $C(Ex_i, En_i, He_i)$ 的叠加,每个云代表一个离散的、定性的概念(李德毅,杜鹢,2005)。其数学表达式为:

$$f(x) \rightarrow \sum_{i=1}^{n} (a_i \times C(Ex_i, En_i, He_i))$$

基于云变换的图像分割方法对图像的灰度直方图进行云变换,将其分解成一系列正态云模型的叠加,然后通过云综合算法构建泛概念树,最后通过极大判定法则实现图像分割。具体步骤如下:

(1)统计图像的灰度直方图,将图像的灰度直方图看作离散的函数 $f(x)$,原图及图像直方图如图 6.13 所示。

(2)利用云变换算法将 $f(x)$ 分解成若干个底层云概念的叠加,云变换结果如图 6.14 所示。

(3)将生成的底层云概念看做泛概念树的叶节点,然后在泛概念树叶节点的基础上,利用云综合算法将概念提升到指定个数的概念颗粒或概念层次。

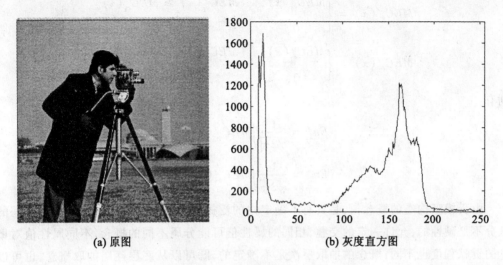

图 6.13 原图及图像直方图

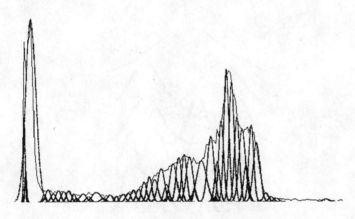

图 6.14 云变换生成的底层云概念

云综合算法如下(李德毅,杜鹢,2005):

给定两个云模型 $C_1(Ex_1, En_1, He_1)$,$C_2(Ex_2, En_2, He_2)$,令综合后的云模型为 $C(Ex, En, He)$,则有:

$$Ex = \frac{Ex_1 En_1' + Ex_2 En_2'}{En_1' + En_2'}$$

$$En = En_1' + En_2'$$

$$He = \frac{He_1 En_1' + He_2 En_2'}{En_1' + En_2'}$$

式中 En_1',En_2' 计算方法如下:

设 $MEC_{c_1}(x)$ 和 $MEC_{c_2}(x)$ 分别是 C_1 和 C_2 的期望曲线方程,令

$$MEC_{c_1}'(x) = \begin{cases} MEC_{c_1}(x), & (MEC_{c_1}(x) \geq MEC_{c_2}(x)) \\ 0, & 其他 \end{cases}$$

$$MEC_{c_2}'(x) = \begin{cases} MEC_{c_2}(x), & (MEC_{c_2}(x) > MEC_{c_1}(x)) \\ 0, & 其他 \end{cases}$$

则有：

$$En_1' = \frac{1}{\sqrt{2\pi}} \int_U MEC_{c_1}'(x) \mathrm{d}x$$

$$En_2' = \frac{1}{\sqrt{2\pi}} \int_U MEC_{c_2}'(x) \mathrm{d}x$$

由云模型构造的概念树,是具有不确定性的泛概念树。同一层次中各个概念之间的区分不是硬性的,允许一定的交叠,相同的属性值可能分属不同的概念,不同属性值对概念的贡献程度也不同；概念的抽取层次是不确定的,既可以从底层逐层抽取概念,也可以直接跃升抽取上层概念。用云模型构造的泛概念树,尽管有明确的层次关系,但不是一棵僵化的树,而是一棵虚拟的泛概念树,如图 6.15 所示。

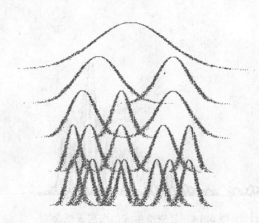

图 6.15 云泛概念树示意图

(4)对生成的概念层次利用正向发生器计算图像的每个像素对概念的隶属程度,记为 $\mu(x)$:

$$\mu(x) = e^{-\frac{(\mathrm{pixel} - Ex)^2}{2En^2}}$$

式中:pixel 为图像像素灰度值。

(5)利用极大判定法根据像素对概念集中的所有概念的隶属程度的大小,选择具有最大隶属度的概念作为隶属概念,从而实现图像分割。即利用前件云发生器计算属性值 x 对每个概念的隶属程度,记为 $\mu_1, \mu_2, \cdots, \mu_m$。如果 $\mu_i = \max\limits_{k=1,2,\cdots,m} \mu_k$,将 x 分配给概念 C_i；如果 $\mu_i = \mu_j = \max\limits_{k=1,2,\cdots,m} \mu_k$,则将 x 随机分配给概念 C_i 或 C_j。因此,在重叠区中同一个属性值在不同的情况下可能分配给不同的云,这与人类认知过程中的分类情况显然是吻合的。极大判定法则如图 6.16 所示。分割结果如图 6.17 所示。

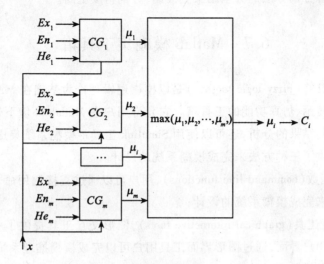

图 6.16 极大判定法则

图 6.17 分割结果

采用云变换算法和云综合算法构造的概念树是一种具有不确定性的概念树,也就是说各个概念之间的区分不是硬性的,允许一定的交叠,相同的属性可能分属不同的概念。在重叠区,同一个属性可能分配给不同的云,这和人类认知过程中的分类情况吻合。算法在对像素 x 分类的时候,也并非硬性的将 x 划分为某一类,而是采用云模型中的正态云滴来表示 x 对于某一类的隶属度,实现定性概念到定量数据的转换。在类中心的像素确定度高,而在边缘地区的像素确定度低。这样就很好地解决了像素不确定性在不同区域不一致的问题,符合实际情况。

由于云模型的正态云滴具有模糊性和随机性,用它来表示像素对于某一类的隶属度就可以充分保留像素的不确定性信息,真正意义上实现"软分割"。采用云变换算法得到的分割结果较传统分割方法的分割结果更准确,分割精度更高。

6.7 Matlab 模糊集工具箱

模糊逻辑工具箱(fuzzy logic toolbox)是以模糊逻辑理论为基础在 MATLAB 环境下扩充的设计、应用、显示、仿真功能的工具箱。它允许用户在 Matlab 环境下进行模糊推理系统的建立以及观测结果的分析,还可以使用 Simulink 工具将模糊系统集成到仿真系统中。

该工具箱提供了三种方法来完成模糊系统的设计。

(1)命令行函数(command line functions),用户可以通过直接调用命令行函数或自己编写的应用程序来完成模糊系统的设计;

(2)图形交互工具(graphical interactive tools),图形交互工具提供了一个简单的基于鼠标点击的图形用户界面,通过图形界面工具用户可以完成模糊推理系统设计的全过程。

(3)动态仿真模块及实例(Simulink Blocks and Examples),动态仿真模块可以在 Simulink 模型中嵌入模糊推理系统,实现模糊逻辑工具箱与 Simulink 无缝地协同工作。此外,用户还可以编写独立的 C 语言程序来调用 MATLAB 中所设计的模糊系统。

这里以 Matlab7.2.0(R200a)为平台介绍 Matlab 的模糊逻辑工具箱。它不仅提供了进行模糊逻辑运算的基本函数,而且支持标准的 Mamdani 型和 Sugeno 型模糊推理系统,用户还可以通过自适应神经模糊推理系统(ANFIS)和模糊聚类(fuzzy clustering)进行模型的建立和系统行为的划分。

6.7.1 图形用户界面(graphic user interface,GUI)

模糊逻辑工具箱中的图形用户界面(GUI)提供了 5 个图形化工具来创建模糊推理系统。这 5 个图形化工具为:模糊推理系统编辑器(fuzzy inference system editor,FIS Editor)、隶属函数编辑器(membership function editor,MF Editor)、模糊规则编辑器(rule editor)、模糊规则观察器(rule viewer)和模糊推理输入输出曲面视图(surface viewer)。这 5 个图形化工具相互动态联系,可同时用来创建模糊推理系统。它们之间的关系如图 6.18 所示。

GUI 中的图形化工具可以使用 GUI 工具函数调用,常用 GUI 工具函数如表 6.5 所示。

表 6.5 GUI 工具函数

函数类型	函数名称	函数用途
编辑器调用函数	anfisedit	打开 ANFIS 编辑器
	findcluster	打开模糊 C 均值聚类和模糊减法聚类编辑器
	fuzzy	打开基本 FIS 编辑器
	medit	打开隶属度函数编辑器
	ruleedit	打开规则编辑器和语法解析器

续表

函数类型	函数名称	函数用途
模糊系统图像绘制函数	plotfis	绘制 FIS
	plotmf	绘制给定变量的隶属度函数
观察器调用函数	ruleview	规则观察器和模糊推理方框图
	surfview	输出曲面观察器

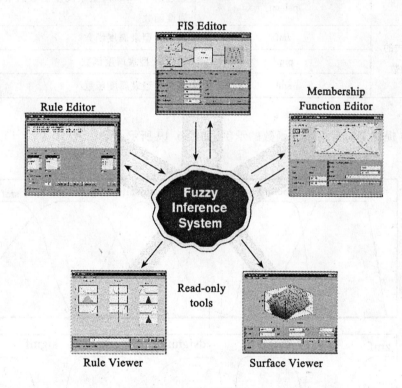

图 6.18　GUI 图形化工具

6.7.2　隶属度函数(membership function)

隶属度函数是模糊集合理论中用一个介于 0 与 1 之间的数来表达元素从属于模糊集合程度的函数。常用函数如表 6.6 所示。

表6.6　　　　　　　　　　　　隶属度函数

函数类型	函数名称	函数用途
线性隶属度函数	trimf	建立三角形隶属度函数
	trapmf	建立梯形隶属度函数
高斯隶属度函数	gaussmf	建立高斯曲线隶属度函数
	gauss2mf	建立两边型高斯隶属度函数
钟形隶属度函数	gbellmf	建立一般钟形隶属度函数
Sigmiod 隶属度函数	sigmf	建立 Sigmoid 型隶属度函数
	dsigmf	建立两个 Sigmoid 型隶属度函数之差组成的隶属度函数
	psigmf	通过两个 Sigmoid 型隶属度函数的乘积构造隶属度函数
基于多项式的隶属度函数	zmf	建立 Z 型隶属度函数
	pimf	建立 Π 型隶属度函数
	smf	建立 S 型隶属度函数

Matlab 提供了所有隶属度函数的示例，如图 6.19 所示。

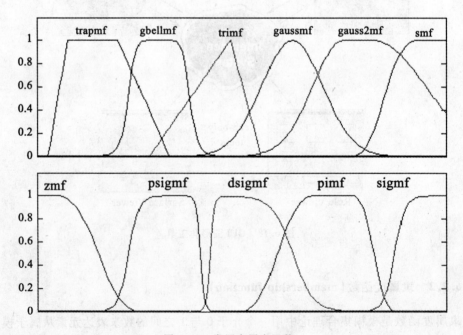

图 6.19　常用隶属度函数

下面以常用的高斯隶属度函数 gaussmf 为例，介绍隶属度函数使用方法如下。

gaussmf 函数的调用方式为：

$y = \text{gaussmf}(x, [\text{sig } c])$,其中 x 为随机变量,sig 为标准差,c 为期望值。

例如,在 Matlab 命令窗口输入以下命令:

$x = 0:0.1:10$;
$y = \text{gaussmf}(x, [2\ 5])$;
$\text{plot}(x, y)$
$\text{xlabel}('\text{gaussmf}, P = [2\ 5]')$

运行结果如图 6.20 所示。

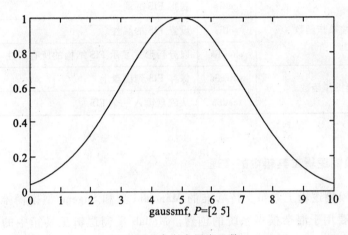

图 6.20 高斯隶属度函数

6.7.3 模糊推理系统的数据结构管理函数

在 Matlab 模糊逻辑工具箱中,使用 FIS(模糊推理系统)数据结构管理函数来创建和操作 FIS 系统,常用函数如表 6.7 所示。

表 6.7   **FIS 数据结构管理函数**

函数类型	函数名称	函数用途
FIS 隶属度函数的操作函数	addmf	向 FIS 添加隶属度函数
	rmmf	从 FIS 中删除某一隶属度函数
	defuzz	隶属度函数去模糊化
	evalfis	完成模糊推理计算
	evalmf	通用的隶属度函数计算函数
	mf2mf	实现两个隶属度函数之间的参数转换
FIS 规则的操作函数	addrule	向 FIS 添加规则
	parsrule	解析模糊规则

续表

函数类型	函数名称	函数用途
FIS 规则的操作函数	showrule	显示 FIS 规则
FIS 语言变量的操作函数	addvar	向 FIS 添加语言变量
	rmvar	从 FIS 中删除某一语言变量
FIS 输出曲面生成函数	gensurf	生成一个 FIS 输出曲面
FIS 的创建函数	newfis	创建新的 FIS
FIS 的属性操作函数	getfis	获得 FIS 的属性
	setfis	设置 FIS 的属性
	showfis	以分行形式显示 FIS 结构的所有属性
FIS 磁盘操作函数	wrirefis	保存 FIS 到磁盘上
	readfis	从磁盘读入一个 FIS

6.7.4 模糊逻辑工具箱中的推理

Matlab 的模糊逻辑工具箱支持标准的 Mamdani 型和 Sugeno 型模糊推理系统。这两种推理方法主要用于混杂模糊系统的创建。Matlab 模糊逻辑工具箱中的模糊推理系统(fuzzy inference system,FIS)就是基于 Mamdani 推理方法定义的。使用函数 mam2sug 可以直接将 Mamdani 系统转化为 Sugeno 系统。

Matlab 的模糊逻辑工具箱还提供了模糊自适应神经网络推理(adaptive neuro-fuzzy inference system)和模糊聚类(fuzzy clustering)两种建模技术。其中模糊自适应神经网络推理用输入数据训练隶属度函数,模糊聚类主要应用于模式识别。

Matlab 模糊逻辑工具箱中提供了模糊 C 均值聚类(fuzzy C-Means clustering)的应用示例。模糊 C 均值聚类的本质是每一个数据点对某一类别的归属是以特殊的隶属等级给出的,它提供了一种将多维空间中的数据点映射到不同聚类集的方法。该示例可以完成对指定数据集的聚类,并可以对指定类别生成隶属度函数图像。

Matlab 模糊逻辑工具箱所提供的模糊 C 均值聚类应用示例如图 6.21 所示。用户需要在"Choose a sample dataset"下的菜单中选择待聚类数据集,如选择"Data Set 2"数据集;在"How many clusters do you want?"下的菜单中选择数据划分类别数,如选择为"3 Clusters"。然后单击"Start"按钮则可以实现聚类。

模糊 C 均值聚类将数据划分为 3 类,并赋予不同的颜色,聚类结果如图 6.22 所示。图中三条曲线是在聚类过程中聚类中心变化的轨迹。

然后,可以根据聚类结果绘制各个类别的隶属度函数。用鼠标选定某一类别,以图 6.22 中右下方蓝色数据一类为例,单击界面左下"Plot MF"则可以显示该类别的隶属度函数,如图 6.23 所示。

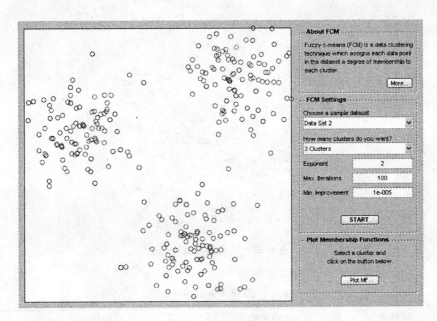

图 6.21 模糊 C 均值聚类

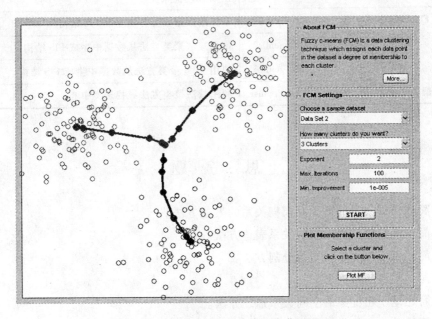

图 6.22 聚类结果及聚类中心变化过程

Matlab 模糊逻辑工具箱提供了丰富的函数支持高级的模糊建模,如表 6.8 所示。

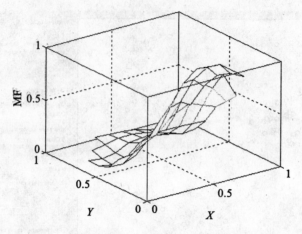

图 6.23　某类别隶属度函数

表 6.8　　　　　　　　　高级建模函数

函数类型	函数名称	函数用途
训练函数	anfis	Sugeno 型 FIS 的训练程序（仅适用于 MEX）
C 均值聚类函数	fcm	模糊 C 均值聚类
FIS 结构生成函数	genfis1	不使用数据聚类方法生成 FIS 结构
	genfis2	使用减法聚类方法从数据中生成 FIS 结构
	genfis3	使用 FCM 聚类方法从数据中生成 FIS 结构
聚类中心判定函数	subclusr	利用减法聚类方法寻找聚类中心

思 考 题

1. 简述模糊集合的概念和模糊关系的表达方法。
2. 简述基于模糊集的空间关系表达方法。
3. 简述基于模糊集的图像分割方法。
4. 简述粗糙集的概念。
5. 简述基于粗糙集的空间关系描述方法。
6. 简述基于粗糙集的图像分割方法。
7. 简述云模型的概念。
8. 简述云运算的基本方法。
9. 简述基于云模型的图像分割方法。

参考文献

蔡自兴, 徐光祐. 2003. 人工智能及其应用(本科生用书). 北京: 清华大学出版社.

曹峰, 杜云艳, 葛咏, 李德玉, 温伟. 2009. 基于粗糙集的地学空间关系规则抽取和应用——以珠江三角洲土地利用为例. 地球信息科学学报, 11(2): 139-144.

陈水利, 李敬功, 王向公. 2005. 模糊集理论及其应用. 北京: 科学出版社.

邓方安, 周涛, 徐扬. 2008. 软计算方法理论及应用. 北京: 科学出版社.

邸凯昌. 2000. 空间数据发掘与知识发现. 武汉: 武汉大学出版社.

杜世宏, 王桥. 2004. 不确定性空间关系. 中国图形图像学报, 9(5): 539-546.

杜世宏, 王桥, 李顺, 张波. 2004. 模糊对象粗糙表达及其空间关系研究. 遥感学报, 8(1): 1-8.

郭仁忠. 2001. 空间分析. 北京: 高等教育出版社.

何伟, 蒋加伏, 齐琦. 2009. 基于粗糙集理论和神经网络的图像分割方法. 计算机工程与应用, 45(1): 188-190.

胡宝清. 2004. 模糊理论基础. 武汉: 武汉大学出版社.

李德毅, 杜鹢. 2005. 不确定性人工智能. 北京: 国防工业出版社.

李鸿吉. 2005. 模糊数学基础及实用算法. 北京: 科学出版社.

林开颜, 徐立鸿, 吴军辉. 2004. 快速模糊C均值聚类彩色图像分割方法. 中国图像图形学报, 9(2): 159-163.

刘文宝, 邓敏, 夏宗国. 2000. 矢量GIS中属性数据的不确定性分析. 测绘学报, 29(1): 76-81.

刘文宝, 邓敏. 2002. GIS图上地理区域空间不确定性的分析. 遥感学报, 6(1): 45-49.

刘岩, 岳应娟, 李言俊, 张科. 基于粗糙集的图像聚类分割方法研究. 红外与激光工程, 33(3): 300-302.

秦昆, 李德毅, 许凯. 2006. 基于云模型的图像分割方法研究. 测绘信息与工程, 31(5): 3-5.

王树良. 2002. 基于数据场与云模型的空间数据挖掘和知识发现(博士学位论文). 武汉: 武汉大学.

巫兆聪. 2004. 粗集理论在遥感影像分类中的应用(博士学位论文). 武汉: 武汉大学.

温显斌, 张桦, 张颖, 权金娟. 2009. 软计算及其应用. 北京: 科学出版社.

徐元培, 程君强. 1987. 用模糊数学方法分割模糊图像. 通信学报, 8(3): 68-75.

周礼平, 高新波. 2004. 图像分割的快速模糊C均值聚类算法. 计算机工程与应用, (8): 64-70.

Altman D. 1994. Fuzzy Set Theoretic Approaches for Handling Imprecision in Spatial Analysis. International Journal of Geographical Information Science, 8(3): 271-289.

Beaubouef T, Petry E F, Ladner R. 2007. Spatial Data Methods and Vague Regions: A Rough Set Approach. Applied Soft Computing, 7(1): 425-440.

Bezdek J C. 1981. Pattern Recognition with Fuzzy Objective Function Algorithms. New York: Plenum Press.

Leung Y, Fung T, Mi J S, Wu W Z. 2007. A Rough Set Approach to the Discovery of Classification Rules in Spatial Data. International Journal of Geographical Information Science, 21(9): 1033-1038.

Mohabey A, Ray A K. 2000. Fusion of rough set theoretic approximations and FCM for color image segmentation. IEEE International Conference of Systems Man Cybernet, (2):1529-1534.

Mushrif M M, Ray A K. 2008. Color image segmentation: Rough-set theoretic approach. Pattern recognition letters, 29(4): 483-493.

Pavelka J. 1979. On Fuzzy logic I, II, III, Zeitschr Math. Logik Grundlagen Math. , 25(1): 45-72; (2): 119-134; (4): 447-464.

Pawlak Z. 1982. Rough Sets. International Journal of Computer and Information Science, (11): 341-356.

Schneider M. 2000. Finite resolution crisp and fuzzy spatial objects. Beijing: Int. Symp. on Spatial Data Handling, 8a: 3~17.

Stefanakis E, Vazirgiannis M, Sellis T. 1999. Incorporating Fuzzy Set Methodologies in a DBMS Repository for the Application Domain of GIS. International Journal of Geographical Information Science, 13(7): 657-675.

Tizhoosh H R. 2005. Image thresholding using type II fuzzy sets, Pattern Recognition, 38: 2363-2372.

Yager R R, Filev D P. 1994. Approximate Clustering Via the Mountain Method. IEEE Transactions on System, Man, and Cybernetics, 24(8): 1279-1284.

Zadeh L A. 1965. Fuzzy Sets. Information and Control, (8): 338-353.

Zadeh L A. 1975. The concept of a linguistic variable and its application to approximate reasoning-I. Information Science, (8): 199-249.

第7章 进化计算与空间信息处理

7.1 进化计算概述

进化计算(evolutionary computation,EC)的相关研究始于20世纪50年代后期,它基于生物的自然进化与自然选择的生存遗传机制,针对一类复杂难解的优化问题,研究通用的智能化的问题求解方法。这类方法也称演化计算或进化算法(evolutionary algorithm,EA),是近年来智能信息处理领域的一个研究热点。进化计算主要包括遗传算法(genetic algorithm,GA)、进化策略(evolutionary strategies,ES)、进化编程(evolutionary programming,EP)、遗传编程(genetic programming,GP)等方面的内容(蔡自兴,徐光祐,2003)。

进化计算的核心思想源于这样的基本认识:生物进化过程(从简单到复杂,从低级向高级)本身是一个自然的、并行发生的、稳健的优化过程(王正志,薄涛,2000)。Darwin的经典进化理论、Weismann的自然选择理论及Mendel的遗传学理论一起构成了新达尔文进化理论,这一理论认为,进化是指生物通过繁殖、变异、竞争和自然选择这四个基本演变过程实现生物种群的"优胜劣汰"。繁殖是所有生命固有的基本现象之一,每个现存个体都是上一代繁殖的结果。变异被认为是物种进化的"推动力",保证生物能适应不断变换的外部环境条件。竞争和自然选择是一个长期、连续、缓慢的过程,微小的有利变异在不断的竞争和自然选择中逐步积累成为显著的有利变异,不利的变异则被逐渐消灭。

进化计算正是模拟了上述生物进化过程,采用简单的编码技术表示各种复杂的问题解结构,每个解称为一个染色体(chronmosome),染色体的特征称为基因(gene),因此染色体又可称基因型个体(individuals),每一组解就构成一个种群(population),对于由若干个体构成的初始种群,将每个个体看成是问题解空间中的一点,通过迭代,简单、高效、并行地随机搜索问题的解,末代种群中的最优个体经过解码即是问题的最优解或近似最优解。在迭代过程中,根据个体对问题的适应度(fitness)以一定的概率通过杂交(crossover)和变异(mutation)等遗传操作(genetic operators)和优胜劣汰的自然选择机制指导学习、确定搜索方向,以便搜索能够朝着产生更好的解的方向进行。

进化计算的设计主要涉及四个环节,即编码方案、选择策略、遗传操作、进化参数。不同的设计策略构成了不同类型的进化算法,其基本框架如图7.1所示,其中gen为进化迭代的当前代数(generation)。

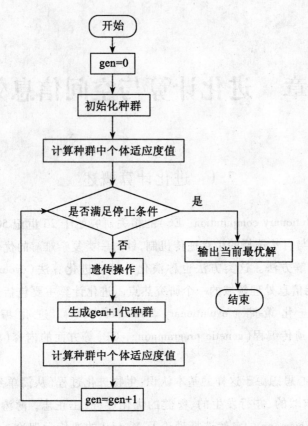

图 7.1 进化计算的基本框架(改自：蔡自兴，徐光祐，2003)

下面分别对进化计算的四个分支进行介绍。

1. 遗传算法(genetic algorithm，GA)

遗传算法是进化计算的最重要形式，它是建立在新达尔文进化论的基础上的一种计算模型，是一种通过模拟自然进化过程搜索最优解的迭代自适应概率搜索方法，美国 Michigan 大学的 Holland 及其研究团队于 1975 年首次提出了遗传算法，并出版了里程碑式的专著"Adaptation in Natural and Artificial Systems"(Holland，1975)，随后算法被扩展推广并正式定名为遗传算法(Holland，1992)，与此同时，GA 开始被国内外研究者广泛关注。

1985 年成立遗传算法学会(international society for genetic algorithms，ISGA)，ISGA 于当年开始每两年召开一次 ICGA(international conference on genetic algorithms)国际会议，又于 1990 年开始每两年举办一次 FOGA(workshop on foundations of genetic algorithms)工作组会议。1999 年 ISGA 与 1996 年成立的遗传规划会议组织合并为 ISGEC(international society for genetic and evolutionary computation)(ISGEC，2008)，与此同时，两个组织举办的会议 ICGA 与 GP 也从当年开始联合召开并更名为 GECCO(genetic and evolutionary computation conference)(GECCO，2008)，以后每年举办一次，成为进化计算领域的盛会之

一。2005 年 ISGEC 成为 ACM 的一个专门兴趣研究组 Sigevo(ACM special interest group on genetic and evolutionary computation)(SIGEVO, 2008)。最近的一次会议是在 2009 年,FOGA-2009 在美国福罗里达州奥兰多召开(FOGA-2009, 2009),GECCO-2009 在加拿大蒙特利尔市举行(GECCO-2009, 2009)。

2. 进化策略(evolutionary strategies, ES)

进化策略一般只适合求解数值优化问题,20 世纪 60 年代初,由 Rechenberg,Schwefel 及 Bienert 等在德国共同创立(Baeck et al, 2000)。早期进化策略的种群中只包含一个个体,即单父代单子代;而且遗传操作只有变异。在每一进化代,变异后的个体与其父体进行比较,选择两者之优。这种进化策略称为$(1+1)$进化策略。这种策略存在有时收敛不到全局最优解、效率较低等弊端。它的改进主要有$(\mu+\lambda)$进化策略和(μ,λ)进化策略。前者根据种群内的μ个父个体产生λ个子个体,然后将这$\mu+\lambda$个个体进行比较,从中选取μ个最优者;后者则是直接淘汰μ个父个体,在新产生的$\lambda(>\mu)$个子个体中选取μ个最优者进入下一进化过程。在代数不变的前提下,增加种群内个体的数量,也就增加了搜索的速度(潘正君等, 1997)。

3. 进化编程(evolutionary programming, EP)

进化编程也称进化规划,20 世纪 60 年代初由 Fogel 等在美国首次提出(Fogel et al, 1966)。他们在人工智能的研究中发现,智能行为具有预测其所处环境的状态、并按给定目标作出适当响应的能力。在研究中,他们将模拟环境描述成由有限字符集中的符号组成的序列。于是问题转化为怎样根据当前观察到的符号序列做出响应,以获得最大收益。这里,收益按环境中将要出现的下一个符号及预先定义好的效益目标来确定。进化编程中常用有限态自动机(finite state machine, FSM)来表示这样的策略。这样,问题就变成如何设计一个有效的 FSM。L. J. Fogel 等借用进化的思想对一群 FSM 进行进化,以获得较好的 FSM。他们将此方法应用到数据诊断、模式识别和分类及控制系统的设计等问题中,取得了较好的结果。后来,D. B. Fogel 借助进化策略方法对进化编程进行了发展,并用于数值优化及神经网络的训练等问题中(Fogel, 1995)。1992 年在美国举行了第一届进化规划年会(the first annual conference on evolutionary programming),迅速吸引了各个领域研究人员的关注,1999 年该会议与 ICEC 合并为一个新的国际会议 CEC(CEC-2009, 2009)。

4. 遗传编程(genetic programming, GP)

遗传编程也称遗传规划或遗传程序设计,是一种模仿人类智能进行自动程序设计的方法,是进化计算中最年轻的分支,由 Holland 的学生 Koza 首次提出(Koza, 2008)。它采用遗传算法的基本思想,但编码方式更灵活,使用一种长度、大小都可变的树形分层结构来表示解空间。这些分层结构的叶节点是问题的原始变量,中间节点则是组合这些原始变量的函数。于是,每个分层结构对应问题的一个可能解,也可以理解为求解该问题的一个计算机程序。相比遗传算法而言,遗传规划采用一种更自然的表示方式,因而应用领域非常广。1996 年第一届遗传程序设计年会 GP-96(the first annual genetic programming)在斯坦福大学召开，1999年开始与ICGA联合召开并更名为GECCO。

虽然进化计算的这四个分支在算法实现上有一些细微的差别，但它们有一个共同的特点，即都是借助新达尔文生物进化的思想和原理来设计问题求解的方法，只不过模拟的层面不同。近年来，随着进化计算的不断发展，以上分支正在不同层次靠拢、相互渗透。进化计算与传统方法有很多不同之处，具有以下特点，最主要是前两个方面（潘正君等，1997，2000；丁立新等，1998；王正志，2000）：

（1）智能性：进化计算的智能性包括自组织、自适应和自学习。应用进化计算求解问题时，在编码方案、适应值函数及遗传算子确定后，算法将利用进化过程中获得的信息自行组织搜索。由于基于自然的选择策略为：适者生存、不适应者淘汰，因而适应值大的个体具有较高的生存概率。通常，适应值大的个体具有更适应环境的基因结构，再通过杂交和基因突变等遗传操作，就可能产生更适应环境的后代。进化计算的这种自组织、自适应特征，使它同时具有能根据环境变化来自动发现环境的特性和规律的自学习能力。

（2）本质并行性：进化计算的本质并行性表现在两个方面。一是进化计算是内在并行的，即进化算法本身非常适合大规模并行，而且对并行效率没有太大影响。二是进化计算的内含并行性。由于进化计算采用种群的方式组织搜索，因而可同时并行地搜索解空间内的多个区域，并相互交流信息。

（3）全局性与多解性：与传统优化算法不同，进化算法中从一个初始种群即多个个体开始搜索，而不仅仅是从解空间的一个初始点开始，群体散布于整个搜索区域，覆盖面大，有利于全局择优；另外，在每个进化代都存在多个候选解，因此算法通常一次能找到多个解。

（4）稳健性：进化计算提供了一种求解复杂系统优化问题的通用框架，它不依赖于问题的具体领域，对求解问题的本身一无所知，不受其搜索空间限制性条件的约束、不需要导数等辅助信息，对问题的种类有很强的稳健性。

（5）随机性：进化算法中的遗传操作都带有一定的随机性，而不是采用确定的精确规则，用概率的变迁规则来控制搜索的方向，表面上看好像是在盲目搜索，实际上它遵守某种随机概率，在概率意义上朝最优解方向靠近。

正是由于进化计算所具有的上述优点，进化计算已成功地广泛应用于那些难以用传统的方法来进行求解的复杂实际问题，涉及地球科学、数学、物理、化学、生物、计算机、微电子、电信、军工、经济等众多领域（陈国良等，1995；丁立新等，1998；张光卫，2008）。

7.2 遗传算法及空间信息处理

7.2.1 遗传算法的基本框架与设计

Holland所提出的GA通常为简单遗传算法（simple genetic algorithm，SGA），其基本数学模型为：$SGA = (C, E, P_0, M, \Phi, \Gamma, \Psi, T)$，其中$C$表示编码方案，$E$表示适应度评价函

数,P_0表示初始种群,M表示种群规模,Φ、Γ、Ψ分别表示选择算子、杂交算子、变异算子等遗传操作,T表示终止条件(潘正君等,2000)。

在进化计算的基本框架下,遗传算法的一般步骤为:

(1)确定问题解空间的表示方式,即编码方案,形成问题解空间与染色体基因串空间的映射关系,每个个体用一个基因串表达。

(2)随机产生满足一定约束条件的初始种群。

(3)根据所设计的适应度函数,计算种群中每个个体的适应度。

(4)根据个体的适应度值大小,选择优者以一定概率执行杂交、变异操作,产生下一代种群。

(5)迭代执行(3)和(4),直至满足算法的停止条件。

(6)输出末代最优个体基因串,并解码,即是问题的最优解或最优近似解,算法结束。

从上述描述可以看出,遗传算法设计的关键在于编码、适应度函数、遗传操作、遗传参数等环节。为便于理解,以一个简单的一元函数优化来说明遗传算法的一般设计过程。

用遗传算法求解一元函数$f(x) = -x^2 + 2x + 3$的最大值,其中$x \in [0,3]$。该一元函数如图7.2所示,显然,$f(x)$在定义域范围内只有一个极大值点,最大值为$f(1) = 4$。

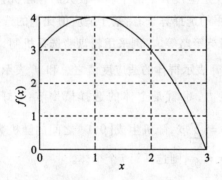

图7.2 函数示意图

1. 编码方案

早期的遗传算法主要使用二进制编码,即用一个固定长度的二进制基因串来表示一个个体,代替变量的实数值,串长就决定了解的精度。对于$a \leq x \leq b$要求精度为小数点后k位,区间被划分为至少$(b-a) \cdot 10^k$区段,于是基因串长gl应该满足$2^{gl} - 1 \geq (b-a) \cdot 10^t$。即

$$gl \geq [\log_2((b-a) \cdot 10^t + 1)], t \leq [\log((2^{gl}-1)/(b-a))]$$

设个体的二进制串为$g_{k-1} \cdots g_2 g_1 g_0$,则对应的解码方式为$x = a + \dfrac{(b-a)}{2^k - 1} \cdot \sum_{i=0}^{k-1}(g_i \cdot 2^i)$。对于本例,初始种群中的每个个体用10位二进制来表示,由上式计算得到精度为小数点后2位,(1001001011)转换成实数为:$0 + \dfrac{3-0}{2^{10}-1} \times (2^9 + 2^6 + 2^3 + 2 + 1) = 1.72$。

除了二进制编码外,常用的编码方式还有实数编码和格雷码。二进制编码在求解本问题时存在以下缺点(陈智军,2002):不能直观反映所求问题本身的结构特征;相邻整数的二进制编码可能具有较大的 Hamming 距离,降低遗传算子的搜索效率;由精度确定串长,从而导致精度固定不能微调(串长太短则影响精度,串长太大则降低算法效率)。而实数编码则是该问题的直观描述,不存在编码和解码过程,从而提高了解的精度和运算速度。

2. 适应度函数

在遗传算法中,适应值的度量是群体演化的依据,因此,对于种群中的一系列个体基因串,设计出的适应度函数要有能力识别出潜在的优秀个体,即优秀个体的适应度函数值也高。在一般优化问题中,经常是问题本身,有时也对其进行一些比例变换,如线性比例变换、δ 截断、幂变换等。对于本例,适应度函数 $E(v)=f(x)$,其中 v 是 x 对应的基因串表示,如 $E(1001001011)=f(1.72)=-(1.72)^2+2\times1.72+3=3.4816$。

3. 遗传操作

常见的遗传操作包括选择算子、杂交算子、变异算子。

(1) 选择算子:根据个体的适应度函数值所度量的优劣程度决定它在下一代是被淘汰还是被遗传。一般选择使适应度较大的个体有较大的存在机会,而适应度较小的个体继续存在的机会也较小。常用的选择算子有:基于适应值比例的选择、基于排名的选择、锦标赛选择、Boltzman 选择、精英策略等。本例采用轮盘赌选择机制,如图 7.3 所示表示 6 个个体的轮盘赌选择,即令 $\sum f_i$ 表示群体的适应度值之总和,f_i 表示种群中第 i 个染色体的适应度值,它产生后代的能力,也就是个体的选择概率 p_i 正好为其适应度值所占份额 $f_i / \sum f_i$。计算累计概率 $q_i = \sum_{i=1}^{i} p_i$,随机生成[0,1]之间的随机数 r,若 $r \leq q_1$,则选择第一个个体,否则若 $q_j - 1 \leq r \leq q_j$,则选择第 j 个个体。

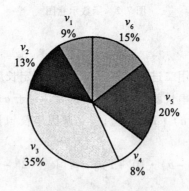

图 7.3 轮盘赌选择示意图

(2) 杂交算子:按一定策略选择两个父代配对,交换其若干位产生子代。杂交算子的设计包括如何选择配对、如何交换基因串。常用的杂交算子有:单点杂交、两点杂交、多点杂交、均匀杂交、循环杂交、算术杂交等。本例采用单点杂交,即在基因串中随机选择一个杂交点,在父体中相互交换分量,然后交换形成后代。例如:两个父体 $p_1 = (u_1, u_2, \cdots, u_n)$、$p_2 = (v_1, v_2, \cdots, v_n)$,选择从第 k 个分量开始杂交,得到的后代为: $c_1 = (u_1, u_2, \cdots, v_k, v_{k+1}, \cdots, v_n)$,$c_2 = (v_1, v_2, \cdots, u_k, u_{k+1}, \cdots, u_n)$。

(3)变异算子:按一定策略选择少量的个体进行基因位的突变,这样保证了种群的多样性,改善了搜索范围,防止陷入局部最优。常用的变异算子有:均匀变异、零变异、自适应变异等。本例由于采用了二进制编码,故使用 0、1 互换变异,即基因串中二进制的 0 变 1,1 变 0。例如,个体 v_1 = 1011001010 变异之后的结果为 v_1' = 0100110101。

4. 遗传参数

遗传参数的设计对于整个算法的性能有着相当重要的影响。并不是所有被选择的染色体都要进行交叉操作和变异操作,而是以一定的概率进行。种群规模对算法的效率有明显的影响,规模太小不易于进化,而规模太大将导致程序运行时间长。对不同的问题可能有各自适合的种群规模,通常种群规模为 30~100。另一个控制参数是个体的长度,有定长和变长两种,对算法的性能也有影响。对于本例而言,种群规模 $M = 40$,交叉概率 $P_c = 0.7$,变异概率 $P_m = 0.01$,终止条件是达到最大遗传代数 MAX_GEN = 25。

本例的实验结果如图 7.4 所示,从图 7.4(a)可以看出,随着进化过程的不断推进,种群适应度的均值稳步增加,遗传算法能够获得最优解,由于本例的问题相对比较简单,在进化的早期就已经搜索到了问题的最优解,因此各代最优解的变化不太大。从图 7.4(b)来看,图的上半部分为初始种群个体位置分布,初始种群中个体随机产生,散落在 [0,3] 区间,25 代以后大多数个体集中在最优解附近,即图的下半部分,表明算法能朝着更优解的方向进行搜索。需要指出的是,遗传算法虽然能够获得大量复杂问题的满意解,但是遗传算法的全局优化收敛性并未完全解决(Fogel,1994)。

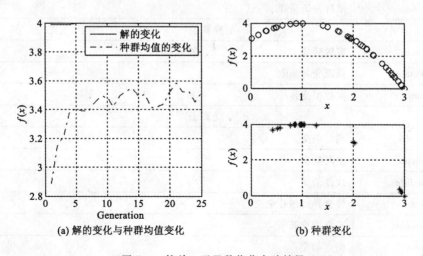

(a)解的变化与种群均值变化　　(b)种群变化

图 7.4　简单一元函数优化实验结果

7.2.2 基于Matlab的遗传算法设计

Matlab是Mathworks公司推出的高性能科学计算可视化软件,因遗传算法的广泛应用,基于Matlab的遗传算法工具箱陆续推广,目前常用的有美国北卡罗来纳州立大学的工具箱GAOT(genetic algorithm optimization toolbox)(GAOT,2008)和英国谢菲尔德大学进化计算研究组开发的遗传算法工具箱GAT(matlab genetic algorithm toolbox)。另外,Matlab7.0版本也自带了一个遗传算法与直接搜索工具箱(genetic algorithm and direct search toolbox)。下面以GAT为例,介绍如何用工具箱来进行Matlab遗传算法设计。表7.1为GAT中的函数分类。

表7.1 GAT的函数

种群初始化	
crtbase	创建基向量
crtbp	创建任意离散随机种群
crtrp	创建实数型初始种群
适应度值计算	
crtbase	常用的基于秩的适应度
crtrp	基于比例的适应度
选择算子	
reins	均匀随机和基于适应度的重插入
rws	轮盘赌选择
select	高级选择程序
sus	随机遍历采样
变异算子	
mut	离散变异
mutate	高级变异函数
mutbga	实数型变异
杂交算子	
recdis	离散杂交
recint	中间杂交
recline	线性杂交
recmut	带变异的线性杂交
recombin	高级杂交算子
xovdp	两点杂交
xovdprs	减少替代的亮点杂交

续表

	杂交算子
xovmp	常用的多点杂交
xovsh	洗牌式杂交
xovshrs	减少替代的洗牌式杂交
xovsp	单点杂交
xovsprs	减少替代的单点杂交
	子种群支持
migrate	在子种群中交换个体
	其他实用函数
bs2rv	二进制转换成十进制
rep	矩阵复制

GAT 工具箱可以在相应网站注册后免费下载使用,下载后将相关文件安装到 Matlab 的 toolbox 目录,或直接安装在 work 目录,若采用前者,则需要在 Matlab 中将其添加到搜索路径,下载地址为 http://www.shef.ac.uk/acse/research/ecrg/gat.html。该工具箱还提供了大量的 GA 例程脚本,相关测试函数对应的文件集中存在 Test_fns 目录中。

利用遗传算法求 $f(x) = x + 10\sin(5x) + 7\cos(4x)$ 的最大值,其中 $x \in [0, 9]$。函数图像如图 7.5 所示。显然,函数在 $x = 8$ 附近取得最大值。

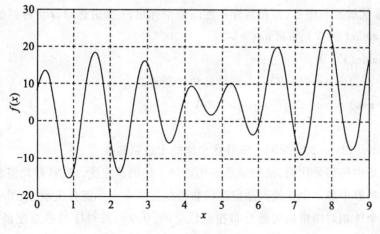

图 7.5　函数图形

关键源程序如下:
% 定义遗传算法参数
NIND = 40; % 个体数目

```
MAXGEN = 25; % 最大遗传代数
PRECI = 20; % 变量的二进制位数
GGAP = 0.9; % 代沟
trace = zeros(2, MAXGEN); % 寻优结果的初始值
FieldD = [20;0;9;1;0;1;1]; % 区域描述器
Chrom = crtbp(NIND, PRECI); % 初始种群
gen = 0; % 代计数器
variable = bs2rv(Chrom, FieldD); % 计算初始种群的十进制转换
ObjV = variable + 10 * sin(5 * variable) + 7 * cos(4 * variable); % 计算适应度函数值
%%%% 此处省略部分代码,绘制第一代种群个体的适应度
while gen < MAXGEN
    FitnV = ranking( - ObjV); % 计算适应度值
    SelCh = select('sus', Chrom, FitnV, GGAP); % 选择
    SelCh = recombin('xovsp', SelCh, 0.7); % 杂交
    SelCh = mut(SelCh); % 变异
    variable = bs2rv(SelCh, FieldD); % 子代个体的十进制转换
    ObjVSel = variable + 10 * sin(5 * variable) + 7 * cos(4 * variable); % 计算子代的适应度值
    [Chrom ObjV] = reins(Chrom, SelCh, 1, 1, ObjV, ObjVSel); % 重插入子代的新种群
    variable = bs2rv(Chrom, FieldD);
    gen = gen + 1; % 代计数器增加
    % 输出最优解及其序号,并在目标函数图像中标出,Y 为最优解,I 为种群的序号
    [Y, I] = max(ObjV); hold on;
    plot(variable(I), Y, 'r - ');
    trace(1, gen) = max(ObjV); % 遗传算法性能跟踪
    trace(2, gen) = sum(ObjV)/length(ObjV);
end
variable = bs2rv(Chrom, FieldD); % 最优个体的十进制转换
%%%% 此处省略部分代码,绘制最后一代种群个体的适应度,解、种群均值的变化
```

第一代种群中各个个体及其适应度函数值如图 7.6 上半部分所示,从图中可以看出,初始种群的个体相对随机均匀地分布在论域空间[0,9],其对应的适应度函数值也是相对随机均匀地分布在解空间(本例直接使用目标函数作为适应度函数);但是经过遗传进化后,最后一代个体及其适应度函数值如图 7.6 下半部分所示,从图中可以看到,最后一代的大多数个体相对集中在 $x=8$ 附近,寻求到了最优解,同时,第一代到最后一代种群个体的变化也证明了进化过程是朝着最优解的方向进行的。

进化过程中解的变化和种群均值变化如图 7.7 所示,在第 10 代左右即能寻求到问题

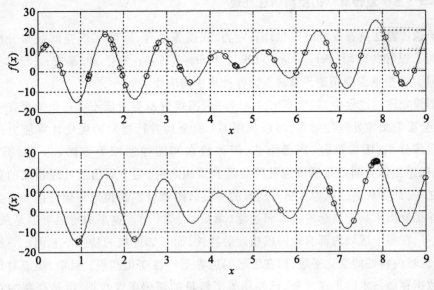

图 7.6 种群个体变化

的最优解,但是平均适应度还比较低,为了演示该进化过程,设置了进化代数为 25 代,算法在第 10 代以后继续迭代,虽然最优解没有变化,但是从图中可以看出,平均适应度不断增加,证明在第 10～15 代算法能不断通过遗传操作寻求整个种群每个个体都向优秀个体靠近,在第 16 代以后算法期望通过变异寻求最优解的质变,表明算法能够避免陷入局部最优(虽然本例在第 10～15 代的最优解不是局部最优解)。

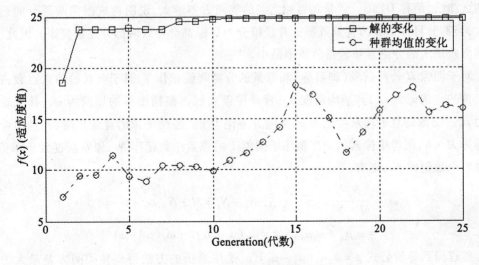

图 7.7 解的变化和种群均值变化

7.2.3 基于遗传算法的空间信息处理

由于遗传算法具有良好的优化计算能力,在图像处理、遥感、GIS 空间数据分析等领域都得到了很好的应用(Scheunders, 1997；Andrey, 1999；黎夏,叶嘉安, 2004；Ines et al, 2006)。这里重点介绍遗传算法在图像处理中的应用。

在图像处理的过程中,如数字化、特征提取、图像分割等阶段不可避免地存在一些误差,可能会影响图像处理的效果,可以利用 GA 的全局并行搜索的优化计算能力,将 GA 应用在图像分割、图像恢复、图像重建、图像检索和图像匹配等方面(田莹,苑玮琦,2007)。遥感图像分割是遥感图像处理的经典难题之一,是空间信息处理领域的重要研究内容之一,是实现遥感影像分析与理解的基础。图像分割是指把图像分割成各具特性的区域并提取出感兴趣目标的技术和过程(章毓晋,2001)。这里的特性可以是灰度、颜色、纹理等,在每个区域内部有相同或相近的特性,而相邻区域的特性不相同。一般情况下,同一区域内特性的变化平缓,而在区域的边界上特性变化剧烈。目前,随着对地观测技术和数据存储技术的迅速发展,已经积累了海量的遥感图像数据,但是存在"数据多、信息少、知识更少"的情况,一直制约着遥感图像的自动化、智能化处理的发展。而图像分割正是进行遥感图像高层次理解的基础。作为图像处理与分析的一个重点和难点,图像分割一直以来都受到人们的广泛关注。现有的图像分割方法众多,可以分为阈值分割法、边缘检测法、区域提取法、特殊模型分割法等。其中阈值分割法是最早出现的一种简单有效的分割方法,其基本思想是对于一幅灰度图像,通过设定一定的灰度阈值,把图像像素点分成两类,一类是背景,另一类是目标对象。

最大类间方差法是由日本学者大津于 1979 年提出的,是一种自适应阈值分割方法,又叫大津法,简称 OTSU。背景和目标之间的类间方差越大,说明构成图像两部分的差别越大,当部分目标错分为背景或部分背景错分为目标都会导致两部分差别变小。因此,使类间方差最大的分割意味着错分概率最小。

对于图像 $I(x,y)$ 前景(即目标)和背景的分割阈值记作 T,属于前景的像素点数占整幅图像的比例记为 ω_0,其平均灰度 μ_0；背景像素点数占整幅图像的比例为 ω_1,其平均灰度为 μ_1。图像的总平均灰度记为 μ,类间方差记为 g。假设图像的背景较暗,并且图像的大小为 $M \times N$,图像中像素的灰度值小于阈值 T 的像素个数记作 N_0,像素灰度大于阈值 T 的像素个数记作 N_1,则有:

$$\omega_0 = \frac{N_0}{M \cdot N}, \omega_1 = \frac{N_1}{M \cdot N}, N_0 + N_1 = M \cdot N, \omega_0 + w_1 = 1,$$

$$\mu = \omega_0 \mu_0 + \omega_1 \mu_1, \quad g = \omega_0 (\mu_0 - \mu)^2 + \omega_1 (\mu_1 - \mu)^2.$$

整理得到等价公式 $g = \omega_0 \omega_1 (\mu_1 - \mu_2)^2$。采用遍历的方法得到使类间方差最大的阈值 T 即为所求,但是采用传统方法穷举遍历时间花费较长。下面介绍一种基于 GA 的图像分割方法(Bhanu et al, 1995；Wu and Liu, 1995),将图像分割看成是一个优化问题,采用最大类间方差法的质量测试函数作为适应度度量,灰度在计算机内部本身就是二进制表示,所以选用二进制编码方式,针对256级灰度,设置基因串长为8。

算法步骤如下:

(1)读取图像信息,并转化为double型数据存放在数组I中。

(2)确定编码方式,二进制编码,每个阈值用一个8位二进制串表示。

(3)设置遗传参数,每一代种群个体数目为40,最大遗传代数25,初始化代数gen = 0。

(4)随机产生40个串长为8的0、1二进制基因串作为初始种群。

(5)以最大类间方差为适应度函数,计算种群中每个个体的适应度。

(6)根据个体的适应度值大小,采用随机遍历采样策略选择优者以杂交概率0.7执行杂交、变异概率0.01执行变异操作,产生下一代种群。

(7)迭代执行(5)和(6),gen以步长1递增,直至gen>25。

(8)输出末代最优个体,并将二进制转换成十进制,即是GA搜寻到的最优阈值。

(9)利用最优阈值对图像进行二值化,得到分割结果,算法结束。

关键源程序如下(使用了GAT工具箱):

```
%%% 此处省略部分代码,读入原始图像I,显示原图,采用otsu方法分割原始图像
%% 以下设置遗传算法参数
NIND = 40; % 个体数目
MAXGEN = 25; % 最大遗传代数
PRECI = 8; % 变量的二进制位数
GGAP = 0.9; % 代沟
FieldD = [8;1;256;1;0;1;1]; % 建立区域描述器
Chrom = crtbp(NIND,PRECI); % 创建初始种群
gen = 0;
phen = bs2rv(Chrom,FieldD); % 初始种群十进制转换
ObjV = seg(I,phen); % 计算适应度值
while gen < MAXGEN
    FitnV = ranking( - ObjV); % 分配适应度值
    SelCh = select('sus',Chrom,FitnV,GGAP);     % 选择
    SelCh = recombin('xovsp',SelCh,0.7); % 杂交
    SelCh = mut(SelCh); % 变异
    phenSel = bs2rv(SelCh,FieldD); % 子代十进制转换
    ObjVSel = seg(I,phenSel); % 计算子代的目标函数值
    [Chrom ObjV] = reins(Chrom,SelCh,1,1,ObjV,ObjVSel); % 重插入子代的新种群
    gen = gen + 1;
end
[Y,N] = max(ObjV); M = bs2rv(Chrom(N,:),FieldD); % 最优阈值M
%%% 此处省略部分代码,用最优阈值M分割I并输出显示
```

其中使用到的适应度函数 seg( ) 函数如下:

```
function f = seg(T,M) %适应度函数的输入参数 T 为待处理图像,M 为阈值序列
[U, V] = size(T); W = length(M); f = zeros(W,1);
for k = 1:W
    I = 0;s1 = 0;J = 0;s2 = 0; %统计目标图像和背景图像的像素数及像素之和
    for i = 1: U
        for j = 1: V
            if T(i,j) < = M(k)
                s1 = s1 + T(i,j); I = I + 1;
            else    s2 = s2 + T(i,j); J = J + 1;
            end
        end
    end
%% 省略部分代码,处理 I 或 J 为 0 的情形,避免 p1 或 p2 为 0 作为除数
    f(k) = I * J * (p1 - p2) * (p1 - p2)/(U * V); %用最大类间方差作为适应度值
end
```

实验结果如图 7.8 所示。

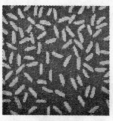  

(a) 原始图像　　　　(b) 基于Otsu的分割　　　　(c) 基于GA的分割

图 7.8　基于遗传算法的图像分割实验结果

7.3　粒群优化算法及空间信息处理

7.3.1　粒群优化算法

群智能(swarm intelligence, SI)的概念最早由 Beni 和 Hackwood 在分子自动机系统中提出。分子自动机中的主体在一维或二维网格空间中与相邻个体相互作用,从而实现自组织。1999 年,Bonabeau 等人对群智能进行了详细的论述和分析(Bonabeau et al, 1999),给出了群智能的一种不严格定义:任何一种由昆虫群体或其他动物社会行为机制而激发设计出的算法或分布式解决问题的策略均属于群智能。Swarm 可被描述为一些相

互作用相邻个体的集合体,蚁群、鸟群、蜂群、鱼群等都是 Swarm 的典型例子。2001 年,James Kennedy 等人发展了 SI 的定义(Kennedy et al,2001)。群智能为在没有集中控制且不提供全局模型的前提下寻找复杂的分布式问题求解方案提供了基础。在计算智能领域已取得成功的两种基于 SI 的优化算法是粒子群算法和蚁群算法。

粒群优化算法(particle swarm optimization,PSO)是一种进化计算技术,由 Eberhart 博士和 kennedy 博士共同提出(Eberhart and Kennedy,1995),源于对鸟群捕食的行为研究,是一种基于粒子群体的搜索算法,其基本思想是通过群体中个体之间的协作和信息共享来寻找最优解,易于实现并且没有过多的参数调节。

在日常生活中,经常会看到一群一群的鸟在天空飞翔,而且会注意到鸟群的飞行似乎存在一定的规律。它们排成某种队列飞行,每个鸟都在不断地改变飞行姿势和方向,以便与其他鸟之间保持着一定的距离;每个鸟都根据自身与整体的信息,通过调整自己的速度和位置,以求达到个体的最佳位置,而整个鸟群则根据个体的表现使整体队伍保持最优状态。鸟具有记忆功能,可以记录下自己飞行过的最优位置,而整个群体利用记忆信息可以实现群体的优化(张青,康立山,2008)。

PSO 就是模拟该过程,初始化一群随机粒子(相当于一个鸟),每个粒子是一个潜在的问题解,粒子在解空间内流动,通过迭代搜索到最优解。在 t 时刻,粒子 P_i 具有当前位置 $X_i(t)$ 和当前速度 $V_i(t)$ 两个特征,$X_i(t)$ 反映了 P_i 的适应度值,$V_i(t)$ 决定了 P_i 运动速度的方向和大小。

根据粒子的更新方式,可以分为个体寻优、全局寻优、局部寻优等方式,其中个体寻优指粒子只是简单比较自身当前位置与极值位置 p_{best} 比较,而不使用其他粒子的信息;全局寻优使用 p_{best} 与全局极值位置 g_{best};局部寻优则使用 p_{best} 与邻域极值位置 l_{best}。

下面简单介绍全局寻优算法。该方法在每一次迭代中,粒子根据 p_{best} 和 g_{best} 调整自身流动速度,并更新自身位置。速度更新迭代公式为式(7-1),位置更新迭代公式为式(7-2)。

$$V_i(t) = V_i(t) + c_1(X_{p_{\text{best}i}} - X_i(t)) + c_2(X_{g_{\text{best}}} - X_i(t)) \qquad (7-1)$$

$$X_i(t) = X_i(t-1) + V_i(t) \qquad (7-2)$$

式中:c_1,c_2 为随机变量,称为学习因子。另外,在每一维粒子都有一个最大限制速度 $V_{\max}$,若某一维的速度超过 $V_{\max}$,更新后的这一维的速度就被限定为 $V_{\max}$。从社会学的角度来看,式(7-1)的第一项为记忆分量,表示上次速度大小和方向的影响;第二项为认知分量,是从当前位置指向粒子自身最好点的一个矢量,表示粒子的动作来源于自己经验的部分;第三项称为社会分量,是一个从当前位置指向群体最好位置的矢量,反映了粒子间的协同合作和知识共享。粒子就是通过自己的经验和同伴中最好的经验来决定下一步的流动。算法流程如下(Eberhart and Kennedy,1995)。

(1)给定群体规模,随机初始化一群粒子,包括随机位置和速度;

(2)评价每个粒子的适应度;

(3)比较每个粒子的当前适应值与其经过的最佳位置 p_{best},如果前者较优,则用其更

新 p_{best};

(4)比较每个粒子的当前适应值与群体全局最佳位置 g_{best},如果前者较优,则用其更新 g_{best};

(5)根据式(7-1)和式(7-2)更新粒子的速度和位置;

(6)迭代执行(2)～(5),直至满足算法的停止条件。

(7)输出全局最佳粒子,即是问题的最优解或最优近似解,算法结束。

PSO 的参数有群体规模 m,学习因子 c_1 和 c_2,最大速度 V_{max},迭代次数 Gen。由于 PSO 应用越来越广泛,一些相应的工具箱陆续推出,其中常用的是基于 Matlab 的 PSO 工具箱 PSOt(Birge,2003),该工具箱将 PSO 算法的核心部分封装起来,用户只需要定义好适应度函数,并设置好相应参数等,即可自行优化。PSOt 能够在网上免费下载使用,下载地址为 http://www.mathworks.com/matlabcentral/fileexchange/7506。

在 PSOt 中,核心函数为 pso_Trelea_vectorized,用户可以设置 PSO 算法的 13 个参数(Pdef),但实际上,有些参数采用算法提供的默认值即可。

第 1 个参数表示在 matlab 命令窗进行显示的间隔数,如取值为 100,则表示每迭代 100 次显示一次;若取值为 0,则不显示中间过程。

第 2 个参数表示最大迭代次数,即使算法不收敛,到此迭代次数后也自动停止。

第 3 个参数是群体规模,规模越大,越有可能收敛到全局最优值,但算法收敛速度慢。

第 4 个、第 5 个参数为算法的加速度,分别影响局部极值和全局极值,一般取默认值。

第 6 个、第 7 个参数为初始时刻和收敛时刻的加权值,最早的 PSO 算法中没有该参数;在改进算法中,该参数使得收敛速度和收敛精度能够兼顾,在多数情况下也取默认值。

第 8 个参数指定的当迭代次数超过此值时,加权值取其最小。

第 9 个参数设置用于终止算法的阈值。当连续两次迭代中对应的群体最优值小于此阈值时算法停止。

第 10 个参数设置用于终止算法的阈值。当连续 250 次迭代中函数梯度仍然没有变化则退出迭代。

第 11 个参数用于说明优化的情况,取 NaN 时表示为非约束下的优化问题(即没有附加约束方程)。

第 12 个参数用于指定采用何种 PSO 类型,0 表示标准 PSO 算法。

第 13 个参数,0 表示随机产生种子,1 表示用户自行产生种子。

以 PSOt 中的样例函数二维 ackley 为例,$z = 20 + e - 20e^{-0.2\sqrt{\frac{(x^2+y^2)}{2}}} - e^{\frac{\cos 2\pi(x+y)}{2}}$,假设要求其最小值,自变量取值范围为 $x \in [-30,30]$,$y \in [-40,40]$。如图 7.9 所示,由 ackley 函数的 z 翻转图像可以看出,在(0,0)处具有最大值,因此,ackley 函数全局最小值为 0,在(0,0)处取得。

首先,定义待优化函数;然后设置相应参数,调用 PSO 核心模块即可。关键代码如下:

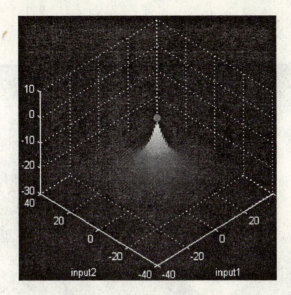

图 7.9 ackley 函数的 z 翻转图像

Ac = [2.1,2.1]；% 加速常数,第 4~5 个参数
Iwt = [0.9,0.6]；% 初始时刻和收敛时刻的加权值,第 6~7 个参数
Shw =1；% 刷新显示间隔,第 1 个参数,每隔 1 秒刷新一次
Epoch = 400；% 最大迭代次数,第 2 个参数
Ps =24；% 群体规模,第 3 个参数
wt_end = 100；% 第 8 个参数
errgrad = 1e -99；% 终止条件,第 9 个参数
errgraditer =100；% 终止条件,第 10 个参数
% 第 11~13 个参数,默认值
xrng = [-30,30]；yrng = [-40,40]；
minx = xrng(1)；maxx = xrng(2)；miny = yrng(1)；maxy = yrng(2)；dims =2；
varrange = [ ]；mv = [ ]；
for i = 1:dims
    varrange = [varrange；minx maxx]；mv = [mv；(varrange(i,2) - varrange(i,1))/mvden]；
end
PSOseedValue = repmat([0], ps -10, 1)；% 粒子起始位置
psoparams = [shw epoch ps ac(1) ac(2) Iwt(1) Iwt(2) wt_end errgrad errgraditer errgoal modl PSOseed]；
% 调用 PSO 核心模块
[pso_out, tr, te] = pso_Trelea_vectorized(ackley, dims, mv, varrange, 0, psoparams,

plotfcn,PSOseedValue）；

实验结果如图 7.10 所示。

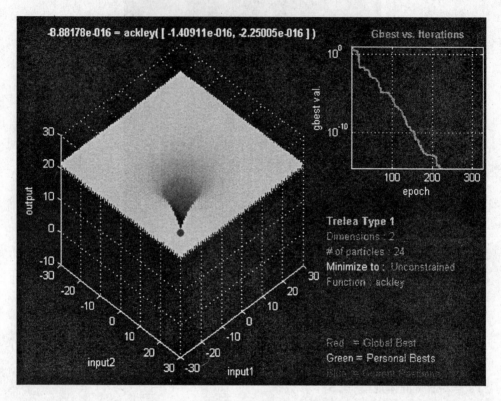

图 7.10　PSOt 实验示例 ackley 函数优化

PSO 与 GA 相比，共同点在于：①都属于仿生进化算法；②都是随机初始化种群；③都使用适应值函数来评价，并根据适应值来进行一定的随机搜索；④对高维复杂问题，往往会遇到早熟收敛和收敛性能差的缺点，都不保证一定找到最优解。不同之处在于：①PSO 没有遗传操作，而是根据内部速度来决定搜索；②PSO 粒子具有记忆；③信息共享机制不同，在 GA 中，染色体互相共享信息，所以整个种群的移动是比较均匀的向最优区域移动，而在 PSO 中，只有 g_{best} 或 l_{best} 共享信息给其他粒子，是单向的信息流动，整个搜索更新过程是跟随当前最优解的过程。

7.3.2　基于粒群优化的空间信息处理

粒群优化算法在空间信息处理领域的应用近年来得到了人们的重视（Li and Li, 2008），这里重点介绍基于粒群优化的图像处理方法。

与 GA 算法类似，将阈值图像分割问题看成是阈值参数优化问题，也可以采用粒群优化来进行全局搜索寻求最优阈值，其中适应度函数也选用最大类间方差法，seg( ) 函数与 7.2.3 节的 seg( ) 函数功能类似，利用 PSOt 工具箱进行图像分割的核心函数调用程序如下：

%%% 此处省略部分代码,读入原始图像 I,显示原图,采用 otsu 方法分割原始图像
%% 以下 PSO 参数设置
Ac = [2,2];% 加速常数,第 4~5 个参数
iwt = [0.9,0.6];% 初始时刻和收敛时刻的加权值,第 6~7 个参数
shw = 0;% 刷新显示间隔,第 1 个参数,每隔 1 秒刷新一次
epoch = 10;% 最大迭代次数,第 2 个参数
ps = 5;% 群体规模,第 3 个参数
wt_end = 100;% 第 8 个参数
errgrad = 1e-99;% 终止条件,第 9 个参数
errgraditer = 100;% 终止条件,第 10 个参数
% 第 11~13 个参数,默认值
M_range = [0,255];% 参数变化范围
Max_V = 0.2 * (M_range(:,2) - M_range(:,1));% 最大速度取变化范围的 10%~20%
n = 1;% 待优化函数的维数,此例子中仅 M 自变量(阈值)
% 粒子起始位置
PSOseedValue = repmat([0], ps-10, 1);
psoparams = [shw epoch ps ac(1) ac(2) Iwt(1) Iwt(2) wt_end errgrad errgraditer errgoal modl PSOseed];
% 调用 PSO 核心模块
[pso_out, tr, te] = pso_Trelea_vectorized('seg', n, Max_V, M_range, 1, psoparams, 1, PSOseedValue);
M = round(pso_out(1)) % 输出最优估计阈值
% 此处省略部分代码,用最优阈值 M 分割原始图像 I 并输出显示

实验结果如图 7.11 所示。

(a) 原始图像　　　　(b) 基于Otsu的分割　　　　(c) 基于PSOt的分割

图 7.11　基于粒群优化的图像分割实验结果

7.4 蚁群算法及空间信息处理

7.4.1 蚁群算法

蚁群算法(ant colony optimization,ACO),又称蚂蚁算法,是一种用来在图中寻找优化路径的概率型算法。它由多里科(Dorigo)于1992年在他的博士论文中提出,其灵感来源于蚂蚁在寻找食物过程中发现路径的行为(Dorigo and Blum,2005),也是一种启发式算法(meta heuristic)。蚁群算法在提出之初并没有引起太多关注,直至1996年,Dorigo发表了 *Ant system: optimization by a colony of cooperating agents*(Dorigo et al,1996),系统阐述了ACO的原理、性能,并与其他智能优化算法进行了详细比较,得到国际学术界的普遍认可。1998年在比利时召开首届蚁群算法国际研讨会(ANTS'98),随后每两年举办一次。更多的资料可以参考 Dorigo 的网站 http://www.iridia.ulb.ac.be/~mdorigo/ACO/ACO.html。

自然界中的蚁群能够通过相互协作找到从蚁巢到食物的最短路径,并且能随环境变化而变化,很快地重新找到最短路径。大量研究发现,蚂蚁在寻找食物的过程中,会在它们经过的路径上释放一种叫信息素(pheromone)的化学物质,同一蚁群中的蚂蚁能感知到这种物质及其强度,后续蚂蚁会倾向于朝着信息素浓度高的方向移动,于是越是信息素浓度高的路径上,经过的蚂蚁会越多,留下的信息素也会越来越多。由于在相同时间段内越短的路径,会被越多的访问,因此后续蚂蚁选择这条路径的可能性也越大,最后的结果是所有的蚂蚁都走最短的那条路径。由此可见,蚁群算法不需要任何先验知识,最初只是随机地选择搜索路径,随着对解空间的了解,搜索变得有规律,并逐渐逼近直至最终达到全局最优解(张青,2008)。蚁群算法正是充分利用了选择、更新和协调的优化机制,即通过个体之间的信息交流与相互协作最终找到最优解,使它具有很强的发现较优解的能力。基本ACO的框架流程如图7.12所示(Dorigo,2005)。

通过相关领域研究者的努力,ACO在基本模型的基础上得到了许多改进和扩展,如蚁群系统ACS、最大-最小蚁系统MMAS等,并在大量领域得到应用,比如机器人系统、图像处理、制造系统、车辆路径系统、通信工程、电力系统等,除此之外,还被广泛应用于各类动态资源分配、行动规划和数据聚类的相关问题研究(吴启迪,汪镭,2004)。

ACO可以用于求解连续优化函数,例如,求$f(x,y)=\cos(2\pi x)\cos(2\pi y)e^{-\frac{x^2+y^2}{10}}$的最大值。蚂蚁的初始位置如图7.13所示,显然,个体的位置分布相对均匀随机。

通过蚂蚁自适应寻优后,个体的最终位置如图7.14所示,集中在最优解附近。

最优适应度值的变化过程如图7.15所示,在第5代左右就已经迅速寻找到次优解,并在第25代寻找到最优解。

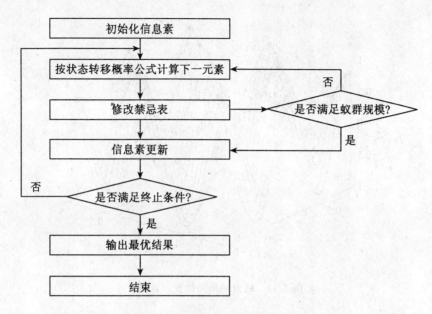

图7.12 基本蚁群算法的框架流程(Dorigo,2005)

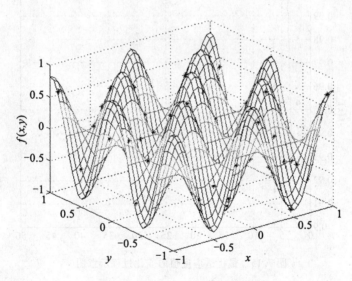

图7.13 蚂蚁的初始位置示意图

7.4.2 基于蚁群算法的空间信息处理

蚁群算法在空间信息处理领域得到了很好的应用(叶志伟,郑肇葆,2004；Han and Shi,2007；冯祖仁等,2007)。这里以基于蚁群算法的图像处理方法为例说明基于蚁群算法的空间信息处理方法。

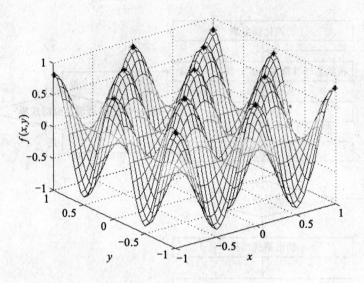

图 7.14 蚂蚁的最终位置示意图

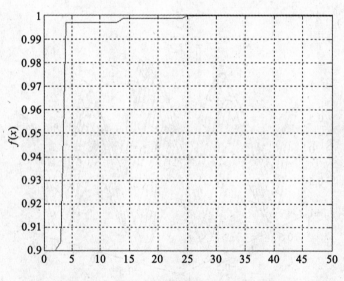

图 7.15 最优适应度值的变化过程示意图

与 GA、PSO 类似,将阈值图像分割问题看成是阈值参数优化问题,也可以采用蚁群优化来进行自适应搜索寻优。但是最大类间方差法只适合背景和前景有差异的情形,对于前景由两部分构成的图像(如细胞图像,包含细胞核、核仁)无法分割出很好的结果,因此,可以考虑进行双阈值甚至多阈值图像分割。

将 7.2.3 节描述的 OTSU 准则进行推广。对于图像 $I(x,y)$ 存在 $m+1$ 个待分割类 C_0,C_1,$\cdots$,C_m,则需要设置 m 个阈值 T_1,T_2,$\cdots$,T_m。属于 C_i 的像素点数占整幅图像的

比例记为 ω_i，其平均灰度 $\mu_i(i=1,2,\cdots,m)$；图像的总平均灰度记为 μ，类间方差记为 g。假设图像的大小为 $M \times N$，图像中像素的灰度值介于阈值 T_i 和 T_{i+1} 的像素个数记作 N_i，则有：

$$w_i = \frac{N_i}{M \cdot N}, \sum_{i=0}^{m} N_i = M \cdot N, \sum_{i=0}^{m} w_i = 1, \mu = \sum_{i=1}^{m} \omega_i \mu_i, g = \sum_{i=0}^{m} \omega_i (\mu_i - \mu)^2$$

使得 g 最大的阈值组合就能够获得最优的图像分割结果。定义蚁群算法的适应度函数 seg( ) 如下：

```
function f = seg(T,M1,M2) %适应度函数,T为待处理图像,M1,M2为阈值
[U,V] = size(T);
I = 0;s1 = 0;J = 0;s2 = 0;K = 0;s3 = 0;p1 = 0;p2 = 0;p3 = 0; %统计
for i = 1:U
    for j = 1:V
        if T(i,j) < = round(M1)
            s1 = s1 + T(i,j);I = I + 1;
        else if T(i,j) > round(M2)
            s3 = s3 + T(i,j);K = K + 1;
        else s2 = s2 + T(i,j);J = J + 1;
        end
    end
end    %%以下省略部分代码,处理I、J、K为0的情形,避免0作为除数
p1 = s1/I; p2 = s2/J; p3 = s3/K;
p = (s1 + s2 + s3)/(U * V);
f = (I * (p1 - p)^2 + J * (p2 - p)^2 + K * (p3 - p)^2)/(U * V); %适应度值
end
```

ACO 关键程序段如下：

```
%%%此处省略部分代码,读入原始图像I,显示原图,采用otsu方法分割原始图像
Ant = 100; ECHO = 10; starts = 0;ends = 255; %参数初始化,蚁群规模,进化代数,子区间长度
for i = 1:Ant   %初始化蚂蚁位置
    X(i,1) = (starts + (ends - starts) * rand(1)); X(i,2) = (X(i,1) + (ends - X(i,1)) * rand(1));
    T0(i) = seg(I, X(i,1),X(i,2)); %初始信息素,随函数值增大,浓度增大
end
for Echo = 1:ECHO  %开始寻优
    P0 = 0.2; P = 0.7; lamda = 1/Echo; %全局转移选择因子%信息素蒸发系数%转移步长
```

```
% 寻找最优初始解
[T_Best(Echo),BestIndex] = max(T0);   % 求解每代全局最优解
for j_g = 1:Ant
    r = T0(BestIndex) - T0(j_g); Prob(Echo,j_g) = r/T0(BestIndex);
end
for j_g_tr = 1:Ant
    if Prob(Echo,j_g_tr) < P0
        temp1 = X(j_g_tr,1) + (2 * rand(1) - 1) * lamda;
        temp2 = X(j_g_tr,2) + (2 * rand(1) - 1) * lamda;
    else
        temp1 = X(j_g_tr,1) + (ends-starts) * (rand(1) - 0.5);
        temp2 = X(j_g_tr,2) + (ends-starts) * (rand(1) - 0.5);
    end
    %%% 省略部分代码,保证蚂蚁个体位于子区间类
end
for t_t = 1:Ant
    T0(t_t) = (1 - P) * T0(t_t) + seg(I,X(t_t,1),X(t_t,2));   % 信息素更新
end
[c_iter,i_iter] = max(T0);
maxpoint_iter = [X(i_iter,1),X(i_iter,2)];
maxvalue_iter = seg(I,X(i_iter,1),X(i_iter,2));   % 保存每代局部最优解
max_local(Echo) = maxvalue_iter;
% 将每代的全局最优解保存在矩阵 max_global
if Echo >= 2
    if max_local(Echo) > max_global(Echo - 1)
        max_global(Echo) = max_local(Echo);
    else  max_global(Echo) = max_global(Echo - 1);
    end
else
    max_global(Echo) = maxvalue_iter;
end
end
[c_max,i_max] = max(T0); maxpoint = [X(i_max,1),X(i_max,2)]
M1 = round(X(i_max,1)); M2 = round(X(i_max,2));   % 估计阈值
% 此处省略部分代码,用最优阈值 M1,M2 分割原始图像 I 并输出显示
```

实验结果如图 7.16 所示,肉眼直观地看,基于 ACO 的多阈值分割效果比单一的

OTSU 要好。

(a) 原始图像　　　　　　(b) 基于Otsu的分割　　　　　(c) 基于ACO的分割

图 7.16　基于蚁群算法的图像分割实验结果

7.5　免疫计算及空间信息处理

7.5.1　免疫计算方法

免疫计算通过模仿生物免疫系统的机能,构造具有动态性和自适应性的信息防御体系,以此来抵制外部无用、有害信息的侵入,从而保证接受信息的有效性与无害性。一般的免疫算法可分为三种情况:模仿免疫系统抗体与抗原识别,结合抗体产生过程而抽象出来的人工免疫网络算法;基于免疫系统中的其他特殊机制抽象出的算法,例如克隆选择算法;与遗传算法等其他计算智能融合产生的新算法,例如免疫遗传算法(莫宏伟,2003)。图 7.17 是一般免疫计算的基本流程。

一般免疫计算的基本流程中的关键步骤解释如下:

(1)抗原识别:免疫系统确认抗原入侵。

(2)产生初始抗体群体:激活记忆细胞产生抗体,清除以前出现过的抗原,从包含最优抗体(最优解)的数据库中选择出来一些抗体。

(3)计算亲和力:计算抗体和抗原之间的亲和力。

(4)记忆细胞分化:与抗原有最大亲和力的抗体加给记忆细胞。由于记忆细胞数目有限,新产生的与抗原具有更高亲和力的抗体替换较低亲和力的抗体。

(5)抗体促进和抑制:高亲和力抗体受到促进,高密度抗体受到抑制。通常通过计算抗体存活的期望值来实施。

(6)抗体产生:对未知抗原的响应,产生新淋巴细胞。

根据人体免疫系统的进化理论,de Castro 提出了人工免疫网络模型(aiNet),最初用

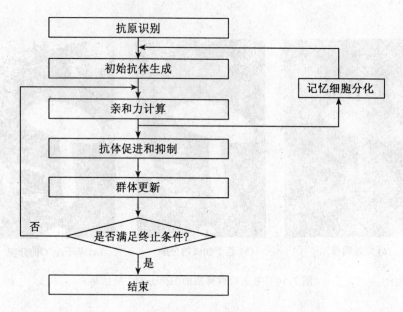

图 7.17 一般免疫计算的基本流程(莫宏伟,2003)

于数据聚类,随后为解决多模态函数优化问题作了改进,得到传统人工免疫网络优化算法(De Castro and Von Zuben, 2000; De Castro and Timmis, 2002),是一类最基本的人工免疫算法。aiNet 也有一个常见的工具箱 AIS Toolbox,可以免费下载(De Castro and Von Zuben, 1999)。对于这类优化问题,抗原一般指目标函数;抗体指目标函数的优化解;抗体间的亲和力指两个抗体的相似度;抗原与抗体的亲和力表明抗体对抗原的识别程度,一般用适应度函数表示。抗体和抗原的亲和力越大,则刺激水平越高,反之亦然。而抗体间的刺激与抑制,保证了抗体和抗原匹配的多样性,其强度由抗体间的亲和力决定。当刺激达到一定程度时,抗体将趋于成熟,克隆与变异就会大量发生。算法首先在目标函数定义域或可行域内引入一定数量的个体,组成人工免疫网络,对每个个体进行克隆选择,以选择局部最优解。具体做法是,先利用增殖复制算子克隆一定数目的个体,再采用高频变异算子对每个克隆体进行变异,并在克隆体群体中保留一个未变异个体;进而选择适应度最高的克隆体,若该克隆体的适应度比原始个体高,则将原始个体取而代之。当网络稳定后,让网络中的个体互相作用,通过阴性选择对亲合力小于预设抑制阈值的个体进行抑制,剩下的个体则作为记忆单元保留起来。最后随机引入新的个体,并重复以上过程,直到达到收敛条件为止。算法结束时的记忆个体即为搜索得到的局部最优解(肖人彬等,2005)。

以 Schaffer 函数优化为例,用人工免疫网络算法求该函数的最大值。

$$f(x,y) = 0.5 - \frac{\sin^2\sqrt{x^2+y^2} - 0.5}{[1 + 0.0001(x^2+y^2)]^2}, x \in [-10,10], y \in [-10,10]$$

初始抗体如图 7.18 所示,绝大多数抗体无法从图中直接观察到,这是因为它们相对于函数图像的位置分布随机均匀。

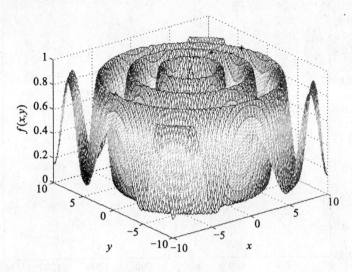

图 7.18　初始抗体位置

与遗传算法类似,为了演示该进化过程,设置了进化代数为 1400 代。最优适应度值的变化如图 7.19 中实线所示,在第 100 代左右即能寻求到问题的次优解,在第 300 代左右找到至少一个最优解。平均适应度值的变化如图 7.19 中实线所示,在第 100 代左右虽然平均适应度较高,由于没有寻找到问题的最优解,此后进化过程中不断通过克隆、变异等操作寻求最优解,在此过程中导致平均适应度短暂急剧下降。算法在第 350~390 代继续迭代,虽然最优解没有变化,但是从图中可以看出,平均适应度达到全局最大值,证明在该过程中算法能不断通过克隆、变异操作寻求整个免疫网络每个个体都向优秀个体靠近。

最终抗体的位置如图 7.20 所示,与图 7.18 不同,绝大多数抗体都能从图中直接观察到,这是因为它们相对于函数图像的位置分布集中在最优解附近,即函数图像的 z 轴顶部。

7.5.2　基于免疫计算的空间信息处理

免疫计算得到了空间信息处理领域的部分学者的重视(高康林,周凤岐,2004;Rodin et al,2004;Huang and Jiao,2008),这里以基于免疫计算的图像处理方法为例介绍免疫计算在空间信息处理领域的应用。

与 ACO 类似,可以采用人工免疫网络优化算法进行多阈值图像分割。以 $g = \sum_{i=0}^{m} \omega_i (\mu_i - \mu)^2$ 作为适应度函数。关键程序段如下:

%%%此处省略部分代码,读入原始图像 I,显示原图,采用 otsu 方法分割原始图像
%%以下参数初始化:I 待分割图像;ts 网络抑制阈值;N 规模;Nc 克隆子抗体的数目(倍增数目);beta 控制高频变异时概率的指数函数变化幅度;gen 进化代数

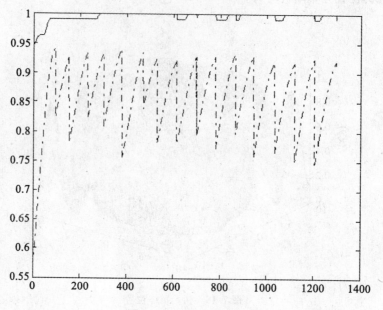

图 7.19 适应度值变化

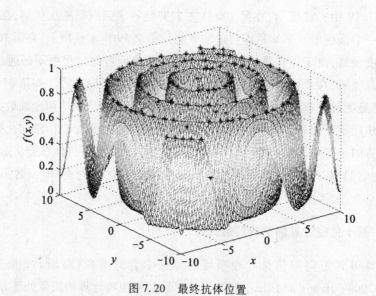

图 7.20 最终抗体位置

```
ts = 0.2; N = 20; Nc = 20; beta = 0.5; gen = 10;
[Ab,xx,yy] = aiNet_seg(I,ts,N,Nc,beta,gen); %核心 aiNET 函数调用
if xx > yy  %估计阈值,并交换大小,以便于分割
    M2 = round(xx); M1 = round(yy);
else   M2 = round(yy); M1 = round(xx);
end
```

%%% 此处省略部分代码,用最优阈值 M1,M2 分割 I 并输出显示

在上述程序段中用到的 aiNET 函数如下,其中适应度函数 seg(T,M1,M2) 与 7.4.2 节类似,此处不再赘述。

```
function [Ab,xx,yy] = aiNet_seg(I,ts,N,Nc,beta,gen)
xmin = 0; xmax = 255; ymin = 0; ymax = 255; % 寻优的参数子区间
Ab1 = xmin + rand(N,1).*(xmax-xmin); Ab2 = ymin + rand(N,1).*(ymax-ymin);
Ab = [Ab1,Ab2]; x = Ab(:,1); y = Ab(:,2);  % 初始化抗体
fit = seg(I,x,y); % 适应度函数
it = 1; Nold = N + 1; Nsup = N;
FLAG = 0; FLAGERROR = 0;
avfitold = mean(fit); avfit = avfitold - 1;
vout = []; vavfit = []; vN = [];
while it < gen & FLAG == 0, % 不满足终止条件就循环
    % 抗体选择,克隆,变异,亲和力计算
    [Ab] = clone_mut_select(I,Ab,Nc,beta,norma(fit),xmin,xmax,ymin,ymax);
    if rem(it,5) == 0, % 每隔一定代数,网络抑制,判断收敛性
        if abs(1 - avfitold/avfit) < .01,
            [Ab] = suppress(Ab,ts);
            FLAGERROR = 1;
            Nsupold = Nsup; Nsup = size(Ab,1); vN = [vN,Nsup];
            if (Nsupold - Nsup) == 0 %& rem(it,20) == 0,
                FLAG = 1; FLAGERROR = 0;
            end;
        end;
    end;
    % 插入随机产生的新个体
    if FLAGERROR == 1,
        d = round(.4*N);
        Ab1 = xmin + rand(d,1).*(xmax-xmin); Ab2 = ymin + rand(d,1).*(ymax-ymin);
        Ab = [Ab;Ab1,Ab2]; FLAGERROR = 0;
    end;
    % 适应度计算
    x = Ab(:,1); y = Ab(:,2);
    fit = seg(I,x,y); avfitold = avfit;
```

```
[out,I] = max(fit); avfit = mean(fit);
xx = x(I); yy = y(I);
N = size(Ab,1);
it = it + 1;
vout = [vout,out]; vavfit = [vavfit,avfit]; vN = [vN,N];
end;
```

实验结果如图 7.21 所示。

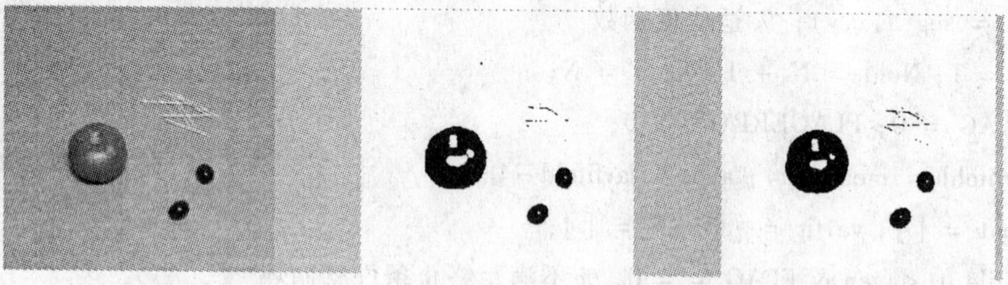

(a) 原始图像　　　　　(b) 基于Otsu的分割　　　　(c) 基于aiNET的分割

图 7.21　基于人工免疫网络的图像分割实验结果

思 考 题

1. 简述进化计算的核心思想和主要内容。
2. 简述遗传算法及其在空间信息处理中的应用。
3. 简述粒群优化算法及其在空间信息处理中的应用。
4. 简述蚁群算法及其在空间信息处理中的应用。
5. 简述免疫计算算法及其在空间信息处理中的应用。

参 考 文 献

北卡罗来纳州立大学工具箱,http://www.ise.ncsu.edu/mirage/GAToolBox/gaot/.

蔡自兴,徐光祐. 2003. 人工智能及其应用. 北京:清华大学出版社.

陈智军. 2002. 基于改进型遗传算法的前馈神经网络优化设计. 计算机工程,28(4):120-121.

丁立新,康立山,陈毓屏,李元香. 1998. 进化计算研究进展. 武汉大学学报(自然科学版),44(5):561-568.

冯祖仁,李进,冯远静. 2007. 分散、递阶蚁群算法及其在相变序列图像分割中的应用. 西安交通大学学报,41(2):136-140.

高康林,周凤岐. 2004. 基于免疫计算的二次阈值图像分割,弹箭与制导学报,24(4):182-187.

黎夏,叶嘉安. 2004. 遗传算法和 GIS 结合进行空间优化决策. 地理学报,59(5):745-753.

雷英杰，张善文，李续武，周创明．2005．Matlab遗传算法工具箱及其应用．西安：西安电子科技大学出版社．

莫宏伟．2003．人工免疫系统原理与应用．哈尔滨：哈尔滨工业大学出版社．

潘正君，康立山，陈毓屏．1997．计算机世界报，(27)，http://www2.ccw.com.cn/1997/27/158208.shtml．

潘正君，康立山，陈毓屏．2000．进化计算．北京：清华大学出版社．

田莹，苑玮琦．2007．遗传算法在图像处理中的应用．中国图像图形学报，12(3)：389-396．

王正志，薄涛．2000．进化计算．长沙：国防科技大学出版社．

肖人彬，刘勇，窦刚．2005．面向多峰值函数优化的人工免疫网络算法特性分析．模式识别与人工智能，18(1)：17-24．

谢菲尔德大学工具箱，http://www.shef.ac.uk/acse/research/ecrg/gat.html．

吴启迪，汪镭．2004．智能蚁群算法及应用．上海：上海科技教育出版社．

叶志伟，郑肇葆．2004．蚁群算法中参数α、β、ρ设置的研究——以TSP问题为例．武汉大学学报（信息科学版），29(7)：597-601．

章毓晋．2001．图像分割．北京：科学出版社．

张光卫．2008．基于云模型的进化算法研究与应用（博士学位论文）．北京：北京航空航天大学．

张青，康立山，李大农．2008．群智能算法及其应用．黄冈师范学院学报，28(6)：44-48．

Andrey P. 1999. Selectionist relaxation: genetic algorithms applied to image segmentation. Image and Vision Computing, 17(3-4): 175-187.

Baeck T, Fogel D B, Michalewicz Z. the Handbook of Evolutionary Computation. Evolutionary Computation 1: Basic Algorithms and Operators. Bristol and Philadelphia: Institute of Physics Publishing, 2000.

Bhanu B, Lee S, Ming J. 1995. Adaptive image segmentation using a genetic algorithm. IEEE Transactions on Systems Man and Cybernetics, 125(12): 1543-1567.

Birge B. 2003. PSOt-a particle swarm optimization toolbox for use with Matlab. Swarm Intelligence Symposium. SIS apos; 03. Proceedings of the 2003 IEEE Volume, Issue, 24-26 April 2003 Page(s): 182-186, DOI: 10.1109/SIS.1202265.

Bonabeau E, Dorigo M. Theraulaz G. 1999. Swarm Intelligence: From Natural to Artificial Systems, Oxford, England: Oxford University Press.

CEC-2009. 2009. http://www.cec-2009.org/.

De Castro L N, Von Zuben F J. 1999. Artificial Immune Systems: Part I- Basic Theory and Applications. Technical Report-RT DCA 01/99, p.95.

De Castro L N, Von Zuben F J. 2000. Artificial Immune Systems: Part II- A Survey of Applications. Technical Report-RT DCA 02/00, p.65.

De Castro L N, Timmis J I. 2002. An Artificial Immune Network for Multimodal Function Optimization (pre-print). In Proceedings of IEEE CEC'02, 1, pp.699-674.

Dorigo M, Maniezzo V, Colorni A. 1996. Ant system: optimization by a colony of cooperating agents. IEEE Transactions on Systems, Man, and Cybernetics, Part B, 26(1): 29-41.

Dorigo M, Blum C. 2005. Ant colony optimization theory: A survey. Theoretical Computer Science,

344 (2-3): 243-278.

Eberhart R C, Kennedy J. 1995. A new optimizer using particle swarm theory. In: Proceedings of Sixth International Symposium on Micro Machine and Human Science (Nagoya, Japan), IEEE Service Center, Piscataway, NJ, 39-43.

Fogel. 1994. An introduction to simulated evolutionary optimization. IEEE Transaction On Neural Networks, 5(1): 3-14.

Fogel D B. 1995. Evolutionary Computation: Toward a New Philosophy of Machine Intelligence. New York.

Fogel L J, Owens A J. 1966, Walsh M J. Artificial Intelligence through Simulated Evolution. New York: Wiley.

FOGA-2009. http://www.sigevo.org/foga-2009/.

GECCO-2008. http://www.isgec.org/next-gecco.html.

GECCO-2009. http://www.isgec.org/gecco-2009/.

Han Y F, Shi P F. 2007. An improved ant colony algorithm for fuzzy clustering in image segmentation. Neurocomputing, 70(4-6): 665-671.

Holland J H. 1975. Adaptation in Natural and Artificial Systems. Ann Arbor: University of Michigan Press, USA.

Holland J H. 1992. Adaptation in Natural and Artificial Systems. MIT Press, Cambridge, Massachusetts, USA.

Huang W L, Jiao L C. 2008. Artificial immune kernel clustering network for unsupervised image segmentation. Progress in natural Science, 8(4): 455-461.

Ines A V M, Honda K S, Gupta A D, Droogers P, Clemente R S. 2006. Combining remote sensing-simulation modeling and genetic algorithm optimization to explore water management options in irrigated agriculture. Agricultural Water Management, 83(3): 221-232.

ISGEC. 2008. http://www.isgec.org/about.html.

Kennedy J, Eberhart R C, Shi Y. 2001. Swarm Intelligence. New York: Morgan Kaufmann.

Koza. 2008. http://www.genetic-programming.org/.

Li L Y, Li D R. 2008. Fuzzy entropy image segmentation based on particle swarm optimization. Progress in Natural Science, 18(9): 1167-1171.

Rodin V, Benzinou A, Guillaud A, Ballet P, Harrouet F, Tisseau, Bihan J L. 2004. An immune oriented multi-agent system for biological image processing, 37(4): 631-645.

Scheunders P. 1997. A genetic c-Means clustering algorithm applied to color image quantization. Pattern Recognition, 30(6): 859-866.

SIGEVO. 2008. http://www.sigevo.org/.

The MATLAB Genetic Algorithm Toolbox v1.2 User's Guide, http://www.shef.ac.uk/content/1/c6/03/35/06/manual.pdf.

Wu C K, Liu J. 1995. Image segmentation method by genetic algorithms. In: Proceedings of the Pacific-Asian Conference on Expert Systems 1995 (PACES'95). Huangshan, China, pp: 597-600.

第8章 机器学习与空间信息处理

8.1 机器学习概述

8.1.1 机器学习的定义

学习是人类所具有的一种智能行为,但是学习是什么,由于它的机理尚不清楚,所以没有严格的定义,许多学者都在探讨这个问题。在教育学领域中,学习一般被认为是人类个体在认识与实践过程中获取经验和知识,掌握客观规律,使身心获得发展的社会活动。而心理学领域内关于学习的定义是:学习是指人和动物因经验而引起的倾向或能力相对持久的变化过程,这些变化不是因成熟、疾病或药物引起的,而且也不一定表现出外显的行为(H. A Simon, 1977)。而著名的人工智能大师西蒙给出的学习概念更接近我们常识中的"学习",他认为:学习是系统内部的适应性变化,使系统在以后从事同一任务或同一问题范围中类似的任务时,效率更高。人的学习不仅仅是获取知识和技能,也不仅仅是导致行为的改变,还应当包括在知识经验的基础上,养成良好的行为习惯,以形成高尚的道德品质和充分发挥自身的潜能和价值。学习是有目的的行为,这个目的就是要解决问题,即发现新的知识。

机器学习(machine learning, ML)是对学习进行计算机模拟,有助于揭示学习的机理和智能的本质。但是,人类学习同机器学习有许多不同之处。例如,人类学习是一个长期而缓慢的过程,机器学习是短暂快速的;人类学习是"健忘"的,而机器学习却能毫无遗漏地记住它学过的所有知识;另外,人的知识不具有传递性,不能直接传递给另一个人,而机器学习系统可以将学到的知识直接复制给另一个系统(洪家荣,1991)。

什么是机器学习,至今也没有一个统一的定义,从字面上理解,机器学习是研究计算机怎样模拟或实现人类的学习行为,以获取新的知识或技能,重新组织已有的知识结构使之不断改善自身的性能。它是人工智能的核心,是使计算机具有智能的根本途径,其应用遍及人工智能的各个领域,方式上主要适用归纳、综合而不是演绎(Michael Dawson, 1998)。这里,我们引用 Tom M. Mitchell 对"机器学习"的定义:对于某类任务 T 和性能度量 P,如果一个计算机程序在 T 上以 P 衡量的性能随着经验 E 而自我完善,那么称这个计算机程序在从经验 E 中学习(Mitchell, 2003)。

8.1.2 机器学习的发展历程

由于机器学习本身的难度以及相关学科研究水平的限制,它的发展是曲折的,其发展历程大致可以分为以下四个阶段(蔡自兴,徐光祐,2003;朱福喜等,2002)。

第一阶段是在20世纪50年代中期到60年代中期,属于热烈时期。这个时期研究的是"没有知识"的学习,即"无知"学习;其主要研究方法是不断修改系统的控制参数以改进系统的执行能力,不涉及与具体任务有关的知识。这一阶段的机器学习主要侧重于非符号的神经元模型的研究,研制通用学习系统,即神经网络或自组织系统。期间最典型的例子就是塞缪尔的下棋程序,不过这种脱离知识的感知型学习系统具有很大的局限性,远不能满足人们对机器学习系统的期望。

第二阶段是在20世纪60年代中期至70年代中期,被称为机器学习的冷静时期。本阶段的研究目标是模拟人类的概念学习过程,并采用逻辑结构或图结构作为机器内部描述。机器能够采用符号来描述概念,并提出关于学习概念的各种假设。本阶段的代表性工作有Winston的结构学习系统和Hayes Roth等人的基于逻辑的归纳学习系统。虽然这类信息系统取得较大的成功,但只能学习单一概念,而且未能投入实际应用。此外,时间网络信息基因理论缺陷未能达到预期效果而转入低潮。

第三阶段是从20世纪70年代中期至80年代后期,称为复兴时期。在这个时期,人们从学习单个概念扩展到学习多个概念,探索不同的学习策略和各种学习方法。大量的学习系统涌现出来,比较有代表性的是Michalski的AQVAL,Buchana等人的Meta-Dendral,Lenat的AM,Langley的BACON,Quinlan的ID3等。此外,1980年,在美国的Carnegie-Mellon大学召开了第一届机器学习国际研讨会,标志着机器学习研究已在全世界兴起。1986年,第一个机器学习杂志 *Machine Learning* 正式创刊,迎来了机器学习蓬勃发展的新时期。

第四阶段是从20世纪80年代后期至今,机器学习的研究进入了一个全面化、系统化的时期。一方面,传统符号学习的各种方法已全面发展并且日臻完善,应用领域不断扩大,达到了一个巅峰时期。另一方面,机器学习基础理论的研究越来越引起人们的高度重视。随着机器学习技术的不断成熟和计算学习理论的不断完善,机器学习必将会给人工智能的研究带来重大突破。

8.1.3 机器学习的基本结构

一个机器学习系统的结构主要由环境、学习过程、知识库、执行与评价过程四个部分组成,各个部分的关系如图8.1所示(蔡自兴,徐光祐,2003;闫友彪,陈元琰,2004)。

其中,箭头表示信息的流向;环境是指外部信息的来源,它向系统的学习提供有关信息;学习指系统的学习机构,它利用环境提供的外部信息进行分析、综合、类比、归纳等思维过程获得知识,并将这些知识存入知识库中,以增进系统执行部分完成任务的效能;知识库则用来存储知识,存储时要进行适当的组织,使它既便于应用又便于维护和更新;执

图 8.1 机器学习系统的结构

行与评价由执行和评价两个环节组成,执行环节根据知识库中的知识完成任务,处理系统面临的问题,即应用学习到的知识求解问题;评价环节用于验证、评价执行环节的效果,并将获得的信息反馈给学习部分,学习部分将根据反馈的信息对知识库进行修改和调整从而完善知识库的构成。

影响学习系统设计的最重要的因素是环境向系统提供的信息,也就是信息的质量。知识库里面存放的是指导执行的一般原则,而环境向系统提供的是各式各样的信息。如果提供的信息质量比较高,与一般原则的差别比较小,则学习部分就比较容易处理,反之,如果外界输入的信息比较杂乱无章,系统处理这些信息的难度将会大大增加。

知识库是影响学习系统设计的第二个因素,知识的表示有很多种形式,比如特征向量、一阶逻辑语句、产生式规则、语义网络等。所以,在设计知识库时要确保知识库的修改比较容易、知识的表达能力强、知识表示易于扩展等。

由于学习系统不能在没有任何知识的情况下凭空获取知识,所以每一个学习系统都要具有某些知识以理解环境提供的信息。因此,从某种意义上说学习系统是对现有知识的扩展和改进(蔡自兴,徐光祐,2003)。

学习是一项复杂的智能活动,学习过程与推理过程是密不可分的,按照学习策略中使用推理的多少,机器学习策略大体可分为如下 4 种:机械学习、归纳学习、类比学习和解释学习。推理过程使用的越多,学习系统的能力就越强。

机械学习就是死记型的学习,是最简单的学习策略。这种学习策略不需要推理过程,外界提供的知识的表达方式与系统内部指导原则的表达方式完全一致,学习系统要做的工作就是把经过评价所获取的知识存储到知识库中去,求解问题时只需要直接从知识库中寻找相应的知识即可。

比机械学习稍微复杂一点的是归纳学习,归纳学习是应用归纳推理进行学习的一类学习方法,它模拟的是从例子设想出假设的过程。归纳是指从个别到一般的一类推论行为,从足够多的实例中归纳出一般性的知识。归纳学习也可以按有无教师指导分为示例学习和观察与发现学习。

类比学习只能得到类似任务的有关知识,所以学习系统必须能够发现当前任务与已知任务的相似之处,通过对已知任务的理解,推导出当前任务的解决方案,可以说它与以上两种学习策略相比,对推理过程的要求更高。

基于解释的学习是 20 世纪 80 年代中期开始兴起的一种机器学习方法。它通过运用相关领域的知识,对当前的实例进行分析,从而对当前实例进行解释并产生相应知识,在获取新知识的过程中,通过对属性、表征现象和内在关系等进行解释而学习到新的知识。

8.2 机械学习与空间信息处理

8.2.1 机械学习基本方法

机械学习又被称为死记硬背式的学习,它是一种最简单、最基本的学习策略,其核心就是记忆,即把知识进行存储,当需要用到相关知识的时候直接搜寻知识库,整个过程中没有推理和重新计算的环节。虽然机械学习的过程比较简单,但是机械学习是其他学习的基础,因为任何学习系统都必须记住问题和与它相关的求解知识。

当机械学习系统的执行部分解决完一个问题后,系统就记住这个问题和它的解。为了简化起见,可以把执行部分抽象地看成某一函数,这个函数在得到自变量输入值($x_1, x_2, \cdots, x_m$)之后,计算并输出函数值($y_1, y_2, \cdots, y_n$),然后系统会把输入值与输出值合并起来作为一个存储对[($x_1, x_2, \cdots, x_m$),($y_1, y_2, \cdots, y_n$)]存储起来。对于该系统来说,输入值($x_1, x_2, \cdots, x_m$)表示待解决的问题,而输出值($y_1, y_2, \cdots, y_n$)则对应于问题的解决方案。以后若遇到求解问题($x_1, x_2, \cdots, x_m$)时,系统会从知识库中寻找对应的($y_1, y_2, \cdots, y_n$)而不是重新计算。机械学习过程可用如下模型表示(蔡自兴,徐光祐,2003;闫友彪,陈元琰,2004):

(1)学习过程

$$(x_1, x_2, \cdots, x_m) \xrightarrow{f} (y_1, y_2, \cdots, y_n) \xrightarrow{存储} [(x_1, x_2, \cdots, x_m),(y_1, y_2, \cdots, y_n)]$$

(2)检索过程

$$(x_1, x_2, \cdots, x_m) \xrightarrow{检索} [(x_1, x_2, \cdots, x_m),(y_1, y_2, \cdots, y_n)] \xrightarrow{输出} (y_1, y_2, \cdots, y_n)$$

作为例子,可以考虑一下医疗系统的程序。这个程序是根据患者的症状自动找出相应的治疗方案,对于这样一个系统输入的是某个病症的描述,输出的是该病症相对应的治疗手段。由于这个系统是一个机械学习系统,所以对于一个输入的症状描述,它首先会在知识库中寻找能够与之对应的病例案例,如果不能找到这样的病例,则由医生人为地进行诊断,并将最终的诊断结果与病症作为一个知识存入知识库,以便后续治疗使用。另外,对于有些病症,它的治疗方案会随着时间的推移发生变动,那么知识库也应该做相应的调整以保证正确性和完整性。

对于机械学习,需要注意如下几个问题:信息的存储与组织、信息的适应性、存储与计算间的权衡(蔡自兴,徐光祐,2003)。

(1)信息的存储与组织。采用适当的存储方式,使得检索的速度更快是机械学习中的重要问题。

(2)信息的适应性。对于一个变化的环境,系统的知识库中的知识必须能够适应这种变化过程并作出及时的调整,否则系统一旦遇到外界环境的变化就会瘫痪。还是以上述的医疗系统为例子,我们知道,流行感冒是一类随着时间变化而变化的病症,对于这种病症,就不能采取某一种固定的治疗方案,以往的治疗经验并不足以治愈它。因此,这样的医疗系统必须有比较强的信息适应性,能够根据实际情况及时更新知识库以适应外界环境的变化。

(3)存储与计算间的权衡。由于机械学习的根本目的是改进系统的执行能力,因此对于机械学习来说很重要的一点是它不能降低系统的效率。如果检索一个数据比重新计算一个数据所花的时间更多,那么这样的机器学习就失去了意义。

8.2.2 基于机械学习的空间信息处理

直接介绍基于机械学习的空间信息处理的文献还很少。但是,机械学习作为一种重要的机器学习方法,在空间信息处理中可以得到很好的应用,这里给出一些基本的思路,如利用机械学习构建空间知识库。

机械学习的基本思想是当机械学习系统的执行部分解决完一个问题后,系统就记住这个问题和它的解,将知识的输入值和输出值作为一个存储对进行存储,以后遇到新问题时不需要重新计算,只需要从知识库中查找与新的输入值匹配的知识,直接将其输出值输出作为问题的解。在空间知识库中有很多规则性知识,其基本形式为

$$IF\ A\ THEN\ B$$

可将这种规则性的空间知识的前件 A 和后件 B 分别作为机械学习的输入值和输出值直接存储,即 (A, B)。

8.3 归纳学习与空间信息处理

8.3.1 归纳学习基本方法

归纳是人类拓展自己认知水平的一种重要方法,是从特殊情况推导一般情况、从部分到整体的推理行为。它从足够多的具体事例中归纳出一般性的知识,提取其中的一般规律。由于在进行归纳时考察的范围不可能囊括全部事例,所以归纳出的结论不一定完全正确,只能以某种程度相信,这也是这种学习方法的特点。

归纳学习是应用归纳推理进行学习的一种方法。根据归纳学习有无教师指导,可把它分为示例学习和观察与发现学习。前者属于有师学习,后者属于无师学习(蔡自兴,徐光祐,2003)。

一般的归纳推理结论只是保假的,即如果归纳依据的前提错误,那么结论也错误,但是即使前提正确时结论也不一定正确,而且从相同的实例空间中可以总结出不同的规则来解释它们,我们要做的就是找出最合适的规则作为归纳学习的结果。

1. 归纳学习的一般模式

归纳学习的一般模式为(蔡自兴,徐光祐,2003):

给定:①观察陈述 F,用以表示有关的某些对象、状态、过程等的特定知识;②假定的初始归纳断言;③背景知识,用于定义有关观察陈述、候选归纳断言以及任何相关问题领域知识、假设和约束,其中包括能够刻画所求归纳断言的性质的优先准则。

求解:归纳断言 H。

这里,从 H 推导到 F 是演绎推理,因此是保真的;而从事实 F 推导出假设 H 是归纳推理,因此不是保真的,而是保假的。

归纳学习系统的模型如图 8.2 所示。

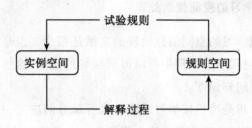

图 8.2　归纳学习系统模型

实验规划过程通过对实例空间的搜索完成实例选择,并将这些选中的活跃实例提交给解释过程。解释过程对实例加以适当转换,把活跃实例变换为规则空间中的特定概念,以引导规则空间的搜索(蔡自兴,徐光祐,2003)。

2. 归纳概括规则

在归纳学习中有很多种归纳概括规则,比较常用的有取消部分条件、放松条件、沿概念树上溯、形成闭合区域等。设 D 表示任意描述, C 表示结论,则以上的几种归纳规则可以表示为(蔡自兴,徐光祐,2003):

(1)取消部分条件

$$D \wedge R \rightarrow C \Rightarrow D \rightarrow C$$

其中: R 表示约束条件,但是这种约束条件不是必需的,它只是作为一种事物附带的信息,归纳时可以去除。例如,在体检时,一个人的身高高低的描述与他本人的肤色没有关系,在我们评价一群人身高程度的过程中虽然附带有各自的肤色信息,但是最后归纳出来的身高结论与不带肤色信息的结论是一致的,这种附带信息不对结论的产生造成影响或者说它们起到的作用非常小。这种在归纳时去掉部分约束条件的规则是一种常用的归纳规则。

(2)放松条件

$$D_1 \rightarrow C \Rightarrow (D_1 \vee D_2) \rightarrow C$$

一个事物发生的原因可能不止一个,当出现新的原因时,应该把新的原因加进去。例如:某个商品价格的上涨,有可能是由于货源紧缺造成供应不足而引起的,也有可能是因为顾客太多,需求量太大,因此如果单独考虑一方面因素虽然也能获得正确的结论,但是条件显得苛刻,过于片面,在这种情况下加入其他因素综合考虑往往能够归纳出更为适合样例的结论。

(3) 沿概念树上溯

$$\left.\begin{array}{l}D \wedge [L = a] \to C \\ D \wedge [L = b] \to C \\ \cdots \\ D \wedge [L = i] \to C\end{array}\right| \Rightarrow D \wedge [L = P] \to C$$

其中,L 是一种结构性的描述项,P 代表所有条件中的 L 值在概念分层树上最近的共同祖先。这是一种从个体推论总体的方法。例如:广州的雨水很充沛,长沙、杭州的雨水也比较充沛,广州、长沙、杭州都属于我国南方的城市,那么根据"沿概念树上溯"这样一个归纳规则可以得出以下结论:我国南方城市的雨水都很充沛。

(4) 形成闭合区间

$$\left.\begin{array}{l}D \wedge [L = a] \to C \\ D \wedge [L = b] \to C\end{array}\right| \Rightarrow D \wedge [L \in (a,b)] \to C$$

式中:L 是一种具有线性关系的描述项,a,b 是它的特殊值。这个规则实际上是取极端条件,根据极端情况下的结论归纳出一般情况下的结论。需要注意的是,这里的 $L \in (a,b)$ 只是用于强调 L 这个描述项的描述范围,并不是严格意义上的数学表示。例如:人能够听到频率为 50Hz 的声音,也能听到频率为 10000Hz 的声音,由此可得出结论:频率在 50 ~ 10000Hz 之间的声音人都能够听见。

3. 归纳学习方法

1) 示例学习

示例学习又称概念获取或从例子中学习,它是通过从环境中取得若干与某概念有关的例子,经归纳得出一般性概念的一种学习方法。在这种学习方法中,外部环境提供的是一组例子,这些例子实际上是一组特殊的知识,每一个例子表达了仅适用于该例子的知识,示例学习就是要从这些特殊的知识中归纳出适用于更大范围的一般性知识,它将覆盖所有的正例并排除所有反例。

在示例学习系统中,有两个重要概念:示例空间和规则空间。示例空间就是我们向系统提供的训练示例的集合,而规则空间则是例子空间所潜在的某种事物规律的集合,系统将从示例空间中根据大量的示例归纳出相应的规律,可以把示例学习看成是根据训练例子去指导规则空间的搜索过程,由于样例与规则之间的映射不仅要能准确的解释当前给定的样例,还要能准确地预测新的样例,所以要保证搜索出能够正确反映事物本质的规则为止(李琳娜,杨炳儒,2008;闫友彪,陈元琰,2004)。

其学习过程是:先从示例空间中选择合适的训练示例,然后经解释归纳出一般性的知识,再从示例空间中选择更多的示例对其进行验证,直到得到可实用的知识为止。如图 8.3 所示。

其中,"搜索"的作用是从示例空间中查找所需的示例。为了提高搜索的效率,需要设计合适的搜索算法,并把它与示例空间的组织进行统筹考虑。"解释"是从搜索到的示

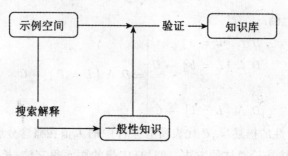

图 8.3 示例学习的过程

例中抽象出所需的有关信息供形成知识使用。这样,经过搜索与解释就能形成一般性的知识。"验证"的作用是检验所形成的知识的正确性,为此需从示例空间中选择大量的示例。如果通过验证发现形成的知识不正确,则需进一步获得示例,对刚才形成的知识进行修正。重复这一过程,直到形成正确的知识为止。

2) 观察与发现学习

观察与发现学习又称为描述性概括,其目标是确定一个定律或理论的一般性描述,刻画观察集,指定某类对象的性质。观察与发现学习可分为观察学习与机器发现两种。前者用于对示例进行聚类,形成概念描述,即概念聚类;后者用于发现规律,产生定律或规则,这里重点介绍概念聚类。

概念聚类是一种机器学习方法,给定一组未标记的对象,产生对象的分类模式。与传统的聚类不同,概念聚类除了确定相似的对象分组外,它还找出每组对象的特征描述,其中每组对象代表一个概念或类。因此概念聚类是一个两步的过程,首先进行聚类,然后给出特征描述,这也是它区别于普通聚类算法的最重要的标志。这里,聚类质量不再是个体对象的函数,而是加入了如导出的概念描述的一般性和简单性等因素(Han and Kamber, 2007)。

概念聚类的历史并不长,Michalski 在 1980 年首次提出概念聚类(Michalski, 1980),以后,这个方面的研究便日益得到人们的关注。在 Michalski 以后,概念聚类的学习系统不断涌现。1982 年,Lebowitz 设计了 UNIMEN 和 IPP 系统,采用"基于概括的记忆"方法,记忆实例的特征(Lebowitz, 1987)。1983 年,Michalski 和 Stepp 研制 CLUSTER/2 系统,把实例与已经发现的概念进行比较,根据某一单个属性值的差异进行分类(Michalski and Stepp, 1983)。1984 年,Fisher 研制成 RUMMAGE 系统。随后,Stepp 在 CLUSTER/2 基础上设计了 CLUSTER/S,用于结构化实力聚类,Langley 和 Simon 等人在 MK10 算法的基础上推出了 GLAUBER 系统,用于发现结构定律,如盐酸反应生成盐(韩建超,王红蕾,1991)。1994 年,J. J. Korczak 等人在 CLASSIT 算法的基础上研究出了适用于遥感影像聚类的算法,使得聚类概念的应用领域进一步扩展(Korczak et al, 1994)。2006 年,W. D. Seeman 和 R. S. Michalski 推出了 CLUSTER/3,用于基于目标的概念聚类(Seeman and Michalsk, 2006)。随着旧算法的逐渐优化,概念聚类的技术和方法也日趋成熟和完善。

为了能够更清晰地描述概念聚类,以 UCI 标准数据集中的 Iris 数据为例,对概念聚类流程进行介绍。

Iris 数据是鸢尾花的花瓣样本数据,有 150 个样本,每个样本都由花瓣长、花瓣宽、花萼长、花萼宽四种聚类属性构成,这里为了简便起见我们只用花瓣长 P_1 和花瓣宽 P_2 两种属性进行计算。

处理的关键在于聚类和类别的描述,这里采用分别在 P_1 属性维上和 P_2 属性维上进行聚类的方法。读者可以根据实际情况选择合适的聚类方法,这里不再赘述。假设在 P_1 维上聚类得到 7 类,在 P_2 维上聚类得到 4 类,这样属性"花瓣长"可以被定性的描述为:很短、短、较短、较长、长、很长、极长。类似的,属性"花瓣宽"可以被定性的描述为:很窄、较窄、较宽、很宽。那么经过聚类处理后得到的原子概念类别数就是 42 个,每个样本数据都可以划归到相应的原子概念类别中去。每一类原子概念对应的对象数目如表 8.1 所示。

表 8.1 原子概念对应的对象数目

原子概念	定性语言描述	对象数目
1-1	花瓣很短且很窄	40
2-1	花瓣较短且很宽	1
…	…	…
4-3	花瓣较长且较窄	5
4-4	花瓣较长且较宽	10
…	…	…

这样,就对所有数据完成了概念聚类,每个数据都划归到相应的类别中,而且有相应的语义描述,由于在该例子中原子概念数目比较多,所以读者也可以采用归纳的方法将非常接近的类别进行合并、概念跃升,从而减少类别数目,例如,可以将"花瓣很短且很窄","花瓣很短且较窄"合并为"花瓣很短且窄"这样一个概念中去。当然,合并后的语义描述会更宽泛,并且随着合并次数的增加,语义描述会越来越模糊。

机器发现是指从观察的大量事例或已知的经验中归纳出规律或规则,这是最困难也是最富有创造性的一种学习。它可以分为经验发现与知识发现两种。前者是指从经验数据中发现规律和定律;后者是指从已观察的事例中发现新的知识。

8.3.2 基于归纳学习的空间信息处理

归纳学习是一种重要的机器学习方法,在空间信息处理领域可以得到很好的应用(邸凯昌等,1999;吕安民等,2001)。

在 GIS 空间分析中,属性数据是一类非常重要的数据,人们在进行属性数据分析时往往将它们制成图表的形式,以便进行直观的综合评价。但是,这些原始的属性数据并不能完全满足用户的使用需求,一方面这些数据还有很大的挖掘空间,有很多信息隐藏在数据里面;另一方面,由原始数据可以计算很多参数,比如最值、总和、均值、方差等,还可以制成专题图,这些都可以看做是由原始数据生成的新数据,它们甚至起着比原始数据更重要的作用。

下面介绍一种基于统计归纳的方法(吕安民等,2001),分析出 GIS 属性数据中隐含的重要信息。所用数据来自 1999 年中国统计年鉴(刘洪等,1999),见表 8.2。

表 8.2 农业总产值信息表

省/市	乡村劳动力/万人	耕地面积/$10^3 hm^2$	农业总产值/亿元
北京	67.7	399.5	176.58
天津	79.4	426.1	156.17
河北	1635.5	6517.3	1501.94
山西	639.9	3645.1	359.15
内蒙古	512.4	5491.4	534.39
辽宁	633.0	3389.7	969.79
吉林	517.0	3953.2	666.47
黑龙江	760.3	8995.3	736.34
上海	76.3	290.0	206.78
江苏	1531.5	4448.3	1849.19
浙江	1102.7	1617.8	1003.71
安徽	1992.9	4291.1	1202.27
福建	776.8	1204.0	973.39
江西	1073.7	2308.4	734.87
山东	2487.0	6696.0	2174.54
河南	2940.3	6805.8	1822.99
湖北	1232.9	3358.0	1147.51
湖南	2062.9	3249.7	1232.75
广东	1508.2	2317.3	1614.64
广西	1604.1	2614.2	865.91
海南	170.2	429.2	242.54
四川	2811.9	6189.6	1394.14
贵州	1388.4	1840.0	402.29
云南	1661.8	2870.6	614.50
西藏	89.3	222.1	42.34
陕西	1047.4	3393.4	479.36
甘肃	683.8	3482.5	335.79
青海	138.2	589.9	60.78
宁夏	146.6	807.2	78.76
新疆	310.7	3128.3	498.41

知识是对世界规律性的认识,归纳学习能够获得新的概念,得出新的规则,面向属性的归纳通过概念的攀升而得到泛化的数据,从而转化为规则等知识。

以表 8.2 中的数据为例来说明。乡村劳动力人数、耕地面积和农业总产值的概念层次结构分别为:

乡村劳动力(万人):$0 \sim 599 \subset 少, 600 \sim 1499 \subset 中, 1500 \sim 3000 \subset 多, \{少,中,多\} \subset$ ANY(乡村劳动力);

耕地面积($10^3 hm^2$):$0 \sim 1999 \subset 小, 2000 \sim 3999 \subset 中, 4000 \sim 10000 \subset 大, \{小,中,大\} \subset$ ANY(耕地面积);

农业总产值(亿元):$0 \sim 699 \subset 低, 700 \sim 1299 \subset 中, 1300 \sim 2000 \subset 高, \{低,中,高\} \subset$ ANY(农业总产值)。

省市与所在地区的概念层次如下:

{北京、天津、河北、山西、内蒙古} ⊂ 华北;

{辽宁、吉林、黑龙江} ⊂ 东北;

{上海、江苏、浙江、安徽、福建、江西、山东} ⊂ 华东;

{河南、湖北、湖南、广东、广西、海南} ⊂ 中南;

{四川、贵州、云南、西藏} ⊂ 西南;

{陕西、甘肃、青海、宁夏、新疆} ⊂ 西北;

{华北、东北、华东、中南、西南、西北} ⊂ ANY(地区)。

按照给出的背景知识,将表 8.2 中的各项进行概念攀升。每一项下属概念都用相应的上属概念代替,用相应的上属概念替代下属概念使得元组能有更大的覆盖面。例如,利用上面的概念层次结构,把上海提升为华东,上海的乡村劳动力提升为"少"等。结果见表 8.3,表中增加了一个计数字段,在泛化过程中用以统计个数。

表 8.3　　　　　　　　　　泛化的农业总产值信息表

编号	区域	乡村劳动力	耕地面积	农业总产值	计数
1	华北	少	小	低	1
2	华北	少	小	低	1
3	华北	多	大	高	1
4	华北	中	中	低	1
5	华北	少	大	低	1
6	华北	中	中	中	1
7	华北	少	中	低	1
8	华北	中	大	中	1
9	华东	少	小	低	1
10	华东	多	大	高	1

续表

编号	区域	乡村劳动力	耕地面积	农业总产值	计数
11	华东	中	小	中	1
12	华东	多	大	中	1
13	华东	中	小	中	1
14	华东	中	中	中	1
15	华东	多	大	高	1
16	中南	多	大	高	1
17	中南	中	中	中	1
18	中南	多	中	中	1
19	中南	多	中	高	1
20	中南	多	中	中	1
21	中南	少	小	低	1
22	西南	多	大	高	1
23	西南	中	小	低	1
24	西南	多	中	中	1
25	西南	少	小	低	1
26	西北	中	中	低	1
27	西北	中	中	低	1
28	西北	少	小	低	1
29	西北	少	小	低	1
30	西北	少	中	低	1

由表 8.3 可以看出，区域和乡村劳动力的重要性比较高，而耕地面积对农业总产值高低的影响较小。接下来，合并表 8.3 中相同的元组，注意统计所合并的元组的个数，并对元组重新进行编号，其结果见表 8.4。

表 8.4　　　　　　　　　　合并相同元组后的农业总产值信息表

元组	区域	乡村劳动力	耕地面积	农业总产值	计数
1	华北	少	小	低	2
2	华北	多	大	高	1
3	华北	中	中	低	1
4	华北	少	大	低	1

续表

元组	区域	乡村劳动力	耕地面积	农业总产值	计数
5	东北	中	中	中	1
6	东北	少	中	低	1
7	东北	中	大	中	1
8	华东	少	小	低	1
9	华东	多	大	高	2
10	华东	中	小	中	2
11	华东	多	大	中	1
12	华东	中	中	中	1
13	中南	多	大	高	1
14	中南	中	中	中	1
15	中南	多	中	中	2
16	中南	多	中	高	1
17	中南	少	小	低	1
18	西南	多	大	高	1
19	西南	中	小	低	1
20	西南	多	中	中	1
21	西南	少	小	低	1
22	西北	中	中	低	2
23	西北	少	小	低	1
24	西北	少	中	低	1

接下来去掉表 8.4 中的多余属性值。对每个元组的每个条件属性值进行检查,看去掉它后会不会改变决策结果,若不改变,则该属性值是多余的,可以去掉。例如,对于元组 22 至元组 24,去掉乡村劳动力和耕地面积两个属性的属性值都不影响将农业总产值决策为"低",因此把两个属性的属性值全部去掉(表中用"\"表示)。去掉所有多余属性值并将相同的元组合并后得到最终的简化决策表 8.5。

表 8.5　　　　　　　　消除多余属性后的农业总产值信息表

规则	区域	乡村劳动力	耕地面积	农业总产值	计数
1	\	少	\	低	7
2	华北	多	\	高	1

续表

规则	区域	乡村劳动力	耕地面积	农业总产值	计数
3	华北	中	\	低	1
4	东北	中	\	中	2
5	华东	多	大	高	2
6	华东	中	\	中	3
7	华东	多	大	中	1
8	中南	多	大	高	1
9	中南	中	\	中	1
10	中南	多	中	中	2
11	中南	多	中	高	1
12	西南	多	大	高	1
13	西南	中	\	低	1
14	西南	多	中	中	1
15	西北	\	\	低	5

表8.5的每一条记录就是一条规则,而计数的大小就是该规则的支持率,其中3和4、5和7、10和11是不一致规则,其他9条规则为一致性规则。

例如:

规则1可表达为"在中国大陆的任何省份和直辖市,如果乡村劳动力少,则农业总产值低"。此规则用下式表达为:乡村劳动力⊂少→农业总产值⊂低(支持度为7)。

规则6可表达为"在华东地区,如果乡村劳动力数量中等,则其农业总产值处于中等水平"。用式子表达为:(省和城市⊂华东)∧(乡村劳动力⊂中)→农业总产值⊂中(支持度为3)。

规则8可表达为"在中南地区,如果乡村劳动力多,耕地面积大,则农业总产值高"。

规则15表达的意思是"西北地区的省份,其农业总产值水平低"。

这里不再把规则一一列出。

8.4 决策树学习与空间信息处理

8.4.1 决策树学习基本方法

1. 决策树学习简介

决策树学习是应用最广的归纳推理算法之一,是一种逼近离散值目标函数的方法,在这种方法中学习到的函数被表示为一棵决策树。学习到的决策树也能再被表示为多个

if-then 的规则(Mitchell,2003)。目前,决策树学习已经被广泛应用于模式识别、数据挖掘、图像处理、商业决策等领域。

决策树通过从根节点到叶子节点的排列实现了对实例的分类,叶子节点即为实例所属的类别。树上的每一个非叶子节点都指定了对实例的某个属性的测试,并且该节点的每一个子节点都对应于该属性的一个可能值。对实例进行分类的过程就是从这棵树的根节点开始,测试遇到的每一个属性,然后根据属性的取值移动到相应的子节点上,然后再在新的节点上重复这样的操作,直到实例归属于某个子节点(Mitchell,2003)。图 8.4 描述了决策树学习的过程。

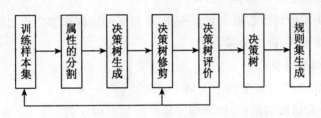

图 8.4　决策树学习过程

图 8.5 描述的就是一棵根据天气状况决定能否到野外郊游的决策树。

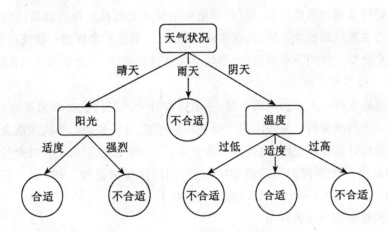

图 8.5　"野外郊游"决策树

首先将根节点设置为"天气状况",然后由"天气状况"的属性取值引导出三个子节点,其中,属性取值为"晴天"和"阴天"的节点为非叶子节点,而取值为"雨天"的是叶节点,若事例划分到此处,则停止后续操作。二级属性上,"阳光"与"温度"又将根据它们的属性取值进行下一步的划分,最后完成整棵决策树的构建。

2. 决策树所适用的问题

虽然如今研究出的决策树算法种类非常多,每种算法所侧重的方向各有不同、处理问题的能力也不一样,但是总体来说,决策树学习适合处理具有以下特征的问题(Mitchell,

2003）：

（1）事例是由"属性-值"对表示的，例如：属性"风向"可以用"东风、南风、西风、北风"这几个离散的属性值来描述，在最简单的决策树学习中，每一个属性都会取少量的离散值。当然，少数算法也可以处理数值型的属性。

（2）目标函数具有离散的输出值，图 8.6 中的决策树给每个实例都赋予了"合适"或"不合适"这样的离散输出结果。决策树方法可以扩展到输出多个离散结果，也有的算法能够输出数值型的结果。

（3）训练数据可以包含错误，决策树信息对错误有很好的稳健性，无论是训练样例所属的分类错误还是描述样例的属性的缺失和错误。

也正是因为决策树对于数据的要求不高，所以能够得到非常广泛的应用，例如疾病分类、土壤分类、天气预报、商业决策等。

3. 构建决策树的关键

设计一棵决策树，主要应解决下面两个问题：

（1）选择一个合适的树结构，即合理安排树的节点和分支；

（2）确定在每个非叶子节点上要赋予的特征，即合理的测试属性。

显然，一个性能良好的决策树结构应该有小的错误率和低的决策代价。但是由于很难把错误率的解析式与树形结构联系起来，在每个节点上采用的决策规则也仅仅是该节点上所采用的特征观察值的函数，所以，即使每个节点上的性能都达到最优，也不能认为整个决策树的性能达到最优。因此，在实际应用中，人们往往会提出一些规则来优化决策树，比如：极小化整个树的节点数目、极小化最大路径长度、极小化平均路径长度等。

4. 决策树的常用方法

根据构建决策树时人工参与的程度，一般可以分为人工构建决策树算法和计算机自动构建算法。一些决策树算法是由用户提供训练样本，计算机执行算法生成决策树，整个处理过程全部由计算机来完成，无需人工的介入。有的算法也引入了人机交互技术，将用户的先验知识用于决策树的构建过程中，使得到的决策树更加合理（于子凡，林宗坚，2006；闫培洁，2009；Chandra and Varghese，2009）。

1）人工构建决策树分类算法

基于人机交互的决策树构建方法由用户和计算机相互交互，共同完成。不过这种方法要求计算机提供可视化环境和工具，用来显示训练样本集的分布（马雪梅等，2006）。首先，用户根据先验知识选择对样本类别可能起决定性作用的两个不同属性，然后，计算机在一个可视化环境中画出样本集在这两个属性上的分布图，用户根据样本集的分布情况，确定分类测试条件，同时计算机画出当前决策树。该方法适合于挖掘具有连续属性的训练样本集。如果样本集含有离散属性，则需要对其进行预处理，将离散属性连续化。

2）ID3 算法

ID3 算法是使用信息熵原理分割样本集，它选择当前样本集具有最大信息增益值的属性作为测试属性；依据测试属性的取值划分样本集，并在决策树上对应的节点长出新的叶子节点。一般来说,决策树的结构越简单就越能概括事物的规律。在构建决策树的时候,每个节点选择好的划分就能保证树的平均深度最小。ID3 算法根据信息理论,采用划分后样本集的不确定性作为衡量划分好坏的标准,用信息增益值度量;信息增益值越大,不确定性越小。算法在每个非叶节点选择信息增益最大的属性作为测试属性,计算方法如下:

设 S 是 s 个样本的集合。假定类别属性具有 m 个不同值,定义 m 个不同类 $C_i(i=1,2,\cdots,m)$。设 s_i 是类 C_i 中的样本数。对一个给定的样本集,它总的信息熵值为:

$$I(s_1, s_2, \cdots, s_m) = -\sum_{i=1}^{m} P_i \log_2(P_i)$$

其中,P_i 是样本属于 C_i 的概率,用 s_i/s 估计。

设属性 A 具有 v 个不同值。可以用属性 A 将 s 划分为 v 个子集 $\{S_1, S_2, \cdots, S_v\}$;其中 S_j 包括 s 中这样一些样本,它们在 A 上具有 a_j 值。如果选择 A 作为测试属性,则这些子集就是从代表样本集 s 的节点生长出来的新的叶子节点。设 s_{ij} 是子集 S_j 中类别为 C_i 的样本数,则根据 A 划分样本的信息熵值为:

$$E(A) = \sum_{j=1}^{v} \frac{s_{1j} + \cdots + s_{mj}}{s} I(s_{1j}, \cdots, s_{mj})$$

式中:$I(s_{1j}, \cdots, s_{mj}) = -\sum_{i=1}^{m} P_{ij} \log_2(P_{ij})$;$P_{ij} = \frac{s_{ij}}{|S_j|}$ 是 S_j 中类为 C_i 的样本的概率。最后,用属性 A 划分样本集 S 后所得的信息增益值为:

$$\text{gain}(A) = I(s_1, s_2, \cdots, s_m) - E(A)$$

ID3 算法,先对训练样本集的学习上构建决策树,再运用测试样本集对树进行后剪枝,将分类预测准确率不符合条件的叶节点剪去。由于信息增益度量倾向于拥有许多值的属性,ID3 偏向于选择取值较多的属性,但取值较多的属性不一定是最佳的属性,不能在算法中直接处理连续型属性,不能处理属性值空缺的样本,构建的决策树分支较多、规模较大。这也是 ID3 的缺点。

3) C4.5 算法

C4.5 算法是 Quilan 在 1993 年提出的,它既是 ID3 算法的后继,也成为以后诸多决策树算法的基础。与 ID3 相比,C4.5 算法可以处理连续属性和属性值空缺样本,增加了对决策树的剪枝以及规则派生。

在该算法中,信息增益率等于信息增益对分割信息量的比值。对样本集 T,假设 A 是有 s 个不同取值的离散属性,分割样本集信息增益算法同 ID3,分割信息量为:

$$\text{split}(T) = \sum_{i=1}^{s} \frac{|T_i|}{T} \times \log_2\left(\frac{T_i}{T}\right)$$

假设 a 是在连续区间取值的连续型属性,首先将样本集 T 按属性 a 的取值从小到大排序。排好后属性取值序列记为 $v_1, v_2, \cdots, v_m$,则对 $i \in [1, m-1]$,有值 $v = (v_i + v_{i+1})/2$ 和按值 v 划分的两个子样本集:$T_1^v = \{v_f | v_f \leq v\}$,$T_2^v = \{v_f | v_f > v\}$,信息增益记为 gain_v。

线性扫描序列 $v_1, v_2, \cdots, v_m$,找出 v',使得 gain_v 最大,则 v' 称为局部阈值。则按连续属性 a 划分样本集 T 的信息增益为 gain_v,T 被划分为 $T_1^{v'}$、$T_2^{v'}$ 两个子集,在此划分上求出的信息增益率为连续属性 a 的最终信息增益率。而在序列 $v_1, v_2, \cdots, v_m$ 中找到的最接近且不超过局部阈值 v' 的取值 v_i 成为当前节点在属性 a 上的分割阈值。按照上述方法求出当前候选属性集中所有属性的信息增益率,比较找出信息增益率最高的属性,若为离散属性,则按照该属性的不同取值分割当前样本集;若为连续属性,则依据它的分割阈值,将当前样本集分为两个样本集。对每个子样本集用同样的方法继续分割知道不可分割或达到停止条件为止。

训练样本集中可能含有一些样本在某些属性上取值空缺,C4.5 为每一个样本设立一个权值。所有样本的初始权值为 1.0。当从样本集 T 选择了测试属性 A 将 T 划分成 s 个子样本集 $T_1, T_2, \cdots, T_s$,对每个子样本集 T_i,它包含的样本为 T 中 $A = a_i$ 和 A 值空缺的样本。T_i 中含空缺值的样本的权值成正比于 T_i 中 A 值不空缺的样本数对 T 中 A 值不空缺的样本数的比值。

构建决策树后,就是计算每个节点的分类错误,进行树剪枝。对每个叶子节点,分类错误为该节点中不属于该节点所表示类别的样本的权值之和;对于非叶子节点,分类错误为它的各个子节点的分类错误之和。如果计算出某个节点 N 的分类错误超过了将节点 N 所代表的样本集 T 中的所有样本分配为 T 中出现最多的类别所得的分类错误,则将节点 N 的所有子枝剪去,使 N 成为叶子节点,将 T 中出现最多的类别分配给它。C4.5 算法使用一种悲观估计补偿由算法分类器准确率的乐观估计造成的偏差,即 C4.5 算法使用一组独立于训练样本的测试样本评估准确性,达到优化决策树的目的。

C4.5 算法在计算连续属性的信息增益时,需要对属性的所有取值线性扫描找出局部阈值,这种方法使 C4.5 的效率受到了限制。

4) C5.0 算法

C5.0 决策树算法是由 C4.5 算法改进而成,根据提供最大信息增益的字段分割样本数据,并对决策树各叶子进行裁剪或合并来提高分类精度,最后确定各叶子的最佳阈值(Lam and Bacchus, 1994)。通常不需要花费大量的训练时间即可建立决策树,且构建的决策树容易进行解译。C5.0 增加了强大的 Boosting 算法以提高分类精度和算法的客观性,Boosting 算法依次建立一系列决策树,后建立的决策树重点考虑以前被错分和漏分的数据,最后构建更准确的决策树。

8.4.2 基于决策树学习的空间分析方法

决策树学习的应用领域非常广,土壤评价作为其中的一个重要的应用方向这些年来受到了大家的广泛关注,同时也取得了许多成果。下面简要地介绍一下如何利用决策树进行土壤评价(孙微微等, 2005; 任周桥等, 2007; 刘峰等, 2009)。

1. 数据的获取

进行土壤评价需要用到很多反映土壤信息的数据,从以往的土壤调查实践中发现,由于成土的环境因素的差异会使得土壤的属性或类型上有很大的不同(刘峰等,2009),这些因素包括坡度、坡向、高程、水利条件、土壤有机质含量、土壤质地、土壤 pH 值、土壤利用类型、耕层厚度等。这些资料中,图形资料可以利用扫描和图像处理等手段输入,而对于非图形信息,则要经过整理和规范化后通过键盘输入。

为获取属性数据,常常采用 GIS 软件把地貌类型图、土壤类型图、土地利用现状图进行叠置分析。对叠置过程中生成的大量细小多边形进行同质融合,即将土壤资源类型相同的邻接图斑合并,生成土壤资源类型图。

将土壤资源类型图与高程、坡度、土壤质地、pH 值、有机质含量、水利条件、土地利用类型等评价因子的单要素图层分别进行叠加,得到一系列过渡图层。再在数据库中,对各个过渡图层的进行操作分别提取各个过渡图层评价因素的属性数据,从处理后的各单要素图层中提取所需要的属性数据项进行合并汇总,制成一个新表。最后将各评价因子属性数据的汇总表与土壤资源类型图的文件合并或连接,这样就获得了土壤资源类型图中各评价因子的属性指标值。

2. 决策树的构建

由于所获取的属性数据大多数为连续型数值,为了分析的方便要将它们离散化分级,取其中部分属性举例说明,见表 8.6。

表 8.6 高程、坡度、土壤 pH 值分级表

高程	坡度	土壤 pH 值	级别
<200	<3	<4.5	1
200~500	3~6	4.5~5.5	2
500~800	6~15	5.5~6.5	3
800~1000	15~25	6.5~7.5	4
>1000	>25	>7.5	5

有些属性的取值是离散型比如:水利条件分为很好、较好、一般、差。土壤质地分为轻壤、砂壤、中壤、重壤、轻黏、砂土。地貌类型分为低山、中山、高丘、台地、低丘、平原。

属性处理完毕后,将要进行决策树的构建,可以根据实际情况选择合适的构建算法,这里不具体阐述。例如选择 C4.5 算法构建决策树,算法程序运算后得到的评价决策树,经适当人工归并与剪枝后可以形成树形结构,由于土壤评价涉及的属性因子比较多,决策树往往非常复杂、繁茂,所以这里只列举树中的部分"枝叶"以说明计算结果,仅作参考,如图 8.6 所示。其中,中所有叶子节点均对应着某个实例最后的评价等级。

上述生成的决策树可以很方便地表示为 IF THEN 结构形式的规则集,方便易用。如:IF (水利条件 = 很好 ∧ 地形坡度 ≤2.2 ∧ THEN (级别 =1); IF (水利条件 = 较好 ∧ 有

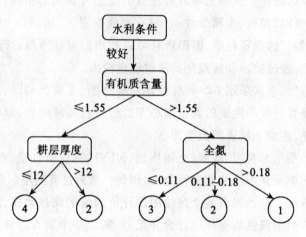

图 8.6 "土壤评价"决策树部分"枝叶"

机质含量≤1.55∧耕层厚度≤12.0) THEN (级别 =1)。IF 部分包含一条路径的全部检验,THEN 部分是最终分类。规则的 IF 部分是相互排斥且完备的。

利用决策树方法进行土壤等级评价是可行的,该方法可以有效避免主观判断和经验知识的欠缺,有利于随着土壤资源数据的变更快速更新土壤评价数据。当然,也可以根据实际情况选择合适的构建决策树的方法和处理属性数据的方法。

8.4.3 基于决策树学习的遥感图像分类方法

决策树学习已经被广泛应用于很多领域,其中就涉及遥感图像分类。遥感影像地物分类的效果受到多种因素的影响,这些因素主要包括影像处理人员的知识和经验、影像处理的外部条件、数据获取和影像处理的方法等。其中最关键的就是图像的光谱信息,光谱信息是遥感的基础。地物波谱特征是复杂的,受到多种因素的控制,而且地物波谱特征本身也往往因时间、地点的不同而变化,所以实物、现象和遥感影像间关系的确定是一个困难的过程。决策树学习由于它自身的特点,能够很好地对多属性数据进行逐层划分,因此,在处理多光谱遥感影像的分类时有它的优势,这里介绍一种基于决策树的遥感影像分类的例子。

所用的数据是武汉地区的 TM 数据,一共有 6 个波段。图 8.7 所示的是第五波段的影像。

对于这样一幅影像,初步判定划分为 5 类:居民地、农田、河水、长江、林地。然后统计各类地物的特征信息。方法如下:

(1)在每一个波段上面计算各类地物的灰度均值和标准差,并分别以各自的均值、标准差画出高斯曲线(闫培洁,2009),如图 8.8 所示。

(2)根据每个波段上各地物的高斯曲线图决定该波段上的分割阈值,图 8.9 中的两条虚线,可以将三类地物区分开来。

图 8.7 武汉地区 TM 影像

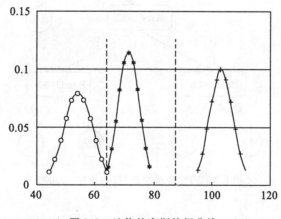

图 8.8 地物的高斯特征曲线

(3)每次构建节点时都根据最佳分割阈值来确定节点的阈值以及子节点,如此反复直至所有类别都被区分出来。

例如,在进行根节点确定时,发现第四波段上农田明显的与其他四类地物分离开来(图 8.9 中箭头所指),所以可以将根节点设为:Band4 < 130。这样,就将初始的五类地物

成功的划分成两部分,一部分是第四波段上灰度值小于 130 的四类:河水、长江、居民地、林地;另一部分是该波段上灰度值大于 130 的农田(闫培洁,2009)。

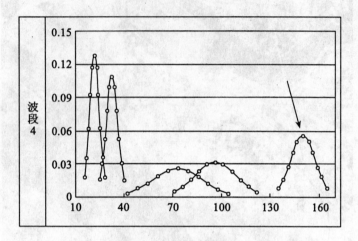

图 8.9　第四波段上地物的高斯特征曲线

其他节点构建时也考虑在分割效果最好的波段上选取分割阈值,这样,就可以构建一棵如图 8.10 所示的决策树。

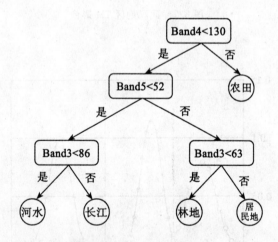

图 8.10　TM 影像决策树(闫培洁,2009)

对于这样一棵决策树,可以借用 ENVI 软件里面的"Decision Tree"分类方法来实现,最后得到分类结果,其中蓝色的是长江,黑色是河水,灰色是居民地,绿色是农田,黄色是林地,如图 8.11 所示。

这里介绍了一种利用决策树进行遥感影像分类的方法,当然,类似的算法很多,每种算法都有自己的优点和不足,这里不一一介绍,读者可以根据实际情况选择合适的算法进行处理。

图 8.11 决策树分类结果

8.5 类比学习与空间信息处理

8.5.1 类比学习基本方法

类比(analogy)是一种很有用和很有效的推理方法,它能清晰、简洁地描述对象间的相似性,也是人类认识世界的一种重要方法。

类比学习(learning by analogy, LBA)就是通过类比,通过对相似事物加以比较所进行的一种学习。一般含义是:对于两个对象,如果它们之间有某些相似之处,那么就推知这两个对象间还有其他相似的特征。当人们遇到一个新问题需要进行处理,但又不具备处理这个问题的知识时,总是回想以前曾经解决过的类似问题,找出一个与目前情况最接近的已有方法来处理当前的问题。例如,当教师要向学生讲授一个较难理解的新概念时,总是用一些学生已经掌握且与新概念有许多相似之处的例子作为比喻,使学生通过类比加深对新概念的理解。像这样通过对相似事物的比较所进行的学习就是类比学习。

类比学习的一般过程主要包括以下几个步骤(杨君锐,2004)。

(1)输入。先将一个老问题的全部已知条件输入系统,然后对于一个给定的新问题,根据问题的描述,提取其特征,形成一组未完全确定的条件并输入系统。

(2)匹配。对输入的两组条件,根据其描述,按某种相似性的定义在问题空间中搜索,找出与老问题相似的有关知识,并对新老问题进行部分匹配。

(3)检验。按相似变换的方法,将已有问题的概念、特性、方法、关系等映射到新问题上,以判断老问题的已知条件同新问题的相似程度,即检验类比的可行性。

(4)修正。除了将老问题的知识直接应用于新问题求解的特殊情况外,一般说来,对于检验过的老问题的概念或求解知识要进行修正,才能得出关于新问题的求解规则。

(5)更新知识库。对类比推理得到的新问题的知识进行校验。验证正确的知识将存入知识库中,而暂时还无法验证的知识只能作为参考性知识,置于数据库中。

类比学习在科学技术的发展中起着重要的作用,许多发明和发现就是通过类比学习获得的。例如,卢瑟福将原子结构和太阳系进行类比,发现了原子结构;水管中的水压计算公式和电路中电压计算公式相似等。

类比学习的方法和系统主要可以分为以下六种(杨君锐,2004):

(1)转换类比学习(王士同,2001;Greiner,1988)。转换类比学习是由 J. G. Carbonell 提出的。它是基于"手段-目的分析"(mean-ends analysis,MEA)方法。MEA 是一种通用的问题求解方法,它的基本思想是:首先检测当前状态的差别,然后寻找一个操作去减小这种差别,如果当前状态不能应用该操作,则建立一个从当前状态到该操作所需状态的子问题;如果该操作的结果不能精确地产生目标状态,则建立一个从该操作的结果状态到目标状态的子问题。如果操作选得合适,则这两个子问题将比原问题容易解决。

EMEA 方法是扩展的 MEA 计算模型。它采用转换类比方法求解,首先要寻找一个类似的老问题,然后将老问题的解经过类比转换,形成新问题的解。在寻找类似的老问题的过程中,要考虑如下差别:新问题与已解决的老问题之间初始状态的差别;新问题与已解决的老问题之间目标状态的差别;新问题必须满足的路径约束和老问题的解所存在的路径约束之间的差别;老问题的操作序列的前提条件在新问题中满足的比例。选择了类似的老问题之后,就要将类似的老问题的解转换为新问题的解。寻找合适的类比转换也是一个问题求解过程,但是,是在另一个问题空间进行的。基于 EMEA 的转换类比学习的一般结构如图 8.12 所示。

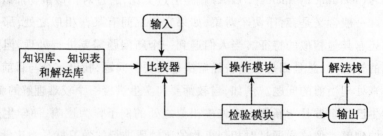

图 8.12 转换类比学习系统结构图(杨君锐,2004)

其中:①比较器根据输入的问题类型,从知识库中选出一组候选解法,然后调用差别函数,用来完成上述 4 项差别的内容比较。根据比较结果,比较器从候选解法中选出一解法,送至操作模块。②知识库包括知识表和解法库两部分,其中知识表的作用是根据要减少的差别为索引,在 T 空间中搜索操作集合,而解法库中存放的是已解决过的问题和解法。③操作模块对比较器提供的解法进行改进,若比较器无候选解法可提供,它还要用 MEA 方法解决新输入的问题,并将解法送回解法库。④检验模块用操作模块形成的新方法解决输入的问题,若成功则结束,否则回送出错信息到比较器。⑤解法栈(亦称状态栈)存储一些框架,框架结构与解法库中框架相同,当提出的操作前提没有满足时,就把目前的状态存入此栈,待前提解决后再恢复。

(2)派生类比学习(田盛丰,1993;Keane,1998)。派生类比学习(亦称推导类比学习)也是由 J. G. Carbonell 提出的。派生类比是对转换类比的扩充。它是对问题求解过程中所产生的解序列、中间信息以及结果都进行完整的记录和跟踪,而转换类比方法仅对结果进行转换。在求解新问题时,派生类比方法能够从类似问题的求解过程中导出解决新问题的方法,并且能记录求解过程中的推理步骤。

派生类比学习方法的要点如下:①在求解过程中,要将每一解题步骤存储起来(包括问题的子目标结构、所选决策的理由、问题的解等)。②当遇到的新问题没有直接的方案可用时,则应用通用的方法开始分析。③如果推理过程中所作的初始决策和有关消息与过去某问题的情况类似,则检索出该问题的整个推理路线,并开始派生转换过程,如果找不到类似的推理过程,则考虑使用解法转换类比方法。④将检索出来的派生(推理路线)应用于当前的情况,对派生中的每一步,从匹配的初始段开始,检查执行该步的理由是否依然适用,检查可通过在被检索出的派生中跟踪对有关问题描述或外部假设的依赖关系进行。⑤当得到了能应用于新问题的派生之后,应将该派生与其父派生的差别存储起来,作为另一个潜在的可用类比源。

(3)属性类比学习(Keane,1998)。属性类比学习的典型代表是由 P. H. Winston 在 1981 年研制开发的属性类比学习系统。它是通过在两个事物之间选择最重要、最能反映两事物本质的属性(如概念、区别、功能、形状等)来进行类比的,并且在属性的处理上,只有经过抽象以后的属性方能反映事物的本质,而不是属性及其值之间的直接相比。也就是说,在属性类比学习中,关键是在属性的选择和处理上。

以 P. H. Winston 研发的属性类比学习系统为例。在该系统中,源域和目的域均采用框架结构来表示知识,然后由两个框架中的槽值所描述的两个相似事物的属性实现类比学习。学习过程就是把源框架的若干槽值传递到目的框架的一些槽中去。这种传递分两步进行:

第一步,利用源框架产生候选槽,这些槽的值可传递到目的框架中去。选槽原则是:①选择那些用极值填写的槽;②选择那些已知为重要的槽;③选择那些与源框架没有密切关系的槽;④选择那些填充值与源框架没有密切关系的槽;⑤使用源框架中的一切槽。

第二步,利用目的框架中已有的信息对候选槽进行筛选。选槽规则是:①在目的框架中选择那些尚未填写的槽;②选择那些在目的框架中为"典型"实例的槽;③选择那些与目的有密切关系的槽;④选择那些与目的中的槽相似的槽;⑤选择那些与目的有密切关系的槽相似的槽。

(4)因果关系类比学习(Shi,1992)。因果关系类比学习所处理的是具有因果关系的类似事件。给定事件 x_1, x_2 和 y_1，它们分别属于范畴 X_1, X_2 和 Y_1，则待解决问题就是：若 x_1 类比于 y_1，且 x_1 与 x_2 有因果关系，那么 x_2 类比于什么？此类的因果关系学习过程如下：①寻找 $X_1 \times X_2$ 上的(因果)关系 G，使得 $(x_1, x_2) \in G$，且 $\forall (x_1', x_2') \in G, x_2'$ 为 x_1' 的(因果)属性 A 之值(若有多个 y_2 满足此条件，则按事先定义的方法任选一个)，那么，x_2 类比于 y_2。在这类学习中要解决两个主要问题：知识表示和匹配。

P. H. Winston 曾给此类学习中的知识表示给出了一个基于扩展关系的因果类比理论模型。它是基于两个假设：①要求将所表示的知识能用简单的句子描述；②用简单句子表示的动作是由指定动作的动词和一些以名词为中心的词组组成。

在这种表示方法中，为了能表述一般陈述的事实和事实之间的对应关系，并能在表示内部进行简单的直接演绎，以去掉系统中的冗余。为此采用面向对象表示法。这种方法是将对象分为若干个相对独立的部分，用各部分之间的关系来表示对象，把用自然语言表达的对象描述转换为各个部分的描述及其相互间关系的描述。

在 Winston 给出的因果类比理论模型中，匹配是在节点所代表的情形子部分之间进行，并且采用启发式匹配。即根据一定的背景知识，通过动态对对象的特征进行抽取，利用重要性制导匹配来决定不同对象间的相似性，然后通过泛化操作使两对象在更高层次上相同。

在因果类比系统中，匹配器应具有如下特性：①匹配器应能制定两个对象中的对应部分是否相似；②匹配器应能启发式地搜索所有可能的匹配，它首先将最相似的部分结合起来，并依次匹配其他部分，同时能在多种匹配中进行最佳选择。

(5)联想类比学习(文贵华等,1999;李波,赵沁平,1995)。联想类比学习是一种模拟人类的联想、想象、猜测等高级思维方式的综合式类比学习方法。它能利用已知领域的知识联想到未知领域，从而完成不同领域间的类比学习与发现。它是将逻辑分析能力和直觉感受能力相结合的一种综合思维和学习方法，这种学习方法受许多其他因素如期望、信念等的影响，同时由于人类对不同信息记忆的强弱不同，以及联想是根据某种关联进行的，所以还需要某些推理，故它是一个非常复杂的过程。

联想类比模型为：$RM = <M, S, T, D, \theta>$，其中 M 为联想的背景空间。从中产生于基相关的靶。S 为联想的基，$S \in M$。即 S 代表联想源；$D = \{d_i\}, d_i$ 为联想方法：$d_i: M \times M \to [0,1]$；$\theta = \{\theta_i\}, \theta_i$ 为确认算法：$\theta_i: \underset{d \in D}{D} \to \{0,1\}$；$T = \cup \{m \mid \theta(d(s,m)) = 1 \land m \in M\}$，$T$ 为联想的靶输出集。

(6)基于事例的学习(Leake,1997)。基于事例的学习是类比学习的进一步发展，它是由 AI 方面的著名学者 R. Schank 提出的。这种学习方法对应的基于事例的推理(Case-Based Reasoning, CBR)技术目前正被广泛地应用在气象、环保、农业、医疗、商业、CAD、数据挖掘等诸多领域。

一般的类比学习是在给定的两个或三个对象之间进行类比以推出新的结论，而基于事例的学习则是通过组织事例库，在进行类比推理时再检索这个库以找到合理的类比对象。这种方法具有归纳的功能,但它又不同于归纳学习方法,它们之间最主要的区别是:基于事例的学习是直接保存事例,而归纳学习是保存从事例中归纳出的规则。

基于事例学习的优点:①它能在那些较难发现规律性知识以及不易找到因果关系的领域中,通过实际的事例来进行学习;②由于事例库存放的都是实际案例,所以不存在知识的一致性问题;③因为事例库中的事例是逐个加入的,因此事例库的修改是局部的,不需要对事例库实行重新组织;④事例库的建立比规则库建立更快更方便。

8.5.2 基于类比学习的空间信息处理

利用类比机制进行学习和解决问题是人类智能的一大特点。魏宝刚等利用类比学习的方法实现了壁画图像的色彩复原(魏宝刚等,1999)。

壁画色彩变化大体上分为褪色和变色两种现象。褪色是颜料色泽、饱和度的降低,以及色泽的鲜明感觉和相互之间对比度减弱;而变色则是颜料在长期的光和其他因素作用下,由一种色相变为另一种色相,使原来鲜明强烈的色调变得晦暗、模糊。变色的主要内部原因是颜料中的铅成分。变色的外部原因有光照、氧气、温湿度、工业气体、霉菌、细菌等,其中阳光和温湿度是重要因素。为了使人们能够欣赏到作品原来绚丽的色彩,艺术家在壁画临摹工作中做过一些色彩复原工作,但基本上是尝试性的,至今未大量开展。除了复杂的技术原因外,这种完全依赖手工的恢复临摹存在两个不可避免的缺陷,一个是其局限性,也就是说,临摹往往凭借个人或少数人的经验知识;另一个是临摹的不可逆性,当对某一步工作不满意时,不可能撤销当前的工作,再返回到前面步骤从新开始。

采用基于类比学习的壁画色彩恢复技术可以有效地克服上述两个缺陷。首先可以将不同专业有关壁画色彩的研究成果、经验知识加以归纳、抽象、存储,并应用于虚拟色彩恢复中。此外,在恢复过程中随时可以放弃某一步的工作,从新开始,直到取得满意结果为止。

当面临两幅内容相似的壁画时,很自然地会将两者的色彩联系起来,看看它们是否也具有某些相似性。敦煌壁画都是以菩萨为主,研究表明同一窟中的两幅壁画菩萨的肤色原来应该有相似的色彩,之所以会呈现两种完全不同的色彩,主要是环境条件造成的。除了这种同一洞窟中内容相似的壁画具有可比性外,属于同一时期或同一朝代,甚至是不同朝代的,但绘画风格、技法相似的壁画也具有一定的类比性。因此,将色彩保持相对完好的壁画图像连同其相关的特征信息作为类比源存储、利用,是我们色彩恢复系统的一个主要功能。

基于类比的色彩恢复过程为:①输入变色图像和相关的特征信息;②通过类比检索从数据库中检索出用于变色图像色彩恢复的参照图像;③根据要恢复的色彩从两个图像中提取对应的色彩区域;④确定变色色彩和恢复色彩的转换关系,完成色彩的恢复;⑤若对结果不满意可返回前面某步重新开始。如图 8.13 所示。

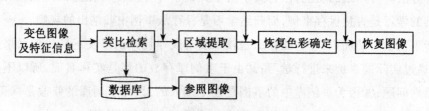

图 8.13　基于类比学习的色彩恢复(魏宝刚等,1999)

8.6　解释学习与空间信息处理

8.6.1　解释学习基本方法

基于解释的学习(explanation-based learning,EBL)可简称为解释学习,是一种分析式学习方法。分析式学习的特点是不把概念的一些实例看成是无关的特征集合,而是在已有的背景知识的环境下考察例子。对于要学习的概念和相应的一个训练实例,解释学习系统分析该例为何是概念的实例,构造出一种解释,从而确定该例中哪些特征可以构成概念描述的充分条件;对该解释加以概括,便形成能够有效识别概念实例的概念。解释学习通过单例的解释和概括,将不可操作的功能描述转化为可操作的描述,学习过程并不产生新知识,知识对现有知识进行有选择的重组,以提高系统的运行效率(石纯一等,1993)。

解释学习的早期工作并不是在其本身之内进行的,直到 20 世纪 80 年代初期它才开始逐渐成型,而成为一种公认的机器学习方法是在 1986 年以后。它的基本思想是根据任务所在领域知识和正在学习的概念知识,对当前实例进行分析和求解,得出一个表征求解过程的因果解释树,以获取新的知识。在获取新知识的过程中,通过对属性、表征现象和内在关系等进行解释而学习到新的知识。

一般而言,一个 EBL 算法的输入由 4 部分组成:

(1)目标概念。它是学习概念的一个定义,该定义较为抽象,不满足操作性准则。

(2)一个训练例。它是目标概念的一个例子。不需要对它进行特别选择,只要能充分说明目标概念即可。

(3)领域理论。它是一组规则和事实,用于说明为什么训练例是目标的一个例子。

(4)操作性准则。它规定了目标概念定义的一组谓词,确定将要学习的概念被表达的形式。简单地说,操作性准则指出了目标概念会使用哪些谓词来描述。

对应以上 4 种输入,EBL 的输入是目标概念的充分定义,且该定义满足操作性准则。EBL 算法在学习的第一阶段,由目标引导逆向推理过程,在领域知识库中寻找可匹配的规则,把目标分解成各个子目标,进一步进行推理,如此反复,最后形成一棵证明树,说明训练例是怎样满足目标概念定义的。证明树的叶节点满足操作性准则。

在推广阶段,利用解释阶段形式的证明树,得到满足操作性准则的目标概念描述。通常,推广时采用的方法是将常量变量化。推广后证明叶节点的与连接形成了目标概念描述。

解释学习一般包括下列3个步骤:

(1)利用基于解释的方法对训练实例进行分析与解释,以说明它是目标概念的一个实例。

(2)对实例的结构进行概括性解释,建立该训练实例的一个解释结构以满足所学概念的定义;解释结构的各个叶节点应符合可操作性准则,并且使这种解释比最初的例子适用于更大的一类例子。

(3)从解释结构中识别出训练实例的特性,并从中得到更大一类例子的概括性描述,获取一般的控制知识。

解释学习是利用单个训练例、根据领域理论获取目标概念描述的一种方法。它并没有真正学到新知识,而是将目标概念的初始定义变得更具体、更充分、操作性更强。解释学习的优点在于:

(1)它仅需要一个训练例。

(2)训练例并不需要特别选择,只要能充分说明目标概念即可。

(3)如果领域理论是完善的,则所得到的目标概念描述就是充分的。

解释学习的缺点在于将常量变量化的推广方法过于简单,在实际的学习过程中,领域理论的不完善也限制了它在复杂领域内的应用。另外,只用一个训练例也可能使得学到的目标概念很特别。解释学习还可以与相似方法相结合形成新的集成学习方法,能够解决由于理论的不完善性所造成的困难并且可以对不完善的领域理论进行改进,其结合方式主要有三种(周光明,2004)。

(1)首先对多个训练例应用基于相似性的抽象,对相似抽象的结果再用基于解释的方法,根据领域知识进行核实理解。该形式的优点是可使用基于相似性技术从很多可能存在干扰的训练例中产生一个可能抽象的候选集合,一旦形成了这样的经验性抽象之后,基于解释的方法再使用系统的领域知识对这些抽象进行验证和求精。

(2)首先对每个训练例应用基于解释的方法,然后使用相似性抽象技术,将得到的经过抽象的训练例综合起来。虽然这种综合性方法仍有相似性方法的主要缺点,即基于其抽象语言作归纳飞跃,但并不能对其验证。但是由于该方法用EBL方法对每个训练例进行了抽象,使训练例中原来隐式的特性明显化,并去掉了无关的特性,这就使相似抽象能更迅速地得到一个结果概念定义,同时还能将与经验数据不一致的错误解释剔除掉。

(3)对多个训练例的解释抽象结果进行合并,以产生一个合并的解释。具体地说,是将一个训练例与一个熟悉的训练例进行类比以建立其解释,然后将这两个解释综合起来,产生基于二者之上的一般性概念定义。

解释学习是转化目标概念的初始描述为最终描述的知识转化的学习,其中区分最终学到的描述与系统给出的初始描述的关键在于得到的描述是否满足可操作性准则。虽然从解释学习提出之日起就意识到可操作性及其判别准则的重要性,却一直没有给出可操作性的精确定义,只有含糊的阐述,因此不同系统实现中有各自不同的处理方法。除此以外,基于解释的学习方法有许多问题尚待进一步研究。如 EBL 的规范化问题、领域理论不完善时解释结构的构造问题、训练例的取舍以及实例学习和解释学习的结合问题及解释学习的效用问题等。所有这些问题的解决,对于机器学习以及人工智能的研究都具有重要意义。

8.6.2 基于解释学习的空间信息处理

基于解释的机器学习(EBL)给出了概念的树形结构,每个概念以其解释谓词的析取范式来表示;进而一个概念本事可以看做是谓词。但实际上一个概念往往很难用严格意义下的谓词表示,因为概念的解释往往是模糊的,而且一个谓词是否能用来解释某概念,本身也是模糊的,可操作性往往不能以"可与不可"这种简单二值标准来回答,实为模糊概念。石纯一等(石纯一,邹晨东,1993)引入模糊观点,对谓词蕴含运算给出了可操性的值及模糊可操作谓词集的概念,但未给出模糊性概念的形式化描述,也未给出模糊概念的求值过程。李膺春等[15]针对实际概念形成的模糊性做了研究;当概念的解释谓词集为模糊集时,以及谓词本身也取模糊逻辑值时,给出描述模糊概念和建立模糊概念解释树的形式方法,并给出此时求模糊概念真值的表达式。可用此建立基于模糊解释的知识库,并可用来对目标对象进行模糊识别。

从解释机器学习的角度来讲,概念的外延是具有共同解释的实例集;一个概念实际上是大量的具有共同解释的实例概括。概念 C 的外延可用概念谓词 $C(x)$ 来表示,亦即"对象 x(或个体、实例)属于概念 C"。设 C 对应的实例集为 I,学习的任务是根据 I 中实例的解释求 C 的解释,亦即求解 $C(x)$ 的形式化描述(李膺春,石纯一,1999)。

概念的模糊解释模型(fuzzy explanation-based model, FEBM)包括概念的模糊取值及概念的模糊解释树。某个体 obj 在 λ 意义下属于概念 C,定义为概念谓词 $C(obj)$:

$$C(obj) = \bigwedge_{P_i(obj) \in C_\lambda} P_i(obj)$$

欲求 $C(obj)$ 的值,必须考虑一下模糊性与不完善性:①概念释集是模糊的;②解释谓词本身也是模糊的;③还应考虑到施于对象上的解释谓词的不完善性。

概念的模糊解释树(fuzzy explanation tree, FET)可以定义为:①一个事实,是单节点的、真值为 1 的 FET;②FET 可由一个根(即概念谓词)及若干个(可取模糊值的)与根相连的子 FET 构成,这些子树的根构成概念谓词的模糊释集;③一棵概念解释树由有限个子 FET 构成。节点代表谓词,父节点谓词由其子节点谓词的合取来解释;弧表示解释:弧尾解释弧头。弧由二元组构成:$((r_i, h_j), \mu_{D_{h_j}}(r_i))$,$r_i$ 为弧尾,h_j 为弧头;D_{h_j} 为 h_j 的模糊解释集,$\mu_{D_{h_j}}(r_i)$ 代表 r_i 对 D_{h_j} 的隶属度(李膺春,石纯一,1999)。

由于地物光谱特征、传感器本身、大气吸收等因素的不确定性,使得同种地物目标在遥感图像中往往表现出较大的差异性,目标概念表现出一定的模糊性。以遥感影像中的道路提取为例,道路这一概念的模糊解释树如图 8.14 所示。

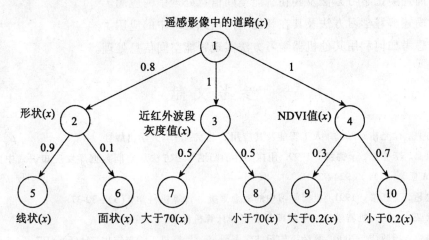

图 8.14 遥感影像中"道路"概念的 FET

节点二元组集：{(1,遥感影像中的道路(x)),(2,形状(x)),(3,近红外波段灰度值(x)),(4,NDVI 值(x)),(5,线状(x)),(6,面状(x)),(7,大于 70(x)),(8,小于 70(x)),(9,大于 0.2(x)),(10,小于 0.2(x))}，其中数字为节点号。

弧二元组集：{(<2,1>,0.8),(<3,1>,1),(<4,1>,1),(<5,2>,0.9),(<6,2>,0.1),(<7,3>,0.5),(<8,3>,0.5),(<9,4>,0.3),(<10,4>,0.7)}。例如弧二元组(<4,1>,1),表示节点 4（即谓词"NDVI 值(x)"）解释节点 1，且 $M_{Di(4)}=1$；弧二元组(<9,4>,0.3),表示节点 9（即谓词"大于 0.2(x)"）解释节点 4，且 $\mu_{D_4}(9)=0.3$。

8.7 其他机器学习方法

除了以上所介绍的机械学习、归纳学习、决策树学习、类比学习和解释学习外，还有很多其他的机器学习方法，如神经学习，即基于人工神经网络模型的机器学习方法；贝叶斯学习，即基于贝叶斯理论的机器学习方法；遗传学习，即基于遗传算法的机器学习方法等。利用这些机器学习中的一种或多种方法实现空间信息处理是智能空间信息处理（ISIP）的重要研究方向。

思 考 题

1. 简述机器学习的定义及其发展历程。
2. 简述机器学习的基本结构。
3. 简述机械学习方法及其在智能空间信息处理中的应用。
4. 简述归纳学习方法及其在智能空间信息处理中的应用。
5. 简述决策树学习方法及其在智能空间信息处理中的应用。

6. 简述类比学习方法及其在智能空间信息处理中的应用。
7. 简述解释学习方法及其在智能空间信息处理中的应用。
8. 思考如何利用其他机器学习方法实现智能空间信息处理。

参考文献

蔡自兴，徐光祐．2003．人工智能及其应用．北京：清华大学出版社．

邸凯昌，李德仁，李德毅．1999．用探测性的归纳学习方法从空间数据库发现知识．中国图像图形学报（A版），4(11)：924-929．

韩建超，王红蕾．1991．机器学习中的概念聚类．计算机科学，(5)：30-37．

洪家荣．1991．机器学习——回顾与展望．计算机科学，(2)：1-8．

李琳娜，杨炳儒．2008．复杂结构归纳学习研究．计算机工程与应用，44(5)：1-7．

李波，赵沁平．1995．基于突出特征的类比联想．计算机学报，17(9)：690-696．

李膺春，石纯一．1999．知识概念的模糊模型及模糊目标的识别．计算机学报，22(6)：615-619．

吕安民，李成名，林宗坚，王家耀．2001．基于统计归纳学习的GIS属性数据挖掘．测绘学院学报，18(4)：290-293．

刘峰，朱阿兴，李宝林，裴韬，秦承志，刘高焕，王英杰，周成虎．2009．利用陆地反馈动态模式来识别土壤类型的空间差异．土壤通报，40(3)：501-508．

刘洪，卢春恒，翟立功等．1999．中国统计年鉴．北京：中国统计出版社．

马雪梅，陈亮，俞冰，徐峰．2006．基于决策树和混合像元分解的城市扩张分类．测绘通报，(10)：9-11．

任周桥，刘耀林，焦利民．2007．基于决策树的土地适宜性评价．资源调查与评价，24(3)：21-25．

石纯一，邹晨东．1993．基于解释学习的可操作性．计算机学报，16(11)：16-24．

石纯一．1997．基于解释的机器学习方法．北京：清华大学出版社．

孙微微，胡月明，刘才兴，薛月菊．2005．基于决策树的土壤质量等级研究．华南农业大学学报，26(3)：108-110．

田盛丰．1993．人工智能原理与应用．北京：北京理工大学出版社．

王士同．2001．人工智能教程．北京：电子工业出版社．

魏宝刚，潘云鹤，华忠．1999．基于类比的壁画色彩虚拟复原．计算机研究与发展，36(11)：1364-1368．

文贵华，丁月华，张宇．1999．基于对立的联想计算．计算机研究与发展，36(8)：982-987．

杨君锐．2004．类比学习机制的研究．西安科技学院学报，24(2)：203-206．

闫培洁．2009．基于光谱信息遥感影像分类的二叉决策树自动构建方法研究（硕士学位论文）．武汉：武汉大学．

闫友彪，陈元琰．2003．机器学习的主要策略综述．计算机应用研究，(7)：4-13．

于子凡，林宗坚．2006．遥感影像分类的一种二叉决策树自动生成方法．测绘信息与工程，32(4)：42-44．

周光明．2004．基于解释学习中的不完善理论问题．电脑开发与应用，17(3)：34-37．

朱福喜，汤怡群，傅建明．2002．人工智能原理．武汉：武汉大学出版社．

Chandra B, Varghese P P. 2009. Moving towards efficient decision tree construction. Information Sciences, (179): 1059-1069.

Dawson M. 1998. Understanding Cognitive Science. Malden Mass: Blackwell Publishers Inc.

Greiner R. 1988. Learning by understanding analogies. Artificial Intelligence, 35(1): 81-125.

Han J W, Kamber M[加]. 范明, 孟晓峰译. 2007. 数据挖掘概念与技术(第2版). 北京: 机械工业出版社.

Keane M T. 1998. Analogical problem-solving. New York: Ellis Horwood Limited.

Korczak J J, Blamont D, Ketterlin A. 1994. Thematic Image Segmentation by a Concept Formation Algorithm. In: Proceedings of the European Symposium on Satelite Remote Sensing, Rome.

Lam W, Bacchus F. 1994. Learning Bayesian Belif Networks: An Approach Based on the MDL principle. Com Int.

Leake D B. 1997. Case-based reasoning research and development. Berlin Heidelberg: Springer.

Lebowitz M. 1987. Experiments with incremental concept formation: UNIMEN. Maching Learning, 2(2): 103-138.

Michalski R S. 1980. Knowledge acquisition through conceptual clustering: A theoretical framework and an algorithm for partitioning data into conjunctive concepts. International Journal of Policy Analysis and Information System, (4): 219-244.

Michalski R S, Stepp R E. 1983. Learning from observation: Conceptual clustering. Michalski R S, Carbonell J, Mitchell T (Eds.), Tioga Publishing Co., 331-363.

Mitchell T M[美]. 曾华军, 张银奎译. 2003. Machine Learning. 北京: 机械工业出版社.

Seeman W D, Michalski R S. 2006. The CLUSTER3 system for goal-oriented conceptual clustering: method and preliminary results. 7th International Conference on Data, Text and Web Mining and their Business Applications and Management Information Engineering. Data Mining 2006, DATA06, July 11-13.

Shi Z Z. 1992. Principles of machine learning. New York: International Academic Publishers.

Simon H A. 1997. Models of Discovery and Other Topics in the Methods of Science. D. Reidel, Dordrecht, Holland.

第 9 章 空间数据挖掘

9.1 空间数据挖掘的由来与发展

空间数据的采集、存储和处理等现代技术设备的迅速发展,使得空间数据的复杂性和数量急剧膨胀,远远超出了人们的解译能力。空间数据库是空间数据及其相关非空间数据的集合,是经验和教训的积累,无异于是一个巨大的宝藏。当空间数据库中的数据积累到一定程度时,必然会反映出某些为人们所感兴趣的规律。这些知识型规律隐含在数据深层,一般难以根据常规的空间技术方法获得,需要利用新的理论技术发现之并为人所用(李德仁等,2006)。

作为一个专业化的名词,"数据挖掘与知识发现"首次出现在 1989 年 8 月在美国底特律召开的第 11 届国际人工智能联合会议的专题讨论会上。1991 年、1993 年和 1994 年又相继举行了数据库知识发现(knowledge discovery from database,KDD)专题讨论会,并在 1995 年召开了第一次 KDD 国际会议。Fayyad 认为:知识发现是从数据集中识别出有效的、新颖的、潜在有用的以及最终可理解的模式的非平凡过程;数据挖掘是 KDD 中通过特定的算法在可接受的计算效率限制内生成特定模式的一个步骤(Fayyad,1993)。在一些数据丰富而动力学机制并不明确的领域,特别是数据统计分析、数据库和信息管理系统等领域普遍采用数据挖掘名词,而人工智能、机器学习等领域更多地使用知识发现专业名词。

空间数据挖掘(spatial data mining,SDM),简单的说,就是从空间数据中提取隐含其中的、事先未知的、潜在有用的、最终可理解的空间或非空间的一般知识规则的过程(Koperski et al,1996;Ester et al,2000;Miller and Han,2001;李德仁等,2001;王树良,2002)。具体而言,就是在空间数据库或空间数据仓库的基础上,综合利用确定集合理论、扩展集合理论、仿生学方法、可视化、决策树、云模型、数据场等理论和方法以及相关的人工智能、机器学习、专家系统、模式识别、网络等信息技术,从大量含有噪声、不确定性的空间数据中,析取人们可信的、新颖的、感兴趣的、隐藏的、事先未知的、潜在有用的和最终可理解的知识,揭示蕴含在数据背后的客观世界的本质规律、内在联系和发展趋势,实现知识的自动获取,为技术决策与经营决策提供不同层次的知识依据(李德仁等,2006)。

李德仁首先关注从空间数据库中发现知识,并予以奠基。在 1994 年于加拿大渥太华举行的 GIS 国际学术会议上,他首先提出了从 GIS 数据库中发现知识(knowledge discovery from GIS，KDG）的概念，并系统分析了空间知识发现的特点和方法，认为它能够把 GIS 有限的数据变成无限的知识，精炼和更新 GIS 数据，促使 GIS 成为智能化的信息系统（Li and Cheng，1994），并率先从 GIS 空间数据中发现了用于指导 GIS 空间分析的知识（王树良，2002）。同时，李德仁等把 KDG 进一步发展为空间数据挖掘和知识发现（spatial data mining and knowledge dicvoery，SDMKD），系统研究或提出了可用的理论、技术和方法，并取得了很多创新性成果（李德仁等，2001，2002，2006），奠定了空间数据挖掘在地球信息学中的学科位置和基础。在不引起歧义的前提下，空间数据挖掘和知识发现有时也简称为空间数据挖掘（李德仁等，2006）。

我国许多科研院所和高校等先后开展了空间数据挖掘和知识发现的理论和应用研究。如，周成虎等从地震目录数据分析出发，提出了基于空间数据认知的数据挖掘方法，并建立了带控制节点的空间聚类模型、等级加权四指标 Blade 算法和基于尺度空间理论的尺度空间聚类等（汪闽等，2002；汪闽等，2003；裴韬等，2003；秦承志等，2003；陈述彭，2007）。王劲峰等从空间统计与模拟角度，研究和发展了一系列的空间数据挖掘模型（王劲峰，2006；陈述彭，2007；Wang et al，2008）。邸凯昌出版了本领域的第一本专著《空间数据挖掘与知识发现》，较为系统地总结了空间数据挖掘研究的内容和方法，并提出了一些基于云模型的空间数据挖掘方法（邸凯昌，2000）。王树良提出了空间数据挖掘的视角并成功地应用于滑坡监测数据挖掘（王树良，2002，2008）。秦昆针对遥感图像数据，深入研究了图像数据挖掘的理论和方法，重点研究了基于概念格的图像数据挖掘方法，并设计和开发了遥感图像数据挖掘软件原型系统 RSImageminer（秦昆，2004，2005）。裴韬深入研究了基于密度的聚类方法，并提出了一种利用 EM 算法（划分聚类算法中的一种）进行参数优化的解决途径，该方法有效地解决了基于密度聚类方法的参数确定的问题（Pei et al，2006）。苏奋振对地学关联规则进行了深入研究，并将其成功应用于海洋渔业资源时空动态分析中（苏奋振，2001；苏奋振等，2004）。葛咏对多重分形进行了深入研究，并提出了基于多重分形的空间数据挖掘方法，并将其成功应用于海洋涡漩信息提取（Ge et al，2006）。除此以外，还有很多国内的其他学者在空间数据挖掘和知识发现方面做出了很多很好的工作，这里不再一一列出。

在国际上，很多学者对空间数据挖掘与知识发现开展了若干研究。Koperski 等总结了空间数据生成、空间聚类和空间关联规则挖掘等方面的研究进展，并指出：数据挖掘已从关系数据库与事务型处理扩展到空间数据库与空间模式发现（Koperski et al，1996）。Knorr 等提出在空间数据挖掘中寻找集聚邻近关系和类间共性的方法（Knorr and Raymond，1996）。加拿大的 Han Jiawei 教授领导的小组设计和开发了空间数据挖掘软件原型 GeoMiner，主要是从空间数据库中挖掘出特征规则、比较规则和关联规则、分类规则、聚类规则，并包括预测分析功能（Han et al，1997）。美国国家航空和宇宙航行局（NASA）喷气推进实验室（JPL）研究和开发了一套图像数据挖掘软件原型系统，即钻石眼（diamond eye）系统，该系统能够从图像中自动提取含有语义信息的知识，并且在弹坑地形的探测和分析以及卫星探测等方面得到了具体的应用（Burl et al，1999）。德国遥感中心的 Mihai Datcu 领导的研究组正在进行卫星图像智能信息挖掘软件原型系统的研究,在基于内容的图像检索的基础上,提出了一个卫星图像智能信息挖掘系统的开发方法,并设计和开发了相关的软件系统(Datcu et al, 2000)。美国宾州州立大学地理系 Geo VISTA 研究中心的 Apoala 计划采用 NASA 基于贝叶斯概率非监督分类软件包 Autoclass 和 IBM 可视化工具 Data Explorer 进行地学时空数据的挖掘。Han 和 Kamber 在他们的专著中,系统地论述了空间数据挖掘的概念和方法(Han and Kamber, 2001)。美国加利福尼亚大学圣芭芭拉分校的 Manjunath 教授领导的研究组基于空间事件立方体对图像对象之间的关联规则进行了研究,其基本思想是将图像按照一定大小的格网划分为图像片,通过对图像片的内容的分析(颜色、纹理),对图像片的内容进行标注,根据大量的图像对象之间的关系建立空间事件立方体,从而对这些图像对象之间的关联关系进行分析和挖掘(Tesic et al, 2002)。美国亚拉巴马州立大学亨茨维尔分校的数据挖掘研究中心开发了一套地学空间数据挖掘软件原型 ADaM,主要是针对气象卫星图像进行挖掘,将所挖掘出的知识应用到气象预报工作中进行飓风的预报监测、气旋的识别、积云的检测、闪电的检测等,进行了大量相关实验,并且与美国国家航空和宇宙航行局(NASA)合作,将图像数据挖掘技术应用到全球变化的研究工作中(He et al, 2002)。除此之外,还有很多其他的国际学者在空间数据挖掘方面也做出了很多很好的研究工作,这里不一一列出。

9.2 空间数据挖掘的内容和方法

空间数据挖掘是从空间数据中挖掘出知识的过程,包括空间关联知识、空间聚类知识、空间分类知识、空间离群点知识等。相应的,空间数据挖掘的内容包括空间关联规则挖掘、空间聚类挖掘、空间分类挖掘、空间离群点挖掘等。

空间关联规则是空间数据挖掘的重要组成部分同时也是基本任务之一,其目的在于发现空间实体间的相互作用、空间依存、因果或共生的模式(Koperski and Han, 1995;张雪伍等, 2007)。

空间聚类是空间数据挖掘的常用方法之一,空间聚类分析主要是根据实体的空间特征进行划分,其原理是按一定的距离或相似性测度在多维空间数据集中标识出聚类或稠密分布的区域,将描述个体的数据集划分成一系列相互区分的组,使得属于同一类别的个体之间的差异尽可能地小,而不同类别上的个体之间的差异尽可能地大,以期从中发现数据集的整个空间分布规律和类型模式(Kaufman, 1990;Murray, 2000)。

空间分类挖掘是空间数据挖掘的重要内容之一。空间分类挖掘是将存储在空间数据中的空间对象划分为给定的类的过程,空间数据库中的每个对象被认为属于已定义的类,且该类由类标识属性决定。空间分类挖掘与空间聚类挖掘的主要区别体现在:前者的类标识是预先确定的,空间聚类挖掘的类标识和类别数是事先未知的。空间分类与大多数分类方法有所不同,还需要考虑空间数据,如地理数据就包含空间对象和非空间对象的描述。空间分类的过程中,寻找划分对象集合成为不同的类的规则不仅要使用分类对象的属性,而且还要使用分类对象与数据库其他对象之间的关系(蔡之华等,2003)。

离群点(outlier)检测是数据挖掘的基本任务之一(Hawkins,1980)。空间离群点检测是空间数据挖掘的重要内容之一(Shekhar et al,2003;Sanjay and Sun,2006)。空间例外是指空间对象的非空间属性值与其空间邻域范围内的其他空间对象具有明显不同,甚至与整个样本空间的属性都不同,空间例外形式上是一种局部不稳定性(Shekhar et al,2003)。

空间数据挖掘与知识发现的常用理论和方法包括:概率论、证据理论、空间统计学、规则归纳、聚类分析、空间分析、模糊集、云模型、数据场、粗集、地学粗空间、神经网络、遗传算法、可视化、决策树、概念格、空间在线数据挖掘等,并都取得了一定的成果(Ester et al,2000;李德仁等,2006)

下面重点介绍空间关联挖掘、空间聚类挖掘、空间分类挖掘和空间离群点挖掘等空间数据挖掘方法。

9.3 空间关联规则挖掘

空间关联规则是空间数据挖掘的重要组成部分,同时也是基本任务之一,其目的在于发现空间实体间的相互作用、空间依存、因果或共生的模式。自 Koperski 在 1995 年将传统关联规则拓展到空间数据挖掘领域以来(Koperski and Han, 1995),很多学者对空间关联规则的概念、挖掘算法、不确定性的表达和挖掘结果的可视化等方面进行了深入的研究并取得了一系列的成果(Ester et al, 1997;张雪伍等, 2007)。

空间关联规则的表达形式为:

$$X \rightarrow Y(c\%, s\%)$$

其中,X 和 Y 是谓词集合,可以是空间谓词或非空间谓词,但至少包含一个空间谓词,且 $X \cap Y = \emptyset$。$s\%$ 是规则的支持度,指 X 和 Y 在所有空间事务中同时发生的概率,即 $P(X \cap Y)$。$c\%$ 是规则的可信度,指在所有空间事务中 X 发生的前提下 Y 发生的概率,即 $P(Y|X)$。非空间谓词,指一般的逻辑谓词。空间谓词是包含空间关系和空间信息的逻辑谓词。除了可信度和支持度,很多学者还开发了其他的指标对空间关联规则进行衡量。例如:空间关联规则 is-a(x, house) $\wedge$ close-to(x, beach) $\wedge$ is-expensive(x) (90%) (Koperski and Han, 1995)。该规则表明:90%靠近海滩的房子价格都高,该规则包含了不同层次的空间谓词和非空间谓词,这些层次一般情况下是通过专家或相应的数据分析方法精确地给出。

空间关联规则是传统关联规则在空间数据挖掘领域的延伸,因此在挖掘方法上仍然带有传统关联规则挖掘的印迹,目前空间关联规则挖掘方法主要有以下三种(张雪伍等, 2007):

(1)基于聚类的图层覆盖法(Ceci et al, 2004;马荣华等, 2007)。该方法的基本思想是将各个空间或非空间属性作为一个图层,对每个图层上的数据点进行聚类,然后对聚类产生的空间紧凑区进行关联规则挖掘(张雪伍等,2007)。

(2)基于空间事务的挖掘方法(Koperski and Han,1995;Francesca and Donato,2004;Bembenik and Rybinski,2006)。在空间数据库中利用空间叠加、缓冲区分析等方法发现空间目标对象和其他挖掘对象之间组成的空间谓词,将空间谓词按照挖掘目标组成空间事务数据库,进行单层布尔型关联规则挖掘。为提高计算效率,可以将空间谓词组织成为一个粒度由粗到细的多层次结构,在挖掘时自顶向下逐步细化,直到不能再发现新的关联规则为止。此方法较为成熟,目前应用较为广泛(张雪伍等,2007)。

(3)无空间事务挖掘法(Shekhar and Huang,2001;刘君强,潘云鹤,2003;马荣华等,2007;Appice and Buono,2005)。空间关联规则挖掘过程中最为耗时的是频繁项集的计算,因此许多学者试图绕开频繁项集,直接进行空间关联规则的挖掘。通过用户指定的邻域,遍历所有可能的邻域窗口,进而通过邻域窗口代替空间事务,然后进行空间关联规则的挖掘。此方法关键在于邻域窗口构建与处理(张雪伍等,2007)。

下面以文献(Koperski and Han,1995)为例介绍空间关联规则挖掘的方法及实例。该文献以加拿大的 British Columbia 省为例,如图 9.1 所示。

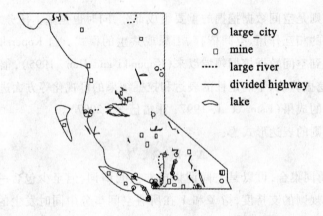

图 9.1 British Columbia 省的地图示意图(Koperski and Han,1995)

该实例组织了以下数据:①town(名称、类型、人口、地理对象 geo……);②道路 road(名称、类型、地理对象 geo……);③水体 water(名称、类型、地理对象 geo……);④矿产 mine(名称、类型、地理对象 geo……);⑤边界 boundary(名称、类型、管理区1、管理区2、地理对象 geo……),这里的边界是指两个相邻地区之间的边界,例如:B.C.(British Columbia 省)和 U.S.A(美国)。这里的地理对象 geo 是指点、线、面等空间对象。

为了实现多层次的空间关联规则挖掘,建立了如下所示的空间概念层次:

(1)城镇 towns 的概念层次:

Town (large_town(big_city, medium_sized_city), small_town(…)…)。

(2)水体 water 的概念层次:

Water (sea(strait(Georgia_Strait,…),Inlet(…),…),

river(large_river(Fraser_River,…),…),

lake(large_lake(okanagan_lake,…),…),…)。

(3)道路 road 的概念层次：

Road(national_highway(route1,…),

provincial_highway(highway_7,…),

city_drive(Hasting St. ,Kingsway,…),

city_street(E_1st Ave,…),…)。

(4)空间关系"g_close_to"的概念层次如图 9.2 所示。

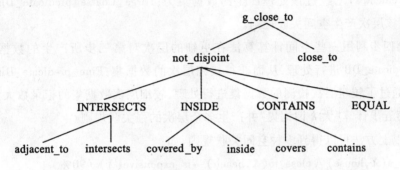

图 9.2　空间关系"g_close_to"的概念层次

空间关联规则挖掘的具体方法如下：

输入：空间数据库、一个挖掘查询条件、一套阈值。

(1)一个数据库，包括三个内容：①一个空间数据库 SDB(Spatail Database)，包括一套空间对象；②一个关系数据库 RDB(relational database)，描述了空间对象的非空间属性；③一套概念层次。

(2)一个查询条件，包括：①一个参考类 S；②一套任务相关的空间对象类 $C_1,C_2,…,C_n$；③一套任务相关的空间关系。

(3)两个阈值：最小支持度阈值 minsup，最小置信度阈值 minconf，为每个描述层次都设置相应的阈值。

输出：多层强空间关联规则

算法：

Step1：Task_relevant_DB ：= extract_task_relevant_objects(SDB,RDB)；

Step2：Coarse_predicate_DB ：= coarse_spatial_computation(Task_relevant_DB)；

Step3：Large_Coarse_predicate_DB ：= fltering_with_minimum_support(Coarse_predicate_DB)

Step4：Fine_predicate_DB ：= refined_spatial_computation(Large_Coarse_predicate_DB)

Step5：Find_large_predicates_and_mine_rules(Fine_predicate_DB)

该算法的每一个步骤的解释如下：

(1)第一步是通过执行空间查询而完成,通过设置空间查询条件,从空间数据库中查询出任务相关的空间对象,构成任务相关的数据集：Task_relevant_DB。

(2)第二步在一个较粗的层次,通过一些空间算法,如 R-树算法或快速 MBR 技术等,抽取出空间上相互邻近的对象,产生的描述空间关系的空间谓词存储在扩展的关系数据库 Coarse_predicate_DB 中。

(3)第三步计算数据库 Coarse_predicate_DB 中的每个谓词的支持度,并过滤掉那些支持度小于最高层的最小支持度阈值 minsup[1]的记录,过滤处理产生的是"大 1 谓词集 (large 1-predicates)",经过该处理产生的数据集为：Large_Coarse_predicate_DB。如果需要,可以在该层次产生空间关联规则。

(4)第四步利用一些空间计算算法在更细的层次对第三步所产生的数据集 Large_Coarse_predicate_DB 进行处理,从而获得较细层次的数据集：Fine_predicate_DB。由于只是对那些通过了较粗层次检测的数据集进行处理,较细层次数据集的记录数大大减小。

(5)第五步计算"大 k 谓词集"并产生多个层次的强关联规则。

利用以上方法可以得到多种空间关联规则,如：

(1)$is\_a(X, house) \wedge close\_to(X, beach) \rightarrow is\_expensive(X)$ (90%)

表示：90%靠近海滩的房子价格都高。

(2)$is\_a(X, gas\_station) \rightarrow close\_to(X, highway)$ (75%)

表示：75%的加油站靠近高速公路。

(3)$close\_to(X, Y) \leftarrow is\_a(X, town) \wedge is\_a(Y, country) \wedge dist(X, Y, d) \wedge d < 80 km$

表示：如果 X 是城镇,Y 是乡村,那么 X 与 Y 接近是指其距离小于 80km。

(4)$close\_to(X, Y) \leftarrow is\_a(X, town) \wedge is\_a(Y, road) \wedge dist(X, Y, d) \wedge d < 5 km$

表示：如果 X 是城镇,Y 是公路,那么 X 与 Y 接近是指其距离小于 5km。

(5)$is\_a(X, large\ town) \rightarrow g\_close\_to(X, water)$ (80%)

表示：80%的大城市靠近水体。

(6)$is\_a(X, large\ town) \wedge g\_close\_to(X, sea) \rightarrow g\_close\_to(X, us\ boundary)$ (92%)

表示：92%的靠近海的大城市靠近美国边界。

(7)$is\_a(X, large\ town) \wedge intersects(X, highway) \rightarrow adjacent\_to(X, water)$ (86%)

表示：86%有高速公路通过的大城市靠近水体。

(8)$is\_a(X, large\ town) \wedge adjacent\_to(X, water) \rightarrow close\_to(X, us\ boundary)$ (72%)

表示：72%与水体相邻的大城市靠近美国边界。

(9)$is\_a(X, large\ town) \rightarrow adjacent\_to(X, sea)$ (52.5%)

表示：52.5%的大城市靠海。

(10)$is\_a(X, large\ town) \wedge adjacent\_to(X, georgia\_strait) \rightarrow close\_to(X, us)$ (78%)

表示：78%与乔治亚海峡相邻的大城市靠近美国。

(11) is_a(X, big_city) $\wedge$ adjacent_to(X, sea) $\rightarrow$ close_to(X, us boundary) (100%)

表示:100%的靠海的特大城市靠近美国边界。

9.4 空间聚类挖掘

空间聚类是空间数据挖掘的常用方法之一,空间聚类是空间数据挖掘中最基本的功能之一。聚类是将数据对象分成类或簇的过程,使同一个簇中的对象之间具有很高的相似度,而不同簇中的对象高度相异。

空间聚类方法通常可以分为五大类:划分法、层次法、基于密度的方法、基于网格的方法和基于模型的方法。算法的选择取决于应用目的,例如商业区位分析要求距离总和最小,通常用 K 均值法或 K 中心点法;而对于栅格数据分析和图像识别,基于密度的算法更合适。此外,算法的速度、聚类质量以及数据的特征,包括数据的维数、噪声的数量等因素都影响到算法的选择(戴晓燕等,2003)。

美国明尼苏达大学的 Vipin Kuma 教授所领导的研究组通过全球观测卫星、地面观测和生态系统模型获取地球科学数据,运用空间聚类挖掘方法在地球科学数据中寻找有趣的模式(Steinbach et al,2001)。如果生态学家可以使用这些模式更好的理解和预测全球碳循环和气候系统的变化,那么这些模式就是"有趣的"。这项研究的最初目的是使用聚类的方法用一种自动的有意义的方式区分地球上的陆地和海洋,形成不相交的区域,能够直接或间接地发现有趣的模式。对地球科学数据进行有意义的聚类需要合适的聚类方法:时间序列之间的"恰当的"相似性测量方法,去除数据中的季节性以便进行非季节性模式的探测,并且需要考虑时空自相关性,如在时间上和空间上接近的量测值具有高度相关或相似的趋势。该研究组使用了一些技术可以处理某些如上所述的时空问题,如去季节性问题,空间自相关实际上能够帮助人们进行聚类,时间自相关性和它对时间序列相似性的影响还需要进一步研究。该研究组使用 K 均值方法,利用线性相关作为时间序列间的相似性测量方法,已经可以找到一些有趣的生态模式,包括一些地球科学家熟知的和有待进一步探索的模式。

用于聚类分析的地球科学数据由全球陆地和水系的某些变量值的不同时间上的快照组成,如 NPP(净第一性生产力)、温度、气压和降水,如图 9.3 所示。这些数据以月为时间间隔,覆盖了 10~50 年的时间范围。带有全球快照的属性数据使用空间框架来表示,如将地球表面分割成相互不相交的区域,关注不同分辨率的经纬度格网点上的属性值,如分辨率为 $0.5° \times 0.5°$ 的 NPP,分辨率为 $1° \times 1°$ 格网的海表温度。

地球科学家提出了一些标准气候指数,如 PDO(太平洋年代际振荡指数)、NINO(厄尔尼诺指数)等。这些指数可以将区域性的或全球尺度的气候变化提炼成简单的时间序列;与熟知的气候现象有关,比如厄尔尼诺现象;它们得到了地球科学家的普遍赞同。该研究组通过研究聚类结果与气候指数之间的相关性,以挖掘气候模式,并找到新的气候

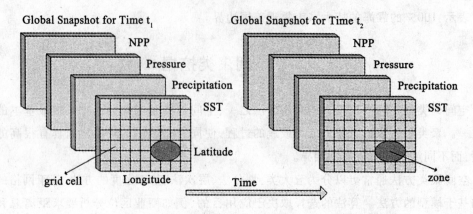

图 9.3 问题域的简化视图(Steinbach et al, 2001)

指数。

作为初始的聚类方法,选择了 K 均值聚类这种简单高效的方法。基本的 K 均值算法找到 K 个类别,算法描述如下:

(1)选择 K 个点作为初始的聚类中心;

(2)将所有的点分配给离它最近的聚类中心;

(3)重新计算每个类别的聚类中心;

(4)重复步骤(2)和(3),直到聚类中心不再改变(或者改变很小)。

在该研究中,使用平均值作为聚类中心,初始聚类中心的选择是随机的,使用相关系数作为相似性测度。两个数据矢量 x 和 y 的相关系数 r 的定义为:

$$r = \frac{\sum_i (x_i - \bar{x})(y_i - \bar{y})}{\sqrt{\sum_i (x_i - \bar{x})^2 \sum_i (y_i - \bar{y})^2}}$$

其中,$x_i(y_i)$ 是 $x(y)$ 的第 i 个属性值,$\bar{x}(\bar{y})$ 是 $x(y)$ 的所有属性值的平均值。相关系数值介于 -1(完全负线性相关)和 1(完全正线性相关)之间,值为 0 时表示无线性相关。

地球科学家往往只对非季节性的模式感兴趣,而不是春夏秋冬变化的模式或者雨季、旱季变化模式。由于季节性的模式在时空数据随时间的波动中表现非常强烈,所以必须去除从而发现其他模式。可以使用几种方法去除数据中的季节性因素,该研究组在聚类分析中主要使用了以下两种方法:

(1)移动平均法。12 月移动平均法可以有效的去除季节性因素,并且可以对数据起到平滑作用。对于一个时间序列 $x = \{x_1, x_2, \cdots, x_{144}\}$,$p = \{p_1, p_2, \cdots, p_{133}\}$ 为时间序列 x 的 12 月移动平均处理后得到的时间序列,其中:

$$p_i = \frac{1}{12} \sum_{i=j}^{j+12-1} x_i$$

(2)零均值规范化。这种方法将相同月份的数据作为一个集合,计算这个集合的平均值和标准差。时间序列中每个数值的零均值规范化处理这样进行:原始数值减去该月数据的平均值,并除以该月数据的标准差。它去除了季节性因素,但没有对数据进行平滑处理。

该研究组使用聚类的方法探测出不同的生态模式:

(1)寻找季节性模式和异常的区域。该研究没有对数据进行去季节性处理,如图9.4所示,找到了NPP的两个类别和SST的两个类别。这四个类别的分布近似于南北半球的陆地和海洋的分布,如图9.5所示,陆地和海洋的聚类中心的时间序列的曲线显示出很强的年周期性。南半球的聚类区域大部分都是连续的,但是北半球有一些区域则不是连续的,比如南加利福尼亚的部分地区对应于南半球上的类别。这些区域对应的气候,比如地中海气候,在这种气候下植物的生长模式与那些它们所在的半球所观测到的典型模式是相反的。这些气候异常的区域是人们所熟知的,通过聚类可以比较容易地探测到。

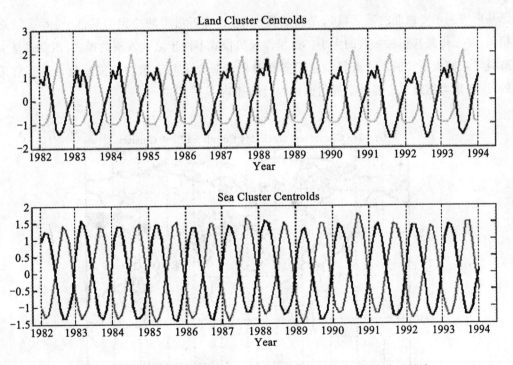

图9.4 两个海洋(SST)和陆地(NPP)聚类中心(Steinbach et al, 2001)

(2)识别陆地和海洋类别之间的联系。聚类的另外一个用途是研究各种陆地和海洋区域之间的关系。特别是通过寻找高度相关的陆地和海洋类别,可以识别潜在的遥相关模式,对地面数据(NPP)和海洋数据(SST)进行聚类得到大量的类别,计算陆地和海洋的聚类中心之间的相关系数,具有最高相关性的类别在地图上显示出来。图9.6显示了某海洋类别(日本海域的一部分区域)和某陆地类别(包括韩国和日本的部分区域以及接近

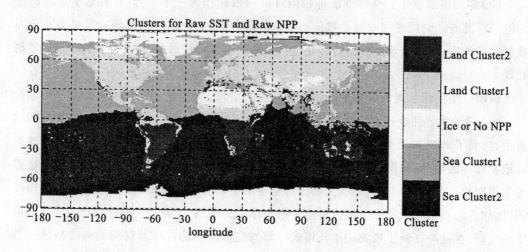

图 9.5 聚类得到的海洋(SST)和陆地(NPP)类别(Steinbach et al, 2001)

巴基斯坦到印度西北的某区域),某陆地类别(包含靠近沿海的中国的某部分)具有较高相关,并能得到其相关系数的大小。这里发现的模式不同于之前发现的模式,该模式是生态科学家们所不知的。生态科学家们需要进一步研究来判定这种相关性是否是有意义的,这些聚类结果至少提供了提出原始假设的基础。

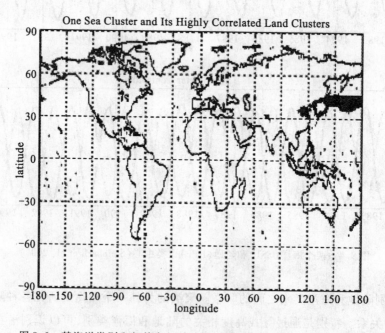

图 9.6 某海洋类别和与其高相关的陆地类别(Steinbach et al, 2001)

另外,研究发现聚类得到的海洋类别(日本海域的一部分区域)与一种海洋指数 PDO

是高度相关的,PDO 是一种类似厄尔尼诺的描述太平洋气候变化模式的指数。这种表面上的遥相关可以推出一个新的假设,厄尔尼诺南方涛动通过季节性降雨模式的变化影响了巴基斯坦到印度区域的 NPP。

(3)寻找聚类得到的陆地类别和(海洋)气候指数的相关性。通过使用基于 SST 或气压差异的气候指数研究陆地-海洋相关。比如,一些气候指数是与厄尔尼诺现象相关的,这些指数也是时间序列,可以找到陆地和海洋上与某特定指数高度相关的类别。图 9.7 显示了与三种气候指数(PDO,ANOM4,ANOM1+2)高度相关的陆地和海洋类别。在这个分析中,使用零均值规范化方法去除了季节性变化。发现与两种厄尔尼诺指数高度相关的海洋区域是与定义这两个指数的区域相符的。并发现南美洲的一个陆地区域是与 ANOM1+2 高度相关的,于是找到了南美洲的降雨与厄尔尼诺现象的联系。

此外,该研究组还利用基于密度的空间聚类方法 SNN(shared nearest neighbors)对全球海表温度数据和海洋气压数据进行了聚类(如图 9.8 所示),通过计算聚类得到的类别与气候指数的相关性来寻找新的指数。

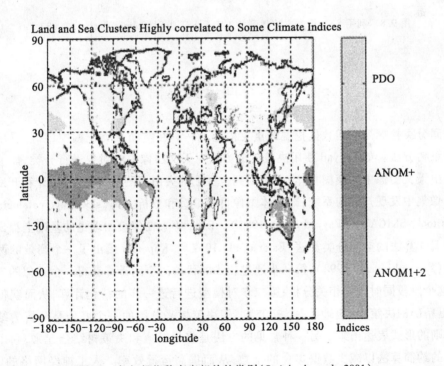

图 9.7　与气候指数高度相关的类别(Steinbach et al,2001)

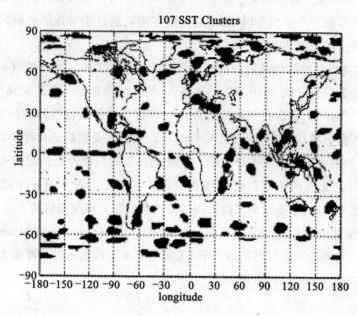

图 9.8 利用 SNN 聚类方法得到的 107 个 SST 类别(Steinbach et al, 2003)

9.5 空间分类挖掘

空间分类挖掘是空间数据挖掘的重要内容之一。在空间分类挖掘中,目前采用较多的是决策树方法。如 Fayyad 使用决策树的方法对天文图像中的对象进行分类,能够有效地识别出天文图像中的模糊星体,并应用到金星上的火山探测的研究中,设计和开发了一套从图像集中发现知识的系统,即天体图像目录编辑和分析工具(sky image cataloging and analysis tool, SKICAT) (Fayyad et al, 1993)。Ester 等人在邻接图理论的基础上提出了一个基于 ID3 算法的空间分类算法(Ester et al, 1997)。Koperski 提出了一个高效的两步分类算法(Koperski et al, 1998):第一步通过较少的代价的空间计算获得一个近似的空间谓词,在这个阶段同时进行相关分析;第二步对模型进行进一步的精化计算,从而获得一个更小、更精确的决策树(唐理兵等,2005)。用决策树来分类的一个好处是分析的结果可以用规则的形式表达出来。另一种常见的方法是将粗糙集和决策树结合起来,利用粗糙集理论的约简算法以减少数据集合的维数,从而提高运行效率。人工神经网络的 BP 算法也是常用的一种分类方法,但是 BP 算法需要进行多次迭代,有可能陷入局部绩效且分析结果不易表达。唐理兵等利用多层前向神经网络的交叉覆盖设计算法进行森林覆盖类型的分析和预测,取得了很好的分类准确率(唐理兵等,2005)。

这里重点介绍决策树分类挖掘方法,并以三江平原湿地识别的应用研究为例,介绍基于决策树的空间数据分类挖掘方法(周春,2008)。

决策树方法是通过对训练样本进行归纳学习生成决策树或决策树规则,然后使用决策树或决策规则对新数据进行分类的一种方法。决策树方法主要包括了两个过程,一个是决策树学习过程,即决策树创建过程;另一个是决策树分类过程。决策树分类是利用决策树或决策规则进行分类的方法,它是一种非参数化的监督分类方法(Hansen et al, 1996; Duda et al, 2004)。决策树方法的概念模型如图9.9所示。

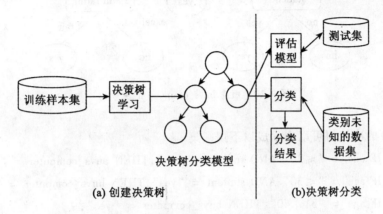

图9.9 决策树分类问题的概念模型

决策树均采用自顶向下的贪心算法,在决策树的内部节点进行属性值的比较并根据不同的属性值判断从该节点向下的分支,在决策树的叶节点得到结论。所以从根到叶节点的一条路径就对应着一条合取规则,整棵决策树就对应着一组析取表达式规则。从根节点开始,对每个非叶节点,找出其对应样本集中的一个属性对样本集进行测试,根据不同的测试结果将训练样本集划分成若干个子样本集,每个子样本集构成一个新叶节点,对新叶节点再重复上述划分过程,这样不断循环,直至达到特定的终止条件。

决策树是一个类似于流程图的树状结构,如图9.10所示。决策树由一个根节点(root nodes)、一系列内部节点(internal nodes)及终极节点(terminal nodes)组成。树最顶层的节点称为根节点。每个内部节点都包含一个父节点,一个或者几个子节点。若节点没有子节点,则称其为叶节点。每个内部节点,即非树叶节点表示对一个属性的测试,每个分支对应于一个输出;每个外部节点,即树叶节点表示一个判定的类别。为了利用决策树对某一事例做出决策,可以利用这一事例的属性值并由树根向下搜索直到叶节点,叶节点上即包含着决策结果。

一棵典型的决策树如图9.10所示。它表示概念buys_computer,即它预测AllElectronics的顾客是否可能购买计算机。内部节点用矩形表示,而树叶节点用椭圆表示。AllElectronics的顾客是否可能购买计算机节点表示一个属性上的测试,每个树叶节点代表一个类(buys_computer = yes 或 buys_computer = no)。

决策树除了以树的形式表示外,还可以表示为一组IF-THEN形式的产生式规则。决策树中每条由根到叶的路径对应着一条规则,规则的条件是这条路径上所有节点属性值的合取,规则的结论是这条路径上叶节点的类别属性。整棵决策树对应着一组析取规则。

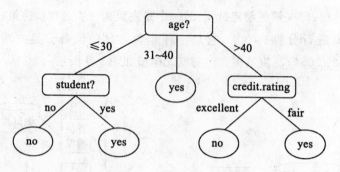

图 9.10 概念 buys_computer 的决策树

例如图 9.10 的决策树可以表示成以下规则集:

Rule1: IF age = "≤30" AND student = "no", THEN buys_computer = "no";

Rule2: IF age = "≤30" AND student = "yes", THEN buys_computer = "yes";

Rule3: IF age = "31…40", THEN buys_computer = "yes";

Rule4: IF age = ">40" AND credit_rating = "excellent", THEN buys_computer = "no";

Rule5: IF age = ">40" AND credit_rating = "fair", THEN buys_computer = "yes"。

与决策树图形相比,规则更简洁,更便于人们理解、使用和修改,可以构成专家系统的基础,因此在实际应用中使用更多的是规则集。

下面,以三江平原湿地识别的应用研究为例,介绍基于决策树的空间数据分类挖掘方法(周春,2008)。

三江平原位于黑龙江省东北部,如图 9.11 所示,地处北纬 43°49′55″~48°27′40″,东经 129°11′23″~135°05′26″之间,总面积 10.89×10^4 kmP^2,是由黑龙江、松花江、乌苏里江以及兴凯湖冲积形成的低平原。

三江平原地处中温带北部,是我国重要的湿地分布区,湿地面积之大,居全国之首,是我国三大内陆沼泽湿地集中分布区之一,并且是全国重要的粮食、大豆生产基地,也是我国沼泽化草甸和沼泽植被分布集中的地区之一。本区天然湿地主要分布在沿黑龙江、松花江、乌苏里江及其支流挠力河、别拉洪河等河流的河漫滩、古河道、阶地上低洼地;各类湖泊众多,如大小兴凯湖、东北泡、大力加湖等及其湖滨洼地。受区域地貌和组成物质的影响,天然湿地的分布具有明显的不均衡性(刘兴土,马学惠,2002)。

数据源来自美国 NASA 的 LP DAAC(land process distributed active archive center)提供的 MODIS V004 版本(经过了数据质量验证可以直接应用)的数据产品:地表反射率 MOD09A1 与植被指数 MOD13A1。根据研究区三江平原的地理位置信息,获取图幅为 H26V04、H27V04 的 MODIS 数据产品 MOD09A1 与 MOD13A1 2000 年全年的影像数据集。利用 MRT 投影转换工具,进行相应的影像拼接、投影转换以及裁剪处理。最终,得到影像大小为 1000×1500,空间分辨率为 500m 的双标准纬线等面积圆锥投影(albers)的 2000

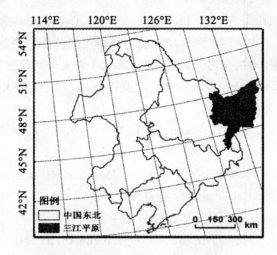

图 9.11 三江平原在中国东北的位置

年两种数据产品的遥感影像数据集。

三江平原湿地以草本沼泽湿地为主,因而,在构建决策树之前,将水体与非植被区这两类较能容易分辨出的类别首先提取出来,以减少其他信息的干扰。

归一化差分植被指数 NDVI 能够很好地反映地面植被情况。云、水、雪在可见光波段比近红外波段有更高的反射作用,因而其 NDVI 值为负值(<0);岩石、裸土在两波段有相似的反射作用,其 NDVI 值近于 0;而在有植被覆盖的情况下,NDVI 为正值(>0),且随植被覆盖度的增大而增大。

从不同时相的 NDVI 直方图信息可以看出,NDVI 随着季相的变化十分显著,高值出现在植物生长旺期,冬季植物衰亡期 NDVI 出现回落。

考虑到植被的生长周期,选择 145 天,即 5 月 25 日到 6 月 9 日的初夏时节,作物大多处于初始的生长期。经过实验以及直方图分析,选择 0.25 为阈值,≥0.25 为植被区,<0.25 为非植被区。

获得非植被区域后,利用掩模方法,将非植被区掩模掉,只对植被区域进行研究。将所选取的样本区的训练数据转换成文本数据,其中,样本分别为:水田 592 个,旱地 562 个,林地 644 个,湿地 735 个,共 2533 个训练数据。采用 Clementine8.0 数据挖掘软件提供的 C5.0 算法进行决策树的构建与分析。C5.0 算法的关键技术在于剪枝与 boosting 技术,针对这两个方面,进行实验分析。boosting 技术就是生成多个分类器,旨在提高分类精度,它首先正常生成一个判定树或规则集作为一个分类器,该分类器对训练集中的有些样例会出错。在第二次生成分类器时主要针对出错的样例,这样生成的分类器会与前一次的有所不同。然而,它同样会产生新的出错样例。以此类推,再生成下一个分类器。生成分类器的数目可以预先设定,而且加入 boosting 的决策树通常需要更长的训练时间。通过实验分析发现 10 个分类器,即 boosting 参数设置为 10,可使正确分类率达到 97% 以上,因而选择 10 个分类器进行决策树的学习。

修剪纯度决定生成决策树或规则集被修剪的程度,即剪枝量的大小。提高修剪纯度值将获得更小、更简洁的决策树。降低纯度值将获得更加精确的决策树。为测试决策树结构与分类精度的关系,对决策树分类器产生树深度(表征分类器的复杂程度)和分类精度进行分析。实验中 boosting 与剪枝的参数均设置为 10,共产生 273 条规则,这里仅列出置信度大于 0.99 的部分决策规则。

Rule1:If NDWI161 ≤ −0.7137 and NDWI 249 − 161 > −0.1339,then 林地(382,0.997);

Rule2:If 161B2 ≤ −7788 and NDVI193 ≤ 0.7538 and NDVI 241 − 145 > 0.1288 and NDWI249 − 161 ≤ −0.1339,then 旱地(412,0.995);

Rule3:If 161B2 ≤ −5.118 then 旱地(267,0.996);

Rule4:If 161B1 ≤ 1.3792 and 161B2 > −0.9710 and 161B3 ≤ 0.6363 and NDWI249 − 161 > −0.0498,then 湿地(396,0.992);

Rule5:If 161B1 > 1.3729 and NDVI241 − 145 > −0.0396,then 林地(565,0.995);

Rule6:If NDWI 161 > −0.4428 and NDWI185 ≤ −0.6592 and NDWI249 − 161 ≤ 0.0871,then 水田(199,0.993)。

其中,NDWI 表示归一化差分水体指数,NDWI161 表示第 161 天的归一化差分水体指数,B1 为 MODIS 数据第一波段的反射率,B2 为第二波段的反射率。每条规则后面的括号部分,如第一条规则的(382,0.997)表示规则 1 所覆盖的样点数为 382 个,置信度为 0.997。例如,对于规则 4,所覆盖的样点数为 396 个,置信度为 0.992。其中 161B1 ≤ 1.3792 表示 161 天开始的 8 天合成的 MOD09A1 陆地地表反射率数据 MNF 变换(最小噪声分离变换)后的第一主成分分量值小于等于 1.3792;161B2 > −0.9710 表示其第二主成分分量值大于 −0.9710;161B3 ≤ 0.6363 表示其第三主成分分量值小于等于 0.6363;NDWI249 − 161 > −0.0498 表示 249 天与 161 天的归一化差分水体指数 NDWI 的差值大于 −0.0498。可以看出决策规则比决策树更简单,更容易理解。

从上述规则发现,NDWI 与 161 天 MOD09A1 的 MNF 变换后前三个主成分分量在分类中贡献度最大,其中水田类别的获取完全是通过 NDWI,这也与其含水量较大有关;湿地信息的提取则与 NDWI、三个主成分分量有密切的联系。

在本实验研究中,旨在利用较少的特征组合,达到较高的湿地提取目的,即寻求表征湿地信息的最佳特征组合模式。Clementine 建立的决策树较为复杂,理解起来较为困难,且将其用来分类影像数据也不太容易,所以在实验建立了不同的决策树后,对各决策树进行了分析与比较,构建了如图 9.12 所示的决策树。

从决策树模型中可以看出,NDWI 时相间的差异(NDWI249 − 161,第 249 天的 NDWI 值减去第 161 天的 NDWI 值)可把地物类型分成两大类型:①水田、旱地的 NDWI 时相差异为一类;②湿地、林地的 NDWI 时相差异为另一类。水体指数 NDWI、161 天的 1~7 个陆地地表反射率的主成分分量在分类中提供了较丰富的信息量。

得到决策树分类结果后,对分类结果进行后处理,包括类别合并、筛选等,得到分类结

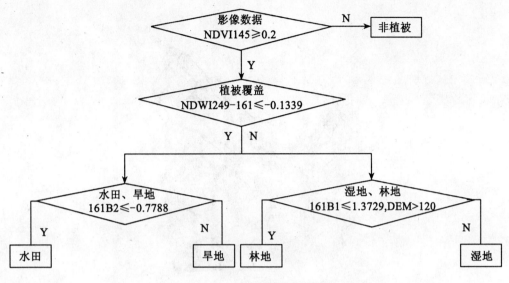

图 9.12 构建的决策树模型

果图。如图 9.13 所示,图 9.13(a)为第二个节点后产生的分类结果,其中耕地包括水田和旱地;图 9.13(b)为最后的分类结果图。图 9.14 为湿地提取结果图,从图中可以发现,湿地多滋生在河流附近比较潮湿的区域。

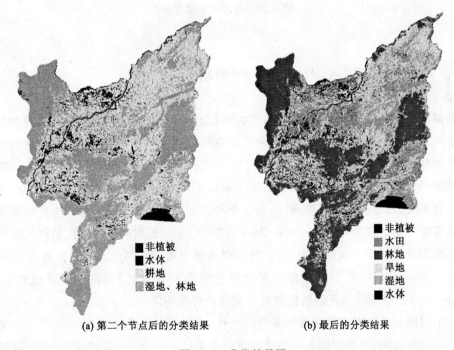

(a) 第二个节点后的分类结果   (b) 最后的分类结果

图 9.13 分类结果图

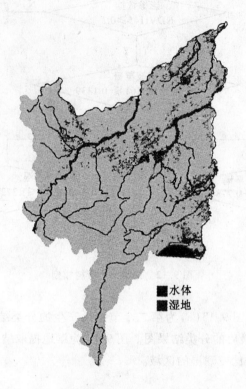

图 9.14 湿地提取结果图

9.6 空间离群点挖掘

离群点通常是一些与数据的一般行为或模型不一致的数据对象。空间离群点是指那些非空间属性值和邻域中其他空间对象的非空间属性明显不同的空间对象,两个空间对象的差异程度通常用相异度来衡量。由于空间数据自身的特殊性,空间离群点一般是局部不稳定的,这种局部意义上的离群点在全局中不一定仍为离群点。空间离群点挖掘在地理信息系统、遥感图像数据勘测、公众安全与卫生、交通控制、基于地理位置的服务等各种领域有着广泛的应用(Shekhar and Chawla, 2003)。局部离群点是指在局部范围内表现与其他数据点表现不一致的观测点,空间离群点属于局部离群点。空间自相关性(spatial autocorrelation)是指每个空间对象的属性受它的空间邻居的影响,空间异质性(spatial heterogeneity)是指不同地区的属性数据的变化趋势是不同的。

每个空间对象具有空间属性和非空间属性,非空间属性是对象固有的,但非空间属性受其空间位置影响,即受空间自相关性和空间异质性的约束。在某些应用领域,该领域专家要通过研究对象在空间属性与非空间属性两方面与其他对象的关系来识别离群点。例如:在遥感影像处理中,当查找某一类型植被的空间分布异常时,其植被类型是非空间属性,而植被的分布位置则是空间属性。又如:政府要调查中等收入住户的分布时,其收入是非空间属性,而住户的位置则属于空间属性。在这些例子中,空间与非空间属性要综合考虑。空间对象经常受到邻近对象的影响,因此空间离群点挖掘只有充分考虑了对象的邻近点的影响才能获得有用的知识(黄添强等,2006)。

空间离群点的挖掘首先出现在空间统计学中,主要方法可分为图形检测和代数检测两类,如变差云图(variogram cloud)法和 Z-Score 法(Shekhar and Chawla, 2003)。但这些方法由于没有考虑空间数据的特点,没有区分空间和非空间属性,其检测效果不佳(薛安荣,鞠时光,2007)。Shekhar 等首先提出将空间属性与非空间属性区分开来的二分算法(Shekhar and Chawla, 2003),并通过对象与其邻域的非空间属性值之差或之比,来消除空间的自相关性,并用该值表示对象与其邻域的偏差。然而该方法未能很好地解决空间的异质性问题,所使用的阈值全局统一,因此挖掘的是全局离群点,不是真正的空间离群点。由于上述算法是针对单维非空间属性的,因此 Lu 等(Lu et al, 2003)及文俊浩等(文俊浩等,2006)提出用 Mahalanobis 距离来解决多维非空间属性的相异度的计算及空间离群点挖掘算法。用 Mahalanobis 距离虽可解决多维属性的相异度度量,但由于使用的阈值仍是全局的,因此挖掘的仍是全局离群点。

Chawla 等同时考虑了空间的自相关性和异质性,用欧氏距离来消除空间对象与其邻域间的自相关性,引入波动参数 β,并用 β 和对象与其邻域的欧拉距离的乘积表示空间局部离群度 SLOM(spatial local outlier measure)。但由于 β 仅由对称分布状况来决定,在空间邻居较少或波动幅度较小的情况下难以准确表现波动情况,因此出现漏检和误检现象。当 β 不起作用时,退化为基于距离的离群点挖掘算法,所求的是全局离群点,不是真正的空间离群点(Sanjay and Sun, 2006)。Kou 等(Kou et al, 2006)在距离计算时考虑了邻居的影响程度,将权重因子加入到距离计算中。薛安荣等(薛安荣,鞠时光,2007)提出基于空间约束的离群点挖掘算法,算法中用计算邻域距离的方法解决空间自相关性约束问题,用计算空间局部离群系数 SLOF(spatial local outlier factor)的方法解决空间异质性约束问题。用对象的邻域距离与邻域中对象的平均邻域距离之比表示空间离群系数,据此挖掘离群点。实验结果表明,在挖掘精度、用户依赖性和计算效率方面取得了比较好的效果。

下面介绍文献(薛安荣,鞠时光,2007)所介绍的离群点检测算法:SLOF 算法。

假设对象集 $O = \{o_1, o_2, \cdots, o_n\}$,由 n 个对象组成,对象 $o \in O$ 的空间属性函数是 $s(o)$,非空间属性函数是 $f(o)$,$f(o)$ 的维度为 d 维,σ_c 表示在指定条件 c 下的空间邻接关系。d 维非空间属性 $f(o)$ 表示为 $(f(o_1), f(o_2), \cdots, f(o_d))$。

对象 o 的空间邻居是指与对象 o 在指定条件 c 下,存在空间邻接关系 σ_c 对象。即 $\forall o \in O, \exists p \in O \backslash \{o\}$,使得 $s(p)\sigma_c s(o)$ 为真,则对象 p 是对象 o 的空间邻居。

对象 o 的空间邻域 $N(o)$ 是指对象 o 的所有空间邻居的集合,即 $\forall o \in O, N(o) = \{p \mid s(p)\sigma_c \mid s(o) = \text{true}, p \in O \backslash \{o\}\}$。

设 $o_i, o_j \in O$,o_i 和 o_j 的 d 维非空间属性是 $f(o_i)$ 和 $f(o_j)$,其中 $f(o_{i_k})$ 和 $f(o_{j_k})$ 是第

$k(k=1,2,\cdots,d)$维规则化属性,且 $0 \leq f(o_{i_k}), f(o_{j_k}) \leq 1$,$w_k$是第 k 维的权值,且 $0 \leq w_k \leq 1$,则数据对象 o_i 和 o_j 之间的加权距离为:

$$\text{dist}(o_i, o_j, w) = \sqrt{\sum_{k=1}^{d} (f(o_{i_k}) - f(o_{j_k}))^2}, \sum_{k=1}^{d} w_k = 1 \tag{1}$$

这里的对象间距离不是对象间的空间距离,而是对象间的 d 维非空间属性距离。根据分析需要,如果不同属性对分析目标的贡献程度不同,则分配的权值也不同,贡献率大的权值大,反之则小,权值一般由领域专家决定。对象间的加权距离的计算:一方面消除了对象间的相关性;另一方面决定两个对象间的偏差,距离越大,对象间的偏差越大。

邻域距离是指对象 o 与空间邻域中所有对象的加权距离的平均值,即

$$\text{dist}(o, N(o), w) = \frac{\sum_{p \in N(o)} \text{dist}(p, o, w)}{|N(o)|} \tag{2}$$

邻域距离表示对象与其邻域在非空间属性上的偏差,邻域距离越大,偏差越大,其离群程度越高。如果将所有对象的邻域距离按降序排列,则邻域距离最高的 m 个对象就是所要检测的 m 个离群点,这是全局意义上的离群点。

由离群点定义可知,对象与邻域中离群点的距离最大,为了消除邻域中离群点对邻域距离计算的影响,避免因离群点的影响致使正常数据被误检为离群点,剔除邻域中与对象的最大距离,因此修改(2)式为:

$$\text{dist}(o, N(o), w) = \frac{\sum_{p \in N(o)} \text{dist}(p, o, w) - \max\{\text{dist}(p, o, w) | p \in N(o)\}}{|N(o)| - 1} \tag{3}$$

邻域距离代表了对象与其邻域的偏差,将邻域距离与其空间邻居进行比较得到对象在局部空间上的偏离程度,即空间局部离群系数。

对象 o 的空间局部离群系数定义为:

$$\text{SLOF}(o) = \frac{\text{dist}(o, N,(o), w)}{\frac{\sum_{p \in N(o)} \text{dist}(p, N,(p), w)}{|N(o)|}} \tag{4}$$

为了避免 SLOF 计算中分母为 0 的情况,设 δ 为非常小的正数,分子、分母同时加上 δ,则(4)式修改为:

$$\text{SLOF}(o) = \frac{\text{dist}(o, N,(o), w) + \delta}{\frac{\sum_{p \in N(o)} \text{dist}(p, N,(p), w)}{|N(o)|} + \delta} \tag{5}$$

SLOF 表示对象在局部空间上的离群程度;计算所有对象的 SLOF,并按降序排列,离群度最大的前 m 个对象就是所求的空间离群点。可以证明只要 δ 取足够小,就能保证加 δ 后不改变 SLOF 的原有顺序。

这样利用邻域距离解决了空间自相关性问题,利用 SLOF 解决了空间异质性问题,而利用 SLOF 的顺序解决了离群点的判断问题。

由于在(1)~(4)式的计算中,所有非空间属性均规则化到[0,1]区间上,因此有 $\frac{\delta}{d+\delta}$ ≤SLOF(o)≤ $\frac{d+\delta}{\delta}$,δ的取值将决定 SLOF 的取值范围,但 δ 只要足够小,就不影响 SLOF 的顺序。当 SLOF(o)≤1 时,对象 o 是正常对象,随着 SLOF 值的增大,其离群度增大,只有当 SLOF>1 时,对象才可能是离群点。

随着传感器设备技术的发展,数据采集设备的数量越来越多,精度越来越高,因此数据量越来越大,维数越来越高,提高算法的有效性及计算的高效性仍然是空间离群点挖掘算法的发展方向。

9.7 空间数据挖掘软件系统

随着空间数据挖掘的理论、方法和应用的发展,空间数据挖掘的科研人员逐步开发出了相关的空间数据挖掘软件系统。空间数据挖掘软件系统一般来说应该包括以下功能:数据预处理、联机分析处理、空间关联规则挖掘、聚类分析、分类分析、序列分析、偏差分析、可视化显示、知识库的管理以及基于知识的应用等模块等。根据空间数据的类型,又可以分为基于 GIS 数据的 GIS 数据挖掘原型系统,如 GeoMiner(Han et al,1997),GISDBMiner(李德仁等,2006);基于一般图像以及其他多媒体数据(视频、音频)的多媒体数据挖掘系统,如 MultiMediaMiner(Zaiane et al,1998);以及基于遥感图像的遥感图像数据挖掘软件原型系统,如 RSImageMiner(李德仁等,2006)。

由于空间数据挖掘技术目前还处于理论研究和试验探讨阶段,对于空间数据挖掘软件系统的开发只能采取原型系统开发的策略,通过软件原型系统的开发,进一步明确空间数据挖掘软件系统的目的和要求,为进一步的研究和开发提供基础。

空间数据挖掘软件原型系统的开发策略可以分成两种方式:

(1)基于某种 GIS 软件或遥感图像处理软件进行二次开发。这种开发方式可以充分利用原有系统的功能,如 GIS 系统本身所提供的丰富的空间图形的显示、空间分析、专题图生成等功能;遥感图像处理系统所提供的基本图像处理功能,以及图像增强、分类、纠正等功能。采取这种开发方式可以把重点集中在空间数据挖掘的算法的实现上,缺点是不够灵活,且对底层软件系统的依赖性很强。

(2)直接从底层进行开发。所有的功能都直接从底层开发,优点是灵活方便、可以根据需要进行系统的灵活设计和开发,并且可以形成具有自主版权的软件。缺点是开发的工作量很大。

这里介绍国内外的部分空间数据挖掘软件原型系统的开发策略和系统特点。

1. GeoMiner 空间数据挖掘软件原型系统

GeoMiner 系统是由加拿大西蒙弗雷泽大学(Simon Fraser University)的数据库系统研究实验室,计算机科学学院联合开发的主要是基于 GIS 数据的空间数据挖掘软件原型系统。GeoMiner 是在关系型数据挖掘系统 DBMiner 的基础上结合空间数据挖掘的理论和技术进行开发的,主要是进行空间数据库的三种规则的挖掘:特征规则、比较规则、关联规则,并且包括分类规则挖掘模块、聚类规则挖掘模块以及预测分析模块等。空间数据库是基于 SAND(spatial and nonspatial data,空间与非空间数据)的结构进行构建的。GeoMiner 包括空间数据立方体的构建、空间联机分析处理(OLAP)以及空间数据挖掘与知识发现三大部分。并且,为了进行空间数据挖掘,设计和实现了一种空间数据挖掘语言:GMQL(geo-mining query language),即空间数据挖掘查询语言,此外,还设计了一个友好的用户接口界面,可以方便灵活地进行空间数据挖掘以及空间知识的可视化表达。

GeoMiner 系统的总体结构包括:①一个图形化的用户接口,用于进行交互地挖掘,以及以表格、图表、图形等方式可视化地显示数据挖掘的结果。②提供了一系列的知识发现模块,包括 5 个已经存在的模块:特征规则挖掘、比较规则挖掘、分类规则挖掘、空间聚类分析以及空间关联规则挖掘以及两个计划开发的模块:空间预测工具、空间模式分析。③提供了一个空间数据库服务工具。④一个数据立方体挖掘引擎。⑤数据和知识库,用于存储非空间数据、空间数据以及概念层次知识。GeoMiner 系统的总体结构如图 9.15 所示。

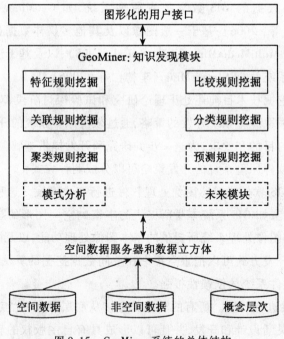

图 9.15 GeoMiner 系统的总体结构

(1)特征规则挖掘:该模块从空间数据库中一系列相关的数据中,在多个层次上挖掘出特征规则。它为用户提供了数据库中数据的多层次、多角度的视角。例如,使用该模块可以回答以下问题:描述美国的行政区划的空间层次,根据区域的划分,描述一下收入的总体模式。

(2) 比较规则挖掘:该模块比较数据库中的相关数据的不同类型的一般特征。它可以对一系列数据进行比较,一部分是目标类,一部分是对比类。例如,该模块可以显示不同的美国移民模式之间的区别;或者找出可以区分盈利型商场与非盈利型商场与位置相关的特征。

(3) 空间关联规则:该模块从空间数据库的一系列相关数据中找出一系列的强关联规则。空间关联规则反映的是空间数据库中数据项之间频繁出现的模式。

(4) 空间聚类分析:该模块寻找与非空间描述相关的空间位置点的聚类。它使用了一种有效的算法 CLARANS(clustering LARge applications)来进行空间聚类分析。然后,使用面向属性的归纳方法寻找不同聚类类型的非空间描述。例如,利用该模块可以找出商场的聚类情况,然后挖掘出每个聚类的描述,并为每个聚类找出合适的市场策略。

(5) 空间分类分析:该模块通过一种基于概括的决策树归纳的改进算法来建立决策树,从而根据非空间属性进行分类。该分类树可以进行可视化显示,用户可以通过点击决策树的每个节点,高亮显示地图上的相应区域。例如,可以根据美国每个州的中等收入家庭的收入情况对各个州进行分类。

2. MultiMediaMiner:多媒体数据挖掘原型系统

MultiMediaMiner 是由加拿大西蒙弗雷泽大学(Simon Fraser University)的数据库系统研究实验室开发的,从大量的多媒体数据库中挖掘出高层的多媒体信息和知识的空间数据挖掘软件原型系统。该系统包括多媒体数据立方体的构建的功能,主要是基于多媒体数据的可视化的内容进行多种知识的挖掘,包括:总结型知识、比较型知识、分类型知识、关联规则知识和聚类分析知识。

MultiMediaMiner 系统是在基于关系型数据的联机分析数据挖掘系统 DBMiner 以及基于内容的图像检索的系统 C-BIRD 的基础上进行开发的。DBMiner 系统应用了多维数据库结构(Han et al, 1997)、面向属性的归纳、多层关联分析、统计数据分析以及其他的从关系数据库和数据仓库中挖掘出不同的规则的机器学习方法。C-BIRD 系统包括四个主要部分:①图像获取器,从多媒体数据库中抽取图像或视频数据;②预处理模块,进行图像特征抽取,并将这些预处理的结果数据存储在数据库中;③友好的用户接口系统;④匹配查询结果的搜索模块。MultiMediaMiner 系统的总体结构图如图 9.16 所示。

所收集的每一幅图像,包含了一些描述性信息。原始图像并不直接存储在数据库中,只是存储它的特征描述信息。描述信息包含以下字段:图像文件名、图像的 URL,图像的类型、与此图像相关的网页的地址列表等,以及一个用于提供用户接口的缩微图。特征描述是一系列反映可视化特征的特征矢量。

MultiMediaMiner 系统的挖掘模块包括四个主要功能模块:特征挖掘模块、比较分析模块、分类分析模块、关联规则挖掘模块。这些模块的功能描述如下:

1) MM-Characterizer:特征挖掘模块

该模块对多媒体数据库中的相关数据,在多个抽象层次上发现一系列的特征规则。

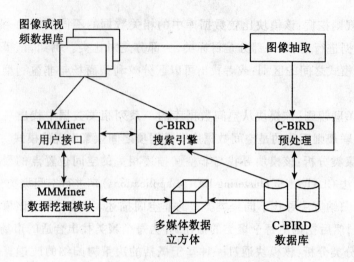

图 9.16 MultiMediaMiner 系统结构图

它利用"上滚"和"下钻"的方法为用户提供多个视角来分析数据。例如,该模块可以对视频数据基于某个主题描述图像序列的一般特征,该主题可能是某个概念层次上的具有高层语义的关键词。用户可以沿着主题维进行"下钻"从而发现基于某个具体主题的图像序列的具体特征。

2) MM-Comparator:比较分析模块

该模块对多媒体数据库中的相关数据的不同类的特征进行比较,从而发现一系列的比较型特征。它比较和区别目标类和对比类之间的一般特征。例如,该模块可以比较某个时期的服务于商业目的的视频数据与服务于教育目的的视频数据的特点的不同。

3) MM-Associator:关联规则挖掘模块

该模块从图像数据库或视频数据库中的相关数据中找出一系列的关联规则。关联规则显示的是数据库的数据项之间频繁出现的模式。例如,该模块可以挖掘出这些规则:"如果一幅图像较大,并且与天空有关,则该图像是蓝色的,且可能性为 68%。"

4) MM-Classifier:图像分类模块

该模块根据预先提供的类的信息,对多媒体数据进行分类,分析结果是产生多媒体数据的一种分类以及每一类的描述。

3. SKICAT:天体图像目录编辑和分析工具

由喷气推进试验室的 Fayyad 博士领导的开发小组正在开发一套从图像集中发现知识的系统,即天体图像目录编辑和分析工具(sky image cataloging and analysis tool, SKICAT),这套系统主要用来研究天文学图像,该系统利用 GID3* 和 O-Btree 等算法自动产生决策树,根据决策树产生分类规则,从而对天文图像中的对象进行分类(Fayyad et al, 1993)。

4. 空间数据挖掘工具——GISMiner

中国科技大学自动化系与中科院合肥智能机械研究所合作开发了适用于地理信息系

统的空间数据挖掘工具——GISMiner,该工具将常用于关系型、事务型数据库的面向属性归纳的方法和关联规则挖掘方法扩展至空间数据库。并将其应用于从农田 GIS 中挖掘农田使用情况的空间特征规则,以及从农产品市场 GIS 中挖掘农产品价格与铁路、国道和河流间的空间关联规则的实验(袁红春等,2002)。

5. GISDBMiner:GIS 数据挖掘软件原型系统

武汉大学空间数据挖掘研究组提出了一种面向 GIS 数据的空间数据挖掘与知识发现系统的结构(邸凯昌,2000),如图 9.17 所示。图中单线箭头方向为控制流,实心箭头方向为信息流。从图中可以看出,知识发现同空间数据库管理是密切联系的,用户发出知识发现命令,知识发现模块触发空间数据库管理模块从空间数据库中获取感兴趣的数据,或称为与任务相关的数据,知识发现模块根据知识发现要求和领域知识从与任务相关的数据中发现知识,发现的知识提供给用户应用或加入到领域知识库中,用于新的知识发现过程。一般来说,知识发现要交互地反复进行才能得到最终满意的结果,所以,在启动知识发现模块之前,用户往往直接通过空间数据库管理模块交互地选取感兴趣的数据,用户看到可视化的查询和检索结果后,逐步细化感兴趣的数据,然后再开始知识发现过程。

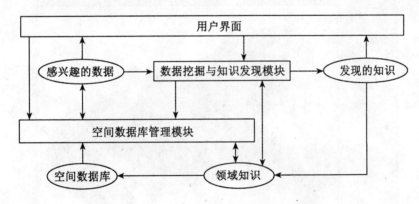

图 9.17　GIS 空间数据挖掘系统的体系结构图

在开发知识发现系统时,有两个重要的问题需要考虑和作出选择:①自发地发现还是根据用户的命令发现。自发地发现会得到大量不感兴趣的知识,而且效率很低,根据用户命令执行则发现的效率高、速度快,结果符合要求。一般应采用交互的方式,对于专用的知识发现系统可采用自发的方式。②KDD 系统如何管理数据库,即 KDD 系统本身具有 DBMS 功能还是与外部 DBMS 系统相连。KDD 系统本身具有 DBMS 的功能,系统整体运行效率高,缺点是软件开发工作量大,软件不易更新。KDD 系统与外部 DBMS 系统结合使用,整体效率稍低,但开发工作量小,通用性好,易于及时吸收最新的数据库新技术成果。由于 GIS 系统本身比较复杂,在开发 SDM 工具时应在 GIS 系统之上进行二次开发。

根据对上述两个问题的考虑,提出下列开发空间知识发现系统的建议。用通用 GIS 的二次开发工具及 Visual Basic 或 Visual C++在 Windows2000 环境下开发,采用 ODBC 标准及 OLE、DLL 编程技术提高软件的通用性和开放性。支持常用的标准数据格式。

SDM系统可单独使用,也可作为插件式(PlugIn)软件附着在GIS系统之上使用,或者SDM系统本身就是未来智能化GIS系统的有机组成部分。知识发现算法可自动地执行,又要有较强的人机交互能力。用户可定义感兴趣的数据子集,提供背景知识,给定阈值,选择知识表达方式等。若不提供所需参数,则自动地按缺省参数执行(邸凯昌,2000)。

根据以上开发原则,并参考了GeoMiner的开发策略,武汉大学的研究人员设计和开发了基于GIS空间数据的空间数据挖掘软件原型系统GISDBMiner,该软件原型系统是针对GIS数据挖掘进行设计和开发的,利用VB和MapObjects 2.0控件作为开发工具,空间图形数据以文件的形式存放,与空间图形相关的属性数据存放在ACCESS数据库或SQLServer数据库中,通过ODBC建立数据库的统一连接。以湖北省的行政区图及其社会经济数据:如国内生成总值、人口、在岗职工数、平均工资、固定资产投资、市政财政收入、市政财政支持等数据为例进行数据挖掘和知识发现软件原型系统的设计和开发。系统的主界面图如图9.18所示。

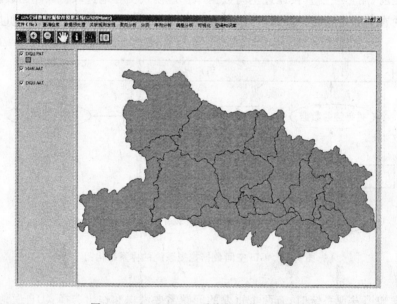

图9.18 GISDBMiner系统的主菜单界面图

GISDBMiner空间数据挖掘软件原型系统包括以下功能模块:数据预处理模块、关联规则发现模块、聚类分析模块、分类分析模块、序列分析模块、偏差分析模块、可视化模块、空间知识库模块等。关联规则模块使用Apriori算法和基于概念格的算法;聚类分析模块使用的是K均值聚类算法和概念聚类算法;分类分析模块使用决策树分类法和神经网络分类法。还计划开发序列分析模块、偏差分析模块、可视化模块、空间知识库模块等。

6. RSImageMiner:遥感图像数据挖掘软件原型系统

遥感图像数据挖掘软件原型系统(RSImageMiner)的功能是通过对遥感图像的内容(光谱、纹理、形状、空间分布)进行挖掘,生成规则形式表达的知识,然后利用这些知识为遥感图像的自动解译和自动分类以及遥感图像的智能化检索等遥感图像的智能化处理任务服务,而如何从这些图像数据中挖掘出这些知识是目前迫切需要解决的问题。因此,根据遥感图像的内容对遥感图像进行挖掘,并设计了空间知识的管理模块以及空间知识的应用模块,即:基于知识的分类模块、基于知识的图像检索模块、基于知识的目标识别模块,系统的结构图如图9.19所示。在进行遥感图像数据的内容挖掘的过程中,所使用的数据挖掘算法主要是基于概念格的数据挖掘方法。

在 Windows2000 平台上,应用 VC6.0 进行系统的开发,数据库管理模块目前使用的是 Access(计划以后使用 SqlSever)数据库管理系统进行图像特征数据、图像数据的存储,知识库也是设计成数据库的形式存储在 Access 数据库中。

本系统被划分为以下几个子模块:光谱特征知识挖掘、纹理特征知识挖掘、形状特征知识挖掘、空间分布规律挖掘、知识库、基于知识的分类、基于知识的图像检索、基于知识的目标识别共 8 个子模块。各模块的功能介绍如下:

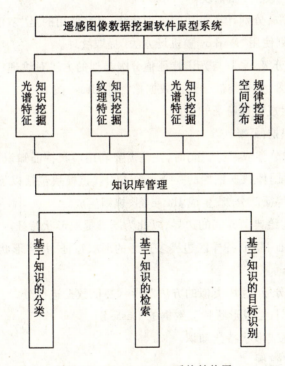

图 9.19 RSImageMiner 系统结构图

1)光谱特征知识挖掘

该功能模块包括获取样区光谱值、光谱值分级、生成 Hasse 图、规则生成四个子模块。

(1)获取样区光谱值:首先勾绘典型样区,获取该样区在各波段的光谱值,例如使用 TM 图像,则分别获取各波段的光谱值。然后在随后弹出的对话框中确定地物类型。

(2)光谱值分级:由于在使用基于概念格的数据挖掘方法进行规则挖掘时,不能直接对连续的数值型数据直接进行挖掘,因此将数据库中的所有记录的每个波段的值划分为

n 个等级,例如划分 4 个等级,则将 TM_1 字段的值划分为 TM_{11},TM_{12},TM_{13},TM_{14} 共四个区间,类似地划分其他 5 个波段值的区间,然后计算每条记录的相应值应该落在哪个区间。

(3)生成 Hasse 图:生成光谱分级数据的 Hasse 图。

(4)规则生成:基于概念格的数据挖掘算法的核心算法之一就是 Hasse 图的生成,Hasse 图可以生动简洁地表达数据间的关系,可以作为关联规则挖掘的自然基础,通过 Hasse 图中节点之间的包含关系和被包含关系,可以方便地生成蕴涵关联规则。点击该菜单,生成关联规则。

2)纹理特征知识挖掘

在遥感图像中,不同地物类型具有不同的纹理,可以对这些纹理特征知识进行挖掘。该模块包括以下几个部分:划分图像块、纹理特征提取、纹理特征值分级、生成 Hasse 图、规则生成。

(1)划分图像块:纹理特征反映的是某个区域的纹理特征,因此在进行特征提取前,按照一定的格网大小先划分图像块。

(2)纹理特征提取:分别计算每块的纹理特征,目前使用的是"灰度共生矩阵方法"进行纹理特征提取,计划使用"Markov 随机场方法"提取纹理。

(3)纹理特征值分级:采取与光谱特征值分级类似的方法对纹理特征值进行分级。

(4)生成 Hasse 图:生成类似于光谱数据挖掘的 Hasse 图。

(5)规则生成:生成纹理特征知识。

3)形状特征知识挖掘

在进行遥感图像分类或目标识别时,往往需要利用形状特征知识,因此对形状特征知识进行挖掘也是遥感图像数据挖掘的一个重要方面。该模块包括以下子模块:边界提取、提取形状特征、形状特征值分级、生成 Hasse 图、规则生成。

(1)边界提取:勾绘典型样区的边界,以此为基础提取形状特征。

(2)提取形状特征:提取各样区边界多边形的形状特征,并将形状特征存放在数据库中。

(3)形状特征值分级:利用类似的方法对形状特征数据进行分级。

(4)生成 Hasse 图:生成形状特征数据的 Hasse 图。

(5)规则生成:生成形状特征知识。

4)空间分布规律挖掘

在遥感图像数据中,各地物类型之间具有不同的空间关系和空间分布规律,挖掘出这些空间分布规律知识,可以为智能图像检索服务。该模块包括划分图像片、添加图像注记、入库、Hasse 的生成、规则生成共 5 个子模块。

(1)划分图像片:点击该菜单,按照一定的格网大小将图像划分为图像片。

(2)添加图像注记:点击"添加图像注记"子菜单,对新的待研究图像,对各图像分片按照前述方法,进行光谱特征分析、纹理特征分析、形状特征分析,自动对图像的内容进行判别,进行图像内容的注记。

(3)入库:点击"入库"子菜单,将该图像的各分片图像的图像内容和它的 8 邻域的图像的内容自动添加入数据库。根据各图像片的内容及其 8 邻域图像片的内容,利用基于概念格关联规则挖掘算法进行关联规则挖掘。

(4) Hasse 图的生成:生成基于空间关系的数据的 Hasse 图。

(5)规则的生成:生成反映空间分布规律的关联规则。

5)知识的管理

对于使用前面的各方法所挖掘出的空间知识,需要进行统一的管理,设计了知识库管理模块。该模块包括添加知识、删除知识、知识查询、知识推理共 4 个模块。对空间知识进行统一的管理。

6)基于知识的分类

该模块是遥感图像数据挖掘的应用模块之一,基于前述方法所挖掘的遥感图像知识进行知识辅助下的遥感图像分类。

7)基于知识的图像检索

该模块是遥感图像数据挖掘的应用模块之一,基于前述方法所挖掘出的遥感图像知识,进行知识辅助下的图像检索,例如我们给定一个抽象层次较高的检索要求,如"检索出环境条件好的居民地",我们首先将该查询条件转换为简单的空间关系,即居民地周围绿地较多、有部分水体,交通方便(居民地周围道路比较多),转换成这些具体的空间关系知识,因此就可以利用"空间分布规律挖掘"模块所挖掘出的空间分布规律知识完成以上检索任务。又如,如果要求检索出抽象层次较高的语义关键词,如"水体",计算各图像片的光谱特征、纹理特征、形状特征,然后与知识库中的水体的光谱特征知识、纹理特征知识、形状特征知识进行匹配处理,然后检索出所有满足这些知识的图像片。

8)基于知识的目标识别

由于目标识别主要是针对高分辨率图像而言的,所以该模块主要是处理高分辨率图像,本原型系统以 IKNOS 图像为例进行设计和开发。

该模块具体包括"知识学习"、"特征定位"、"目标定位"三个步骤。

(1)知识学习:例如,为了自动识别"车辆"这种目标。与车辆相关的知识有:车辆主要在公路上行使、部分车辆停在建筑物附近,这类知识可以根据人的经验来获取,也可以通过数据挖掘的方法来进行自动发现,在本原型系统中采取自动发现知识的方法寻找汽车与其他类型的目标的关联关系,利用"空间分布规律挖掘"模块的功能,首先对图像进行分类,划分为公路、绿地、居民地、水体等,然后选择有车辆的典型样区,挖掘出车辆与其他类型的目标之间的关联关系。

(2)特征定位:在影像分析中,特征具有非常重要的意义,而角点与边缘、形状一起作为影像的三个最重要的特征之一,在目标的定位中亦具有非常重要的作用。因此,在我们的原型中,角点是作为很重要的特征被用于目标定位的,通过角点的定位自动确定目标的特征点,从而进行特征定位。

(3)目标定位:学习了相应的知识后,紧接着的工作就是目标的定位。在进行目标定位的过程中，基于以上知识的辅助，可以快速准确地识别目标。

目前，一些基于结构化良好的关系型数据库(数据仓库)的数据挖掘软件发展得相对比较成熟，并且在商业领域已经得到了很好的应用，并且已经嵌入到大型商业型数据库管理系统，如 SQL Server, Oracle 等都带有数据挖掘和数据仓库模块。相对而言，空间数据挖掘软件原型系统还处于理论探讨和试验探索阶段，主要是在进行软件原型系统的设计和开发，还有很多的缺憾，甚至还会有一些错误，离实用化阶段还有一定的距离，但是一些空间数据挖掘的研究者们仍然孜孜以求，力求为推动空间数据挖掘的理论和技术的实用化，为促进遥感图像的智能化处理以及 GIS 的智能化处理而艰苦探索。

思 考 题

1. 简述空间数据挖掘的定义。
2. 简述空间数据挖掘的主要内容和方法。
3. 简述空间关联规则挖掘方法。
4. 简述空间聚类挖掘方法。
5. 简述空间分类挖掘方法。
6. 简述空间离群点挖掘方法。
7. 简述空间数据挖掘的常用软件系统？

参 考 文 献

蔡之华,李宏,胡军. 2003. 空间分类规则挖掘的一种决策树算法. 计算机工程, 29(11): 74-75.

陈述彭. 2007. 地球信息科学. 北京: 高等教育出版社.

戴晓燕,过仲阳,李勤奋,吴健平. 2003. 空间聚类的研究现状及其应用. 上海地质. (4): 41-46.

邸凯昌. 2000. 空间数据挖掘与知识发现. 武汉: 武汉大学出版社.

黄添强,秦小麟,王钦敏. 2006. 空间离群点的模型与跳跃取样查找算法. 中国图像图形学报, 11(9): 1230-1236.

李德仁,王树良,史文中,王新洲. 2001. 论空间数据挖掘和知识发现. 武汉大学学报(信息科学版), 26(6): 491-499.

李德仁,王树良,李德毅,王新洲. 2002. 论空间数据挖掘和知识发现的理论与方法. 武汉大学学报(信息科学版), 27(1): 221-233.

李德仁,王树良,李德毅. 2006. 空间数据挖掘理论与应用. 北京: 科学出版社.

刘君强,潘云鹤. 2003. 挖掘空间关联规则的前缀树算法设计与实现. 中国图像图形学报, 8(4): 476-480.

刘兴土,马学惠. 2002. 三江平原自然环境变化与生态发育. 北京: 科学出版社.

马荣华,蒲英霞,马小冬. 2007. GIS 空间关联模式发现. 北京: 科学出版社.

裴韬,杨明,张讲社等. 2003. 地震空间活动性异常的多尺度表示及其对强震时空要素的指示作用．地震学报，25(3)：280-290.

秦承志，裴韬，周成虎等．2003．震级加权四指标 Blade 算法及在地震带识别中的应用．地震，23(2)：59-69.

秦昆．2004．基于形式概念分析的图像数据挖掘研究(博士学位论文)．武汉：武汉大学．

秦昆．王新洲，张鹏林，傅晓强．2005．图像数据挖掘软件原型系统的设计与开发，测绘信息与工程，30(6)：1-2.

苏奋振．2001．海洋渔业资源时空动态研究(博士学位论文)．北京：中国科学院地理研究所．

苏奋振，杜云艳，杨晓梅等．地学关联规则与时空推理应用．地球信息科学，2004，6(4)：66-70.

唐理兵，倪志伟，李学俊，马猛．2005．基于交叉覆盖设计算法的空间分类挖掘．微机发展，15(4)：43-45.

王树良．2002．基于数据场和云模型的空间数据挖掘和知识发现(博士学位论文)．武汉：武汉大学．

王树良．2008．空间数据挖掘视角．北京：测绘出版社．

王劲峰．2006．空间分析．北京：科学出版社．

汪闽，周成虎，裴韬等．2002．一种带控制节点的最小生成树聚类方法．中国图像图形学报，7(8)：765-770.

汪闽，周成虎，裴韬等．2003．一种基于数学形态学尺度空间的线性条带挖掘方法．高技术通讯，13(10)：20-24.

文俊浩，吴中福，吴红艳．2006．空间孤立点检测．计算机科学，33(5)：185-187.

薛安荣，鞠时光．2007．基于空间约束的离群点挖掘．计算机科学，34(6)：207-210.

袁红春，熊范纶，杭小树，张友华．2002．一个适用于地理信息系统的数据挖掘工具——GISMiner．中国科学技术大学学报，32(2)：217-224.

张雪伍，苏奋振，石忆邵，张丹丹．2007．空间关联规则挖掘研究进展．地理科学进展，26(6)：119-128.

周春．2008．多时相遥感数据的决策树分类研究(硕士学位论文)．武汉：武汉大学．

Appice A, Buono P. 2005. Analyzing Multi-level Spatial Association Rules Through a Graph-Based Visualization. In Proc. Innovations in Applied Artificial Intelligence. Springer Berlin/Heidelberg, 3533：448-457.

Bembenik R, Rybinski H. 2006. Mining Spatial Association Rules with No Distance Parameter. In Proc. Intelligent Information Processing and Web Mining. Springer Berlin/Heidelberg, 35：499-508.

Burl M C, Fowlkes C, Roden J. 1999. Mining for Image Content, In Systemics, Cybernetics, and Informatics / Information Systems：Analysis and Synthesis, Orlando, FL, July 1999：1-9.

Ceci M, Appice A, Malerba D. 2004. Spatial associative classification at different levels of granularity：A probabilistic approach. Knowledge Discovery in Databases：Pkdd 2004, Proceedings. Springer Berlin/Heidelberg, 3202：99-111.

Datcu M, Seidel K, Pelizarri R, Schroeder M, Rehrauer H, Palubinskas G, Walessa M. 2000. Image Information Mining and Remote Sensing Data Interpretation, IEEE Intern. Geoscience and Remote Sensing Symposium IGARSS 2000, July 2000：3057-3060.

Duda R O, Hart P E, Stork D G. . 2004. 模式分类(英文版．第2版)．北京：机械工业出版社．

Ester M, Kriegel H P, Sander J. 1997. Spatial data mining: A database approach, in Advances in Spatial Databases, 1262: 47-66.

Ester M, Frommelt A, Kriegel H P, Sander J. 2000. Spatial Data Mining: database primitives, algorithms and efficient DBMS support. Data Mining and Knowledge Discovery, 4: 193-216.

Fayyad U, Weir Nicholas, Djorgovski S. 1993. Automated Analysis of a Large-Scale Sky Survey: The SKICAT System. In Proc. 1993 Knowledge Discovery in Databases Workshop, Washington, D. C., July 1993: 1-13.

Francesca A L, Donato M. 2004. Inducing Multi-Level Association Rules from Multiple Relations. Machine Learning, 55(2): 175-208.

Ge Y, Du YY, Cheng Q M, Li C. 2006. Multifractal Filtering Method for Extraction of Ocean Eddies from Remotely Sensed Imagery. Acta oceanologica Sinica, 25(5): 27-38.

Han J, Chiang J, Chee S, Chen J et al. 1997. DBMiner: A system for data mining in relational databases and data warehouses. In Proc. CASCON'97: Meeting of Minds, pages 249-260, Toronto, Canada, November 1997.

Han J, Koperski K, Stefanovic N. 1997. GeoMiner: a system prototype for spatial data mining. Proceedings of the 1997 ACM SIGMOD international converence on management of data, Tucson, Arizona, United States, pp. 553-556.

Han J. Kamber M. 2001. Data Mining: Concept and Technologies, San Fransico: Academic Press.

Hansen M, Dubayah R, DeFries R. 1996. Classification trees. An alternative to traditional land cover classifiers. International Journal of Remote Sensing, 17: 1075-1081.

Hawkins D. 1980. Identification of Outliers. London: Chapman and Hall.

He Y B, Ramachandran R, Nair U J, Keiser K, Conover H, Graves S J. 2002. Earth Science Data Mining and Knowledge Discovery Framework, SIAM International Conference on Data Mining, Arlington, VA, 11 - 13.

Kaufman L, Rousseew P J. 1990. Finding Groups in Data: An Introduction to Cluster Analysis. New York: John Wiley & Sons.

Knorr E M, Raymond T Ng. 1996. Finding aggregate proximity relationships and commonalities in spatial data mining. IEEE transaction on knowledge and data mining, 8(6): 884-897.

Koperski K, Han J. 1995. Discovery of spatial association rules in geographic information databases. Lecture Notes In Computer Science, 951: 47-66.

Koperski K, Adhikary J, Han J. 1996. Spatial data mining: process and challenges survey papers. SIGMOD'96 Workshop on Research Issues on Data Mining and Knowledge Discovery (DMKD'96), Montreal, Canada, June.

Koperski K, Han J, Stefanovic N. 1998. An efficient Two- Step Method for Classification of Spatial Data. In: Proc 8th Symp Spatial Data Handing. Vancouver, Canada: [s. n.]: 45-55.

Kou Y, Lu C T, Chen D. 2006. Spatial Weighted Outlier Detection. In: the2006 SLAM Conference on Data Mining. Bethesda, Maryland, pp. 613-617.

Li D R, Cheng T. 1994. KDG-Knowledge discovery from GIS. Proceedings of the Canadian Converence on GIS, Ottawa, Canada, June 6-10: 1001-1012.

Lu C T, Chen D, Kou Y. 2003. Detecting Spatial Outliers with Multiple Attributes. Proceedings of the 15th IEEE International Conference on Tools with Artificial Intelligence (ICTAI'03). Sacramento: 122-128.

Miller H J, Han J. 2001. Geographic Data Mining and Knowledge Discovery. London: Taylor & Francis.

Murray A T, Shyy T K. 2000. Integrating attribute and space characteristics in choropleth display and spatial data mining. International Journal of Geographical Information Science, 14 (7): 649-667.

Pei T, Zhu A X, Zhou C H, Li B L, Qin C Z. 2006, A new approach on nearest-neighbour method to discover cluster features in overlaid spatial point processes. International Journal of Geographical Information Sciences. V. 20, 153-168.

Sanjay C, Sun P. 2006. SLOM: a new measure for local spatial outliers. Knowledge and Information Systems, 9(4): 412-429.

Shekhar S, Huang Y. 2001. Discovering spatial co-location patters: a summary of results. In: Processdings of 7th International Symposium on Spatial and Temporal Databases, 236-256.

Shekhar S, Chawla S. 2003. A Tour of Spatial Databases. Upper Saddle River, N. J. : Prentice Hall.

Shekhar S, Lu C T, Zhang P. 2003. A Unified Approach to Spatial Outliers Detection. GeoInformatica, 7(2):139-166.

Steinbach M, Tan P N, Kumar V, Potter C, Klooster S, Torregrosa A. 2001. Clustering Earth Science Data:Goals, Issues and Results. In Proceedings of the Fourth KDD Workshop on Mining Scientific Datasets, San Francisco, California, USA.

Tesic J, Newsam S, Manjunath B S. 2002. Scalable Spatial Event Representation. IEEE International Conference on Multimedia and Expo (ICME), Lausanne, Switzerland, August 2002: 1-4.

Wang J F, Christakos G, Han W G & Meng B. 2008. A data-driven approach to explore associations between the spatial pattern, time process and driving forces of SARS epidemic. Journal of Public Health, 30(3): 234-244.

Zaiane O R, Han J, Li Z N, Chee S H, Chiang J Y. 1998. MultiMediaMiner:A System Prototype for MultiMedia Data Mining, Proceedings of ACM SIGMOD International Conference on Management of Data.

第 10 章 智能体与空间信息处理

10.1 智能体与分布式人工智能

10.1.1 分布式人工智能

分布式人工智能(distributed artificial intelligence,DAI)涉及协调的智能行为,即:一组分散的、松散耦合的智能机构协调其知识、技能、目标和规划,以采取行动或求解问题。所有智能机构朝着一个总体目标,或者是朝着各自有相互作用的目标而工作,从而构建合作的智能机构并组成协调的智能系统的问题,称为分布式人工智能(祝明发,1990)。

近代计算机通信、计算机网络、计算机信息处理的发展以及经济、社会和军事领域对信息技术提出的更高要求,促进了分布式人工智能(DAI)的开发与应用。分布式人工智能系统能够克服单个智能系统在资源、时空分布和功能上的局限性,具备并行、分布、开放和容错等优点,因而获得了很快的发展,得到越来越广泛的应用(蔡自兴,徐光祐,2003;2004)。

分布式人工智能的研究源于 20 世纪 70 年代末期,其研究重点经历了从分布式问题求解(distributed problem solving,DPS)到多 agent 系统(multi-agent systems,MAS)的变迁,这是对 DAI 研究中遇到问题的研究不断深入到其基础的结果,也反映出整个 AI 研究和计算机科学中对于集体行为和社会性因素的重视。DAI 研究主要分为 DPS 和 MAS 两个方面。早期的 DAI 研究主要是 DPS 研究,即构造分布系统来求解特定的问题。研究的重点在于问题本身以及分布系统求解的一致性、稳健性和效率,并假设个体 agent 的行为是可以预先定义好的,这样就难以为社会系统建模。MAS 系统基于理性 agent 的假设,与协调一组半自治 agent 的智能行为有关,研究重点在于 agent 以及 agent 之间的交互,即 Agent 为了联合采取行动或求解问题,如何协调各自的知识、目标、策略和规划(石纯一等,1991)。

分布式人工智能具有如下特点(蔡自兴,徐光祐,2003;2004):

(1)分布性:整个系统的信息,包括数据、知识和控制等,无论是在逻辑上或者是物理上都是分布的,不存在全局控制和全局数据存储。系统中各路径和节点能够并行地求解问题,从而提高了子系统的求解效率。

(2)连接性:在问题求解过程中,各子系统和求解机构通过计算机网络相互连接,降低了求解问题的通信代价和求解代价。

（3）协作性：各子系统协调工作，能够求解单个机构难以解决或者无法解决的困难问题。例如，多领域专家系统可以协作求解单领域或者单个专家系统无法解决的问题，提高求解能力，扩大应用领域。

（4）开放性：通过网络互连和系统的分布，便于扩充系统规模，使系统具有比单个系统更大的开放性和灵活性。

（5）容错性：系统具有较多的冗余处理节点、通信路径和知识，能够使系统在出现故障时，仅仅通过降低响应速度或求解精度，就可以保持系统正常工作，提高工作的可靠性。

（6）独立性：系统把求解任务归约为几个相对独立的子任务，从而降低了各处理节点和子系统问题求解的复杂性，也降低了软件设计开发的复杂性。

10.1.2 智能体

智能体的理论研究可追溯到 20 世纪 60 年代，当时的研究侧重于讨论作为信息载体的智能体在描述信息和知识方面所具有的特性。直到 20 世纪 80 年代中后期，由于智能体技术的广泛应用以及在实际应用中面临的种种问题，智能体的理论研究才得到人们的重视，并于 1994 年召开了第一届智能体理论、体系结构和语言的国际会议（毛新军等，1997）。

智能体，即 Agent，主要含义有主动者、代理人、作用力（因素）或媒介物（体）等。Agent 有多种译法，这里认为翻译成智能体最为合适，这是因为智能体具有智能性、自主性的特征，二者也可以混用。

在信息技术，尤其是人工智能和计算机领域，可把智能体（agent）看做是能够通过传感器感知其环境，并借助执行器作用于该环境的任何事物。对于人 agent，其传感器为眼睛、耳朵和其他感官，其执行器为手、腿、嘴和其他身体部分。对于机器人 agent，其传感器为摄像机和红外测距器等，而各种马达则为其执行器。对于软件 agent，则通过编码位的字符串进行感知和作用（蔡自兴，2002；蔡自兴，徐光祐，2003；2004）。

智能体（agent）与环境的交互作用如图 10.1 所示。

智能体和多智能体系统的研究是分布式人工智能研究的一个热点，引起了计算机、人工智能、自动化等领域科技工作者的浓厚兴趣，为分布式系统的综合、分析、实现和应用开辟了一条新的有效途径，促进了人工智能和计算机软件工程的发展（蔡自兴，徐光祐，2003；2004）。

有两类智能体技术日益受到关注和研究，即移动智能体（mobile-agent）和多智能体（multi-agent）（兰孝奇等，2003）。移动智能体（mobile-agent）是可以离开其开始执行的系统并能在网络上不同系统间移动的智能体。其优点在于：动态执行、异步计算、并行求解、智能路由（朱亮等，2000）。多智能体（multi-agent）是指把多个智能体组织起来形成的多智能体系统，通过各个智能体之间的协作，可以完成复杂的任务。协作的方式有多种，包括独裁式和合同式、民主式和无政府式（王继宏，胡建平，2000）。

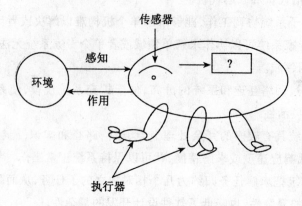

图 10.1　智能体与环境的交互作用(蔡自兴,徐光祐,2003;2004)

10.1.3　智能体的要素

智能体(agent)必须利用知识修改其心理状态,以适应环境变化和协作求解的需要。智能体的行动受其心理状态驱动。人类心理状态的要素有认知(信念、知识、学习等)、情感(愿望、兴趣、爱好等)和意向(意图、目标、规划和承诺等)三种。根据类比可得,智能体的主要要素有:信念(belief)、愿望(desire)和意图(intention)三种,着重研究这三者的关系及其形式化描述,力图建立智能体的 BDI(信念、愿望和意图)模型,已成为智能体理论模型研究的主要方向(蔡自兴,徐光祐,2003;2004)。

信念、愿望、意图与行为具有某种因果关系,如图 10.2 所示。其中,信念描述智能体(agent)对环境特性的认识,表示可能发生的状态,而环境特性不仅包括环境的客观条件,也涉及环境的社会团体因素;愿望从信念直接得到,描述智能体对可能发生情景的判断;意图来自愿望,制约智能体,是目标的组成部分(蔡自兴,徐光祐,2003;2004)。

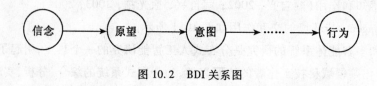

图 10.2　BDI 关系图

10.1.4　智能体的特性

智能体(agent)与分布式人工智能系统一样具有协作性、适应性等特性。此外,智能体还具有自主性、交互性以及持续性等重要性质。智能体具有以下特性(毛新军等,1997;蔡自兴,徐光祐,2003;2004):

(1)行为自主性:智能体(agent)能够控制其自身行为,其行为是主动的、自发的、有目标和意图的,并能根据目标和环境要求对短期行为做出规划。智能体能在没有人类或其他智能体直接干涉和指导的情况下持续运行,并能控制其内部状态和动作。这是智能体区别于对象(object)的一个重要特征。

(2) 作用交互性,也叫反应性,智能体(agent)能够与环境交互作用,能够感知其所处环境,并借助自己的行为结果,对环境做出适当反应。

(3) 环境协调性:智能体(agent)存在于一定的环境中,感知环境的状态、事件和特征,并通过其动作和行为影响环境,与环境保持协调。环境和智能体是对立统一体的两个方面,互相依存,互相作用。

(4) 面向目标性:智能体(agent)并不是对环境中的事件做出简单的反应,它能够表现出某种目标指导下的行为,为实现其内在目标而采取主动行为。这一特性为面向智能体的程序设计提供了重要基础。

(5) 存在社会性:智能体(agent)存在于由多个智能体构成的社会环境中,与其他智能体交换信息、交互作用和通信。各智能体通过社会承诺,进行社会推理,实现社会意向和目标。智能体的存在及其每一行为都不是孤立的,而是社会性的,甚至表现出人类社会的某些特性。

(6) 工作协作性:各智能体(agent)相互合作和协调工作,求解单个智能体无法处理的问题,提高处理问题的能力。在协作过程中,可以引入各种新的机制和算法。

(7) 运行持续性:智能体(agent)的程序起动后,能够在相当长的一段时间内维持运行状态,不随运算的停止而立即结束运行。

(8) 系统适应性:智能体(agent)不仅能够感知环境,对环境做出反应,而且能够把新建立的智能体集成到系统中而无须对原有的多智能体系统进行重新设计,因而具有很强的适应性和可扩展性。这一特点也称为开放性。

10.1.5 智能体的结构类型

智能体(agent)系统是一个高度开放的智能系统,其结构将直接影响到系统的智能和性能。例如,一个在未知环境中自主移动的机器人(如图10.3所示),需要对它面对的各种复杂地形、地貌、通道状况及环境信息做出实时感知和决策,控制执行机构完成各种运动操作,实现导航、跟踪、越野等功能,并保证移动机器人处于最佳的运动状态。这就要求构成该移动机器人系统的各个智能体有一个合理和先进的体系结构,保证各智能体自主地完成局部问题求解任务,显示出较高的求解能力,并通过各智能体间的协作完成全局任务(蔡自兴,徐光祐,2003;2004)。

智能体(agent)可以看做是从感知序列到实体动作的映射。根据人类思维的不同层次,可把智能体分为以下几种类型(蔡自兴,徐光祐,2003;2004):

(1) 反应式智能体(agent):反应式智能体只简单地对外部刺激产生响应,没有任何内部状态。每个智能体既是客户,又是服务器,根据程序提出请求或做出回答。

(2) 慎思式智能体(agent):慎思式智能体又称为认知式智能体,是一个具有显式符号模型的基于知识的系统。其环境模型一般是预先知道的,因而对动态环境存在一定的局

图 10.3 移动机器人(勇气号火星探测车)

限性,不适用于未知环境。由于缺乏必要的知识资源,在智能体执行时需要向模型提供有关环境的新信息,而这往往是难以实现的。

(3)跟踪式智能体(agent):简单的反应式智能体只有在现有感知的基础上才能做出正确的决策。随时更新内部状态信息要求把两种知识编入智能体的程序,即关于世界如何独立地发展智能体的信息以及智能体自身作用如何影响世界的信息。

(4)基于目标的智能体(agent):仅仅了解现有状态对决策来说往往是不够的,智能体还需要某种描述环境情况的目标信息。智能体的程序能够与可能的作用结果信息结合起来,以便选择达到目标的行为。基于目标的智能体在实现目标方面更灵活,只要指定新的目标,就能够产生新的作用。

(5)基于效果的智能体(agent):只有目标实际上还不足以产生高质量的作用。如果一个世界状态优于另一个世界状态,那么它对智能体就有更好的效果。因此,效果是一种把状态映射到实数的函数,该函数描述了相关的满意程度。

(6)复合式智能体(agent):复合式智能体是指在一个智能体内组合多种相对独立和并行执行的智能形态,其结构包括感知、动作、反应、建模、规划、通信和决策等模块。

10.2 多智能体系统

10.2.1 基本概念

多智能体(agent)系统是指多个智能体组成的一个松散耦合又协作共事的系统。每个智能体能够预测其他智能体的作用,在其目标服务中影响其他智能体的动作(蔡自兴,徐光祐,2003;2004)。多智能体系统是由多个智能体组成的集合,一般地,每个智能体被认为是一个物理的或抽象的实体,能作用于自身和环境,操纵环境的部分表示,并与其他智能体通讯。多智能体系统优于仅由单个智能体控制世界的系统。多智能体系统具有单个智能体所不具有的优点：

(1) 多智能体系统通过与其他智能体通讯，可以开发新的规划或求解方法来处理不完全、不确定的知识；

(2) 通过智能体之间的合作，多智能体系统不仅改善了每个智能体的基本能力，而且从智能体的交互中进一步理解了社会行为；

(3) 可以用模块化的风格组织系统。如果说模拟人是单个智能体的目标，那么多智能体系统就是以模拟人类社会作为其最终目标的(刘海燕等，1995)。

10.2.2 多智能体的基本模型

在多智能体(agent)系统的研究过程中，适应不同的应用环境而从不同的角度提出了多种类型的多智能体模型，包括理性智能体的 BDI 模型、协商模型、协作规划模型和自协调模型等(蔡自兴，徐光祐，2003；2004)。

1. BDI 模型

这是一个概念和逻辑上的理论模型，它渗透在其他模型中，成为研究智能体理性和推理机制的基础。在把 BDI 模型扩展至多智能体系统的研究时，提出了联合意图、社会承诺、合理行为等描述智能体行为的形式化定义。联合意图为智能体建立复杂动态环境下的协作框架，对共同目标和共同承诺进行描述。当所有智能体都同意这个目标时，就一起承诺去实现该目标。联合承诺用以描述合作推理和协商。社会承诺给出了社会承诺机制。

2. 协商模型

协商思想产生于经济活动理论，它主要用于资源竞争、任务分配和冲突消解等问题。多智能体的协作行为一般是通过协商而产生的。虽然各个智能体的行动目标是要使自身效用最大化，然而在完成全局目标时，就需要各智能体在全局上建立一致的目标。对于资源缺乏的多智能体动态环境，任务分解、任务分配、任务监督和任务评价就是一种必要的协商策略。合同网协议是协商模型的典型代表，主要解决任务分配、资源冲突和知识冲突等问题。

3. 协作规划模型

多智能体系统的规划模型主要用于制订其协调一致的问题求解规划。每个智能体都具有自己的求解目标，考虑其他智能体的行动与约束，并进行独立规划(部分规划)。网络节点上的部分规划可以用通信方式来协调所有节点，达到所有智能体都接受的全局规划。部分全局规划允许各智能体动态合作。

4. 自协调模型

该模型是为适应复杂控制系统的动态实时控制和优化而提出来的。自协调模型随环境变化自适应地调整行为，是建立在开放和动态环境下的多智能体系统模型。该模型的动态特性表现在系统组织结构的分解重组和多智能体系统内部的自主协调等方面。

10.2.3 多智能体的体系结构

多智能体(agent)系统的体系结构影响着单个智能体内部的协作智能的存在,其结构选择影响着系统的异步性、一致性、自主性和自适应性的程度,并决定信息的存储方式、共享方式和通信方式。有些体系结构把发送消息功能从单个智能体分离出来形成集中的路由器。体系结构中必须有共同的通信协议或传递机制。另外,有些体系机构集中存储领域级信息,有些则通过智能体的局域数据库分布式地存储这些信息。对于特定的应用,应选择与其能力要求相匹配的结构。下面简介几种常见的多智能体系统的体系结构(胡舜耕等,1999;蔡自兴,徐光祐,2003;2004)。

1. 智能体网络

在该体系结构下,无论是远距离或是短距离的智能体,其通信都是直接进行的。该类多智能体系统的框架、通信和状态知识都是固定的。每个智能体必须知道:应在什么时候把信息发送到什么地方,系统中有哪些智能体是可以合作的,它们具有什么能力等。

2. 智能体联盟

在该结构下,若干近程智能体通过助手智能体进行交互,而远程智能体则由各个局部智能体群体的助手智能体完成交互和消息发送。在这种结构中,一个智能体无须知道其他智能体的详细信息,比智能体网络有更大的灵活性。

3. 黑板结构

黑板结构与联盟系统的区别在于:黑板结构中的局部智能体群共享数据存储——黑板,即智能体把信息放在可存取的黑板上,实现局部数据共享。在一个局部智能体群体中,控制外壳智能体负责信息交互,而网络控制智能体负责局部智能体群体之间的远程信息交互。黑板结构中的数据共享要求群体中的智能体具有统一的数据结构或知识表示,因而限制了多智能体系统中的智能体设计和建造的灵活性。

10.2.4 多智能体系统的学习

机器学习的研究和应用已获得很大进展。多智能体(agent)系统的研究促进了机器学习新的发展。多智能体系统具有分布式和开放式等特点,其结构和功能都很复杂。对于一些应用,在设计多智能体系统时,要准确定义系统的行为以适应各种需求是相当困难的,甚至是无法做到的。这就要求多智能体系统具有学习能力。学习能力是衡量多智能体系统和其他智能系统的重要特征之一(蔡自兴,徐光祐,2003;2004)。

在多智能体(agent)系统中,有两种类型的学习方式:一是集中的独立式学习,为单个智能体创建新的知识结构或通过环境交互进行学习;另一种是分布式的汇集式学习,如一组智能体通过交换知识或观察其他智能体行为的学习。前者归于单个智能体的学习中,对于单智能体的模型构建具有重要的作用。多智能体系统的学习一般研究的是后者,在系统层面上对多智能体的整体学习机制进行探讨(于江涛,2003)。和单智能体学习相比,多智能体学习还是个比较年轻的领域,但发展速度很快。单智能体学习是多智能体学习的基础,许多多智能体学习方法是单智能体学习方法的推广和扩充。多智能体学习比单智能体学习复杂得多,主要是因为:①多智能体学习的对象处在动态变化之中;②多智能体学习离不开智能体之间的通信,而这是要付出代价的,特别是实在实时系统中,这是一个不容忽视的问题(胡舜耕等,1999)。

在人工智能领域,智能体(agent)学习已经有几十年的历史,特别是近年来,随着智能体技术在 Internet 上应用的飞速发展,基于经验学习的移动智能体在信息检索和文本获取方面得到了广泛的应用。现有的智能学习方法,如监督学习、非监督学习和分层学习等机器学习方法在多智能体系统中都有应用。目前,在多智能体学习领域,强化式学习和协商过程中引入学习机制引起研究者越来越大的兴趣(Maddox,1996)。强化学习结合了监督学习和动态编程两种技术,具有较强的机器学习能力,对于解决大规模复杂问题具有巨大的潜力。多智能体的学习机制往往融合在多智能体系统的模型和体系结构中,因此,如何设计具备学习能力的多智能体系统是一个热门的研究课题(于江涛,2003)。多智能体系统学习有许多需要深入研究的课题,包括:多智能体系统学习的概念和原理、具有学习能力的 MAS 模型和体系结构、适应 MAS 学习特征的新方法以及 MAS 多策略和多观点学习等(蔡自兴,徐光祐,2003;2004)。

10.2.5 多智能体的研究和应用领域

多智能体(agent)系统的应用研究开始于 20 世纪 80 年代中期,近几年呈明显增长趋势,范围涉及机器人协调、工业制造业、工业过程控制、空中交通控制、噪声控制、地面交通管理、农业、电信网和计算机网络管理、数据库、远程教育、远程医疗、远程通信、柔性制造、信息提取、Internet 网上信息处理等广阔领域(胡舜耕等,1999)。

下面介绍其中的部分应用领域(蔡自兴,徐光祐,2003;2004)。

1. 多机器人协调

自主式多机器人系统,尤其是移动机器人系统,其协调十分重要。要研究的问题是,多机器人系统(一种 MAS)如何利用全局信息、知识和技能,通过多智能体系统协调作用,合作完成单机器人无法独立完成的复杂任务。基于决策理论的 MAS 策略适用于多移动机器人的行为协调。机器人足球比赛是一种典型的协调 MAS。在比赛中,每个智能体(足球机器人)都具有定向跑步、带球、传球、接球、避碰等个体技能。这些足球机器人通过任务分解、多级学习、动态角色分配等实时策略,构造球队的站位、队形和队员的行为模式,以实现球队在比赛过程中的协调。

2. 过程智能控制

工业过程控制往往是自主响应系统,非常适合应用 MAS。ARCHON 的多智能体系统是一个软件平台,包括 4 个模块:①高级通信模块,用于智能体间的通信管理;②规划协调模块,负责决定和分配各智能体的任务;③信息管理模块,管理智能体的环境模型;④智能系统,存放和提供智能体的领域知识。这 4 个模块封装在一起,构成一个 MAS。该 MAS 已在电力传输管理、核子加速器控制等部门得以应用。在机械制造过程,尤其是柔性制造系统(FMS)和计算机集成制造系统(CIMS)中,MAS也已获得许多应用。

3. 网络通信与管理

多智能体系统在网络通信与管理等领域的应用日益增多。远程通信系统是需要对相连部件进行实时监控和管理的大型分布式网络。网络通信与管理领域的其他智能体应用还有网络负荷平衡、通信网络的故障相关性分析与诊断、网络控制和传输、通信业务管理和网络业务管理等。

4. 交通控制

把多智能体系统技术用于交通控制是一个新的方向。在空中交通控制方面,利用基于对策论和优化理论的多智能体系统技术,已提出一个空中交通管理系统 ATMS。该系统通过多智能体系统协作,解决空中航线的冲突问题。在城市交通控制方面,已建立一个基于多智能体系统的市区交通控制系统。该系统把每个交通路口信号控制器定义为智能体,这些智能体不仅具有路口交通流状态和相应控制方法的知识,而且具有紧急情况下的反应能力、一般情况下的自调节和自优化能力以及对未来短期车流状况做出预测的能力。智能体间通过联合优化实现全局优化目标。

5. 其他应用

因特网已成为多智能体系统技术的天然试验平台,促进了 MAS 的广泛应用。电子商务在于建立因特网上的自动交易标准、协议和相应的应用系统。例如,一个称为 ICOMA 的分布式动态多虚拟电子商务环境,含有用户智能体、客户智能体、供应智能体、协商智能体、知识库管理智能体和支付智能体。其中,客户智能体和供应智能体的交易过程采用了对策论的协商规则进行自动协商。在因特网的智能用户接口和智能搜索引擎中,多智能体系统技术发挥了重要作用。多智能体系统技术还用于远程智能教学系统开发、远程医疗、网上数据挖掘、信息过滤、评估和集成以及数据库管理等。

10.3 基于智能体的空间信息处理

10.3.1 基于智能体的分布式 GIS 系统

1. 智能体与分布式 GIS

1) 分布式 GIS

随着计算机网络和信息高速公路的飞速发展,地理信息系统(GIS)的研究者逐步将精力集中在基于网络的分布式地理信息系统(distributed GIS, DGIS)研究上来。同时,由于 GIS 广泛地应用于国家社会、经济生活中的各个领域,因此如何提供"分布自适应的 GIS,它能够根据具体问题进行适当配置而达到求解问题的目的"以广泛适应不同的应用领域和不同的使用对象是 GIS 所面临的一个亟待解决的问题(罗英伟等,2003)。分布式地理信息系统(DGIS)的发展离不开计算机软、硬件技术的进步和社会需求的发展。网络的普及和分布式计算技术的发展为 DGIS 的实现提供了物质基础和技术保障,而随着社会需求的发展,传统的集中式 GIS 已不能满足数据共享、功能共享和用户义务需求的发展,因此 DGIS 已成为 GIS 的发展方向(兰孝奇等,2003)。

分布式 GIS 是一个复杂的软件系统,将智能体(agent)技术引入分布式 GIS 领域,将为分布式 GIS 的建设提供一种新的解决办法,为分布式 GIS 的建设及应用提供了一个全新的概念和方法,有着重要的应用意义。在分布式 GIS 里引进智能体技术,是为了要降低分布式 GIS 及其应用的复杂性和建设难度,解决网上空间信息服务功能以及 GIS 应用领域中的协作问题,同时也为了改善分布式 GIS 的服务能力和服务效率等(罗英伟等,2003)。

2)分布式 GIS 中的智能体类型

结合分布式 GIS 和智能体(agent)技术,分布式 GIS 中的智能体(GIS agent)可以分为四种类型(罗英伟等,2002):

(1)系统管理智能体(agent):主要担负全局管理和协调智能。

(2)GIS 功能智能体(agent):对分布式 GIS 系统中的空间分析或查询功能进行封装,具有响应外界请求,完成不同数据要求的同一类空间分析或查询功能,并利用智能体间的统一通信机制返回查询结果的能力。

(3)接口智能体(agent):与用户交互、完成用户指定的任务,是一种可以表现一定智能的 agent。它接受用户空间分析及查询任务,进行任务分解,利用 agent 间的统一通信机制交由 GIS 功能 agent 完成,并利用 GIS 功能 agent 返回的结果完成用户指定的计算,返回最终结果。

(4)GUServer,地理空间数据访问服务器,它管理数据库中存在的地理空间数据以及相关的元数据。

3)分布式 GIS 中的多层体系结构

分布式 GIS(DGIS)的体系结构有很多种,而多层体系结构由于其突出的优点,备受关注。多层体系结构可分为客户层、分布式 GIS 服务中心层和资源层,各层还可细分。客户层是用户的直接使用层,根据需要,客户可向分布式 GIS 服务中心提出申请,通过分布式 GIS 服务中心的服务和调度机制,资源层的数据和功能单元可漂移到客户端,实现要求的 GIS 功能。客户端也可以保留一些基本的 GIS 功能,以减少网络负荷,提高性能(兰孝奇等,2003)。

分布式 GIS 的多层体系结构如图 10.4 所示。分布式 GIS 服务中心层是整个 DGIS 的枢纽,负责整个系统的管理和调度,保证系统平稳和高效运行,维护各节点的协作,并提供各种专用服务,如注册服务、身份验证服务、名字服务、目录服务和检索服务等。当它接受客户请求后,把客户提交的任务分解,按一定的任务逻辑序列调度相应的资源层模块来执行,最后或者返回处理后的数据,或者调度相应的数据和功能单元给客户。资源层提供各类资源服务,包括计算、知识、数据等。根据服务中心的调度,各类资源可以迁移到客户层(兰孝奇等,2003)。

分布式 GIS 客户层以客户智能体作为客户的代理。客户智能体接受客户请求,查询自己的知识库,如果本地能实现客户的任务,就直接调度本地资源模块实现客户请求,否则向 DGIS 服务中心提出请求,最终接受服务中心调度来的资源返回给客户(兰孝奇等,2003)。

分布式 GIS 服务中心层提供系统的各种专业服务,包括注册服务、逻辑任务服务、调度服务、目录服务和检索服务等,这些服务功能也以智能体的形式实现。当分布式 GIS 服务中心接受客户智能体请求后,就向相应的任务逻辑智能体提出请求,任务逻辑智能体查询元数据库,分解客户任务,再按一定的任务逻辑序列调度相应的资源层模块来执行。服务中心最后或者返回处理后的数据,或者调度相应的数据和功能单元给客户(兰孝奇等,2003)。

资源层的所有资源必须在服务中心注册,以便于服务中心的调度。所有资源由相应的资源守护智能体管理,当收到请求时,由守护智能体将资源打包成智能体的形式送出(兰孝奇等,2003)。

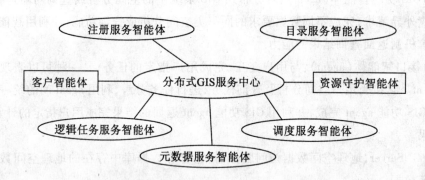

图 10.4 基于智能体的分布式 GIS 多层体系结构(兰孝奇等,2003)

基于智能体(agent)的分布式 GIS 多层体系结构具有以下优点(兰孝奇等,2003):

(1)解决互操作问题。利用智能体技术,把功能和数据封装成独立的单元。这种单元智能体屏蔽了异构环境带来的互操作问题,因为它们本身能提供数据转换和相应的功能接口。

(2)解决功能和数据的流动问题。把功能和数据统一视为资源,利用移动智能体(mobile-agent)进行传送,实现了功能和数据的流动。

(3)解决资源的管理问题。各资源节点有相应的守护智能体对本节点进行管理,而各节点又在服务中心的统一调度之下工作。把集中管理和分散管理相结合,既解决了集中管理和分散管理各自的弊病,又充分发挥了各自的长处。

(4)解决多服务站点协同工作问题。在服务中心的统一调度下,利用智能体的自治性和多智能体(multi-agent)间的协作性,解决了多服务站点的协同工作问题。

2. 智能体在分布式 GIS 中的应用

1)智能体在分布式 GIS 中的应用类型

智能体技术在分布式 GIS 中的应用主要集中于以下几个方面(罗英伟,1999;罗英伟等，2002)：

(1)应用领域内的协作：GIS应用领域中很多任务需要合作才能完成。

(2)服务领域的服务协作：服务领域的服务协作可以更好地提供GIS服务，提高效率。

(3)服务领域的数据并行和应用领域的任务并行：GIS中有着大量的并行因素，主要包括应用领域的任务并行和服务领域的数据并行两个方面。

(4)服务领域中的信息搜索和信息发布：一方面帮助用户确定地理空间信息的可用性、位置等。另一方面使得地理空间信息能够主动地送到最需要它的用户手中。

(5)基于智能体的智能空间辅助决策：简化复杂的空间辅助决策问题，使其能够实用。

(6)利用智能体的拟人化特性，提供一个基于智能体的应用系统开发模式。

2)基于智能体的GIS互操作

异构智能体之间互操作的关键是通过智能体通信语言(agent communication language，ACL)来使不同的智能体能够相互通信，通信的具体内容则由通信的智能体相互约定。在OpenGIS中，GIS系统的互操作则是通过规范地理空间数据的格式和规范地理空间服务的接口来获得的。显然，OpenGIS和ACL很难完整地统一起来，因此，要使得基于智能体的分布式GIS系统能够达到互操作，需要有新的互操作规范——面向agent的GIS互操作规范(罗英伟等，2003)。

面向智能体(agent)的GIS互操作规范应该是这样一种规范(罗英伟等，2001；2002；2003)：①有公共的地理空间数据接口；②有公共的GIS专用智能体描述规范；③有公共的智能体通信方式。

遵从这样一个规范而建成的不同GIS智能体(agent)系统，可以很方便地通过智能体的通信而达到互操作的目的。随着智能体技术的进一步发展，将会有更多的GIS开发商使用智能体技术来开发他们的GIS产品，因此，面向智能体的GIS互操作规范将发挥巨大的作用。相信在不久的将来，GIS的用户们将能够通过智能体方便地获取网上任意所需的地理空间数据资源，并可以让不同的智能体为他们完成各种空间分析任务(罗英伟等，2003)。

3)基于智能体的空间信息查找与获取

随着GIS应用的进一步扩展，越来越多的空间信息被发布到网上，可供别人使用，但是这些空间信息却很难直接为人们所用。人们并不知道在什么地方有空间信息、有什么样的空间信息可以使用、该如何使用空间信息等。结合空间元数据，利用智能体进行空间信息定位和获取，是分布式空间信息处理的一个有效的方法。

利用智能体(agent)进行空间信息查找要达到两个目标：首先，对用户提供一种简单的数据请求描述规范，方便他表达对空间信息的要求；其次，对应用系统提供一个虚拟的空间信息库。用户只须按照规范描述他所需要的数据，具体的查找工作则交给智能体来完成。

罗英伟等设计了一个基于网络环境的多层次空间元数据库框架,来管理网络上分布的空间数据库、图层和各种组合的地图,包括空间数据库级空间元数据库、区域级空间元数据库以及全局级空间元数据库。然后,在多层空间元数据框架的基础上,根据用户的不同需求构建了不同的智能体,包括位置查找智能体、数据读取智能体、数据读取控制智能体、位置查找控制智能体和数据映射智能体等。这些智能体分布在网上,在空间元数据的帮助下,自主地对网上分布的地理空间信息进行查找、定位以及获取或过滤。必要的时候,这些智能体还可以进行交互,共同协作得到空间信息的分布情况(罗英伟等,2003)。

4) 基于智能体的空间辅助决策

传统的空间决策支持系统一般由以下几部分组成:模型管理、GIS、DBMS、专家系统、人工智能工具以及用户界面等,相互之间关联紧密,缺乏灵活性、开放性和通用性。由于系统结构和计算模式的限制,传统的空间决策支持系统在处理复杂的协作性空间决策问题以及应付突发问题方面存在很大的局限。

根据空间决策支持系统的特点及要求,为了解决或避免传统空间决策支持系统所存在的局限,采用智能体技术建立基于智能体的分布式智能空间决策支持系统是空间决策支持系统领域的一个新的有意义的研究方向(罗英伟等,2003)。

罗英伟等设计了一个基于智能体的空间决策支持系统的体系结构,它是一个由多个智能体合作以完成空间决策支持任务的联邦系统,包括界面智能体、决策分析控制智能体、问题求解智能体、模型操纵智能体、知识操纵与推理智能体、通用智能体、数据获取智能体、接口智能体等。基于智能体的空间决策支持系统在系统的结构、工作方式以及实现的方法等方面更加简单、清晰,各智能体之间相对独立性比较高,相互之间的关系可以在运行阶段进行设定而不是在系统设计时预先确定。更为重要的是,这种体系结构对最终用户的支持有明显的增强。用户可以根据自己的应用领域往决策模型库、知识库以及地理智能体(Geo-agents)中动态添加领域相关的空间或非空间决策模型、知识和规则以及各种 GIS 功能智能体。用户甚至可以不添加自己所需的各种模型、知识、规则以及 GIS 功能智能体,决策支持系统可以自己去寻找用户所需的各种决策资源,只要在整个决策网络中的某个地方能找到这些决策资源。所有的这一切工作对用户来说都是透明的(罗英伟等,2003)。

10.3.2 基于智能体的空间数据挖掘

空间数据挖掘(spatial data mining, SDM),简单地说,就是从空间数据中提取隐含其中的、事先未知的、潜在有用的、最终可理解的空间或非空间的一般知识规则的过程(Koperski et al, 1996; Ester et al, 2000; Miller and Han, 2001; 李德仁等, 2001; 王树良, 2002)。具体而言,就是在空间数据库或空间数据仓库的基础上,综合利用确定集合理论、扩展集合理论、仿生学方法、可视化、决策树、云模型、数据场等理论和方法,以及相关的人工智能、机器学习、专家系统、模式识别、网络等信息技术,从大量含有噪声、不确定性的空间数据中,析取人们可信的、新颖的、感兴趣的、隐藏的、实现未知的、潜在有用的和最终可理解的知识,揭示蕴涵在数据背后的客观世界的本质规律、内在联系和发展趋势,实现知识的自动获取,为技术决策与经营决策提供不同层次的知识依据(李德仁等,2006)。

智能体(agent)技术为空间数据挖掘技术提供了一个全新的概念和方法。智能体能够与其他智能体进行通信、合作以完成复杂任务。它能自主运行、利用本地信息和知识管理本地资源以及处理来自其他智能体的请求。通过智能体技术建立起来的空间数据挖掘系统,能够封装各种空间数据挖掘模型,能够为任意用户提供服务,对用户的数据进行实时的挖掘与预测(倪凯等,2007)。基于智能体的分布式空间数据挖掘系统,可以从不同的数据站点中进行分布式空间数据挖掘。

多智能体(mutil-agent)系统是由多个智能体组成的分布的、合作的系统。把多智能体技术引入到数据挖掘和知识发现中。用智能体来描述数据挖掘过程的各个部分。整个知识发现的过程即是一个多智能体系统。利用智能体本身具有的知识、目标及推理、决策、规划、控制等能力,依据智能体的自主性、社会性、反应性、能动性等特性,可以实现整个数据挖掘过程的智能化。在多智能体系统(MAS)理论的支持下,结合空间数据挖掘的方法,倪凯等设计了基于智能体的空间数据挖掘体系结构,如图 10.5 所示(倪凯等,2007)。

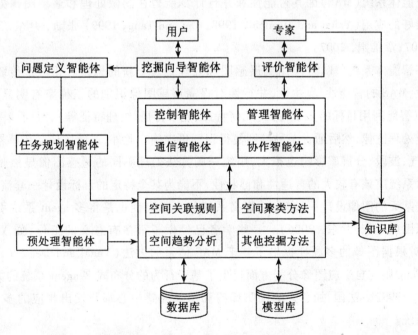

图 10.5 基于智能体的空间数据挖掘体系(倪凯等,2007)

该体系充分采用了 MAS 技术,通过多个智能体(agent)来协作完成数据挖掘的任务。其中数据挖掘智能体是最有智能性的智能体实体,它封装了多个智能体的数据挖掘实体,在与其他智能体的合作下。共同完成知识发现的任务。在体系中主要智能体的功能描述如下(倪凯等,2007):

(1)挖掘向导智能体作为人机接口,接受指令和问题信息。同时负责将结果输出,实现用户与其他智能体的双向互动。

(2)问题定义智能体根据用户指令和一些相关的背景知识来进行数据定义,接受数据挖掘的任务,把任务交给任务规划智能体。

(3)任务规划智能体根据算法不同,分解为可以求解的简单子问题,并交对应的挖掘智能体进行数据挖掘的处理。

(4)数据挖掘核心包括空间关联规则,空间聚类方法。空间分类与空间趋势分析等。数据挖掘核心把抽取到的正确可靠的数据转换成模式集合。然后进行模式解释与结果评价。

(5)评价智能体用于与专家的交互。用户对模式进行判断和筛选,如果满意,模式就成为知识。经过一些表达处理,添加到知识库里去。

基于智能体的空间数据挖掘系统可以通过 JSP + JavaScript + ArcIMS + Tomcat 的组合开发方式来实现(倪凯等,2007)。

10.3.3 基于智能体的遥感图像处理

多智能体系统(MAS)因其智能性和并行计算能力在图像处理和遥感图像处理领域得到了很好的应用(Yanai and Deguchi, 1998;Liu and Tang, 1999;张勋,尹东,2006;陈小波,2007;章雅娟,2007)。

将多智能体系统(MAS)应用到遥感图像处理是一个新的思路。相对于传统图像处理的手段,MAS 的智能性、自主性、并行性对提高遥感图像识别的正确率有明显的优势。MAS 可以智能利用目标的多个特征(几何特征、光学特征、纹理特征等),对同一图像运用多个算子处理图像,然后通过某种准则使得识别更准确。此外,遥感图像受传感器种类和方位、天气、波段、分辨率影响也很大,用统一的算法处理不同的遥感图像显然是不适宜的。显示系统应该有较大的普适性和健壮性,不能为某个特定的目标设计一套流程,或为某种图或某天的图像设计一种算法,提高系统的自适应性也是将多 agent 系统引入的一个重要原因(张勋,尹东,2006)。一些学者已经做了很多有意义的工作,如 Yanai and Deguchi 对根据图像的多源性提出了基于 MAS 体系的方法(Yanai and Deguchi, 1998)。Liu and Tang 则在自适应图像分割方面提出了基于行为的分布式多 agent 系统的方法(Liu and Tang, 1999)。法国、加拿大的国防部门和国家遥感中心都开发出相应的多 agent 图像处理系统。

张勋和尹东介绍了一种基于多智能体系统的目标识别的系统框架。整个设计采用了 JADE(java agent development framework)来搭建多 agent 网络。设计的图像识别智能体包括:①分类器智能体,采用了多层感知器(MLP)神经网络模型。②纹理检测智能体。其核心算法是利用共生矩阵计算出包含目标的子图像能量、熵、惯性矩、相关和局部平稳等纹理特征参数。③边缘检测智能体。设计了多个边缘检测算子智能体,每个算子的核心是一个边缘检测算子(Sobel、Prewitt、Laplace、Canny 等)以及边缘无效点剔除、记录边缘点等方法。实验证明了基于多 agent 的遥感图像识别是可行的、有效的。多智能体系统的智能性为自适应处理图像提供了很好的方法,它的并行性也能为大数据量的遥感图像处理提供了并行计算能力,增快了处理速度。多智能体系统在智能图像处理中的应用具有广阔的前景,是一种全新的思路(张勋,尹东,2006)。

思 考 题

1. 什么是分布式人工智能？分布式人工智能有哪些特点。
2. 什么是智能体？简述智能体的要素和特性。
3. 简述智能体的结构类型及特点。
4. 简述多智能体的概念和基本模型。
5. 简述多智能体的体系结构类型。
6. 简述多智能体机器学习的思路。
7. 简述多智能体的研究和应用领域。
8. 简述智能体在分布式 GIS 中的应用类型及具体应用。
9. 简述基于智能体的空间数据挖掘思路。
10. 简述基于智能体的遥感图像处理的基本思路？

参 考 文 献

蔡自兴. 2002. 艾真体——分布式人工智能研究的新课题. 计算机科学,29(12): 123-126.

蔡自兴,徐光祐. 2003. 人工智能及其应用(本科生用书). 北京: 清华大学出版社.

蔡自兴,徐光祐. 2004. 人工智能及其应用(研究生用书). 北京: 清华大学出版社.

陈小波. 2007. 基于自适应多 Agent 的图像分割(硕士学位论文). 镇江: 江苏大学.

胡舜耕,张莉,钟义信. 1999. 多 Agent 系统的理论、技术机器应用,计算机科学,26(9): 20-24.

兰孝奇,胡斌,马林. 2003. 基于 Agent 技术的多层分布式 GIS 研究. 河海大学学报(自然科学版),31(5): 581-584.

李德仁,王树良,史文中,王新洲. 2001. 论空间数据挖掘和知识发现. 武汉大学学报(信息科学版),26(6): 491-499.

李德仁,王树良,李德毅,王新洲. 2002. 论空间数据挖掘和知识发现的理论与方法. 武汉大学学报(信息科学版),27(1): 221-233.

李德仁,王树良,李德毅. 2006. 空间数据挖掘理论与应用. 北京: 科学出版社.

刘海燕,王献昌,王兵山. 1995. 多 Agent 系统的研究. 计算机科学,22(2): 57-62.

罗英伟. 1999. 基于 Agent 的分布式地理信息系统研究(博士学位论文). 北京: 北京大学.

罗英伟,汪小林,丛升日,许卓群. 2001. Agent 及基于空间信息的辅助决策. 计算机辅助设计与图形学学报,13(7): 666-672.

罗英伟,汪小林,许卓群. 2002. 面向分布式 GIS 的多 Agent 系统模型. 北京大学学报(自然科学版),38(3):375-383.

罗英伟,汪小林,许卓群. 2003. Agent技术在分布式GIS中的应用研究. 遥感学报,7(2):153-159.

毛新军,陈火旺,王怀民,齐治昌. 1997. 智能体的理论研究. 计算机科学,24(5):63-67.

石纯一,王克宏,王学军,康小强,罗翙,胡军. 1991. 分布式人工智能进展. 模式识别与人工智能,8(Supl):72-91.

王继宏,胡建平. 2000. 有限资源环境下的分层分布式体系结构研究. 计算机科学,27(3):26-28.

王树良. 2002. 基于数据场和云模型的空间数据挖掘和知识发现(博士学位论文). 武汉:武汉大学.

于江涛. 2003. 多智能体模型、学习和协作研究与应用(博士学位论文). 杭州:浙江大学.

张勋,尹东. 2006. 多Agent系统在遥感图像目标识别中的一种应用. 计算机仿真,23(4):144-146.

章雅娟. 2007. 多Agent系统在遥感图像目标识别系统中的应用研究. 电脑开发与应用,20(11):20-23.

祝明发. 1990. 分布式人工智能. 计算机研究与发展,(10):7-18.

祝玉华,甄彤. 2005. 基于Agent的分布式空间数据挖掘研究. 微电子学与计算机,22(6):1-4.

朱亮,顾俊峰,马范援. 2000. 基于Mobile Agent的搜索引擎关键技术研究. 计算机工程,26(8):126-129.

Ester M, Frommelt A, Kriegel H P, Sander J. 2000. Spatial Data Mining:database primitives, algorithms and efficient DBMS support. Data Mining and Knowledge Discovery, 4:193-216.

Liu J M, Tang Y Y. 1999. Adaptive image segmentation with distributed behavior-based agents. IEEE Transactions on Pattern Analysis and Machine Inteligence, (21):544-551.

Koperski K, Adhikary J, Han J. 1996. Spatial data mining: process and challenges survey papers. SIGMOD'96 Workshop on Research Issues on Data Mining and Knowledge Discovery (DMKD'96), Montreal, Canada.

Maddox G P. 1996. A Framework for Distributed Reinforcement Learning. Adaption and Learning in Multiagent Systems. Springer-Verlag Berlin. Germany:97-102.

Miller H J, Han J. 2001. Geographic Data Mining and Knowledge Discovery. London:Taylor & Francis.

Yanai K, Degnchi K. 1998. An architecture of object recognition system for various images based on multi-agents. In Proceedings of Fourteenth International Conference of Pattern Recognition, volume 1, pages 278-281.